DAS
ALAMANNISCHE GRÄBERFELD
VON BÜLACH

MONOGRAPHIEN ZUR UR- UND FRÜHGESCHICHTE DER SCHWEIZ

HERAUSGEGEBEN VON DER

SCHWEIZ. GESELLSCHAFT FÜR URGESCHICHTE

BAND IX

VERLAG BIRKHÄUSER BASEL / SCHWEIZ

1953

INHALTSVERZEICHNIS

ABKÜRZUNGEN

ASA: Anzeiger für schweizerische Altertumskunde. Zürich.

A. u. h. V.: Die Altertümer unserer heidnischen Vorzeit. Mainz 1858–1911.

Baudot: H. Baudot, Mémoires sur les sépultures des barbares de l'époque mérovingienne, découvertes en Bourgogne, et particulièrement à Charnay. Mém. de la Commission des Antiquités du département de la Côte-d'or (Dijon), Bd. 5, 1860.

Besson: M. Besson, l'Art barbare dans l'ancien diocèse de Lausanne. Lausanne 1909.

Franken: Marlis Franken, Die Alamannen zwischen Iller und Lech. Germanische Denkmäler der Völkerwanderungszeit, Bd. 5. Berlin 1944 (ausgegeben 1949).

Gröbbels: J. W. Gröbbels, Der Reihengräberfund von Gammertingen. München 1905.

JBSGU: Jahresbericht der schweizerischen Gesellschaft für Urgeschichte. Frauenfeld.

Lindenschmit, Handbuch: L. Lindenschmit, Handbuch der deutschen Altertumskunde 1, Die Altertümer der merowingischen Zeit. Braunschweig 1880–1889.

Lindenschmit, Zentralmuseum: L. Lindenschmit, Das Römisch-Germanische Centralmuseum. Mainz 1889.

MAGZ: Mitteilungen der Antiquarischen Gesellschaft in Zürich.

Mengarelli: Mengarelli, La Necropoli barbarica di Castel Trosino. Monumenti antichi della Reale Accademia dei Lincei (Milano) 12, 1902, 145–380.

Paret: O. Paret, Die frühschwäbischen Gräberfelder von Gross-Stuttgart und ihre Zeit. Stuttgart 1937.

Pasqui-Paribeni: A. Pasqui & R. Paribeni, Necropoli barbarica di Nocera Umbra. Monumenti antichi della Reale Accademia dei Lincei (Milano) 25, 1919, 137–352.

Scheurer-Lablotier: F. Scheurer & H. Lablotier, Fouilles du cimetière barbare de Bourogne. Paris-Nancy 1914.

Stoll: H. Stoll, Die Alamannengräber von Hailfingen. Germanische Denkmäler der Völkerwanderungszeit, Bd. 4. Berlin und Leipzig 1939.

Tatarinoff: E. Tatarinoff, Die Kultur der Völkerwanderungszeit im Kanton Solothurn. Solothurn 1934.

Tschumi: O. Tschumi, Burgunder, Alamannen und Langobarden in der Schweiz. Bern 1945.

Veeck: W. Veeck, Die Alamannen in Württemberg. Germanische Denkmäler der Völkerwanderungszeit, Bd. 1. Berlin und Leipzig 1931.

Wagner: E. Wagner, Fundstätten und Funde aus vorgeschichtlicher, römischer und alamannisch-fränkischer Zeit im Großherzogtum Baden, Bd. 1–2. Tübingen 1908 und 1911.

Werner: J. Werner, Münzdatierte Austrasische Grabfunde. Germanische Denkmäler der Völkerwanderungszeit, Bd. 3. Berlin und Leipzig 1935.

Zeiss: H. Zeiss, Studien zu den Grabfunden aus dem Burgunderreich an der Rhone. Sitzungsberichte der Bayerischen Akademie der Wissenschaften, phil.-hist. Abteilung (München) 1938, Heft 7.

VORWORT

Unter den Gräberfunden, die das Schweizerische Landesmuseum aus dem frühen Mittelalter besitzt, sind die von Kaiseraugst (Kt. Aargau) und Bülach (Kt. Zürich) sicher die wichtigsten. Die ersteren repräsentieren Ausschnitte aus dem materiellen Besitz der Bewohner einer quasi städtischen, die letzteren solche einer rein bäuerlichen Siedlung. Sie können deshalb zu den grundlegenden Materialien für die Kenntnis der Kultur großer Teile der Nordschweiz vor allem im 6. und 7. Jahrhundert nach Chr. gezählt werden. Schließt Kaiseraugst an eine römische Siedlung an, so zeigt Bülach die Verhältnisse der rein alamannischen Neubesiedlung. Schon daran ist zu erkennen, daß Prof. Dr. H. Lehmann, dem früheren Direktor, und Dr. D. Viollier, früher Vizedirektor des Schweizerischen Landesmuseums, ein großes Verdienst zukommt, daß sie nicht nur die Initiative zu dieser Ausgrabung ergriffen, sondern das Unternehmen auch zu Ende führten. Daß dies geschah, ist ja keineswegs selbstverständlich, besonders nach dem Urteil, das über die Bülacher Funde nach der zweiten Grabungskampagne im Jahresbericht des Schweizerischen Landesmuseums selbst gefällt wurde: «Auf alle Fälle bilden diese Funde eine wichtige Bereicherung unserer Sammlung aus der Völkerwanderungszeit, die heute weitaus die größte in der Schweiz ist; dagegen brachten sie nicht wesentlich neue wissenschaftliche Resultate mit Bezug auf die Kultur unseres Landes vom 6. bis 8. Jahrhundert». Der Leser der vorliegenden Publikation wird sich überzeugen, daß dieses Urteil zum mindesten allzu pessimistisch war.

Das Hauptverdienst an der Untersuchung des Gräberfeldes kommt aber dem 1952 verstorbenen früheren technischen Konservator des Schweizerischen Landesmuseums, Fernand Blanc, zu, der mit einem für seine Zeit außerordentlichen Verständnis und Können nicht nur die Ausgrabung selbst durchführte, sondern auch die Funde selbst konservierte mit den Mitteln, die damals zur Verfügung standen. F. Blanc hat von den Gräbern Photos, Zeichnungen und Protokolle erstellt, die uns heute in die Lage setzen, nicht nur am Material typologische Untersuchungen anzustellen, sondern auch die Zusammengehörigkeit von Einzelbeschlägen zu ganzen Garnituren zu eruieren und damit wichtigste Resultate auf dem Gebiete der Waffen- und Kostümkunde zu gewinnen. Es wird an manchen Orten auch heute nicht besser ausgegraben.

Den Anstoß zur Ausgrabung gaben zufällige Funde im Jahre 1919. Die Untersuchung erfolgte in sieben Kampagnen in den Jahren 1920 bis 1924 und 1927 bis 1928. Die Konservierung erforderte manches weitere Jahr. Eine wissenschaftliche Publikation der Ergebnisse erfolgte zunächst nicht, weil der Unterzeichnete wenig auf dem Gebiet der Typologie und Chronologie frühmittelalterlicher Funde gearbeitet hatte und sein spezielles Interesse anderen Gebieten der ur- und frühgeschichtlichen Archäologie widmete. Er begrüßte deshalb die Gelegenheit der längeren Anwesenheit von Herrn Prof. J. Werner in der Schweiz, ihm als einem der besten Kenner der frühmittelalterlichen Archäologie die Funde des Gräberfeldes von Bülach zur Bearbeitung und Publikation zur Verfügung zu stellen. Das vorliegende Werk erweist die Richtigkeit dieses Vorgehens. Das Schweizerische Landesmuseum ist Herrn Prof. Werner zu großem Dank verpflichtet. Im Ver-

1 Werner, Das alamannische Gräberfeld von Bülach

lauf der Untersuchungen zeigte es sich bald, daß die zu behandelnden Probleme ohne die Berücksichtigung der sonstigen alamannischen Funde der Nordschweiz, die im Schweizerischen Landesmuseum reich vertreten sind, nicht zu lösen seien. Eine gesamthafte Publikation dieser großenteils nicht oder ungenügend veröffentlichten Gegenstände kam nicht in Betracht. Das Schweizerische Landesmuseum hat nicht gezögert, Herrn Prof. Werner auch diese Materialien zum Studium zu übergeben und ihn davon in der vorliegenden Publikation verwenden zu lassen, was ihm notwendig schien.

Die gesamten anthropologischen Funde von Bülach wurden dem Anthropologischen Institut der Universität Zürich übergeben. Eine wissenschaftliche Bearbeitung erfolgte leider bis jetzt noch nicht.

Zürich, den 2. November 1952.   *E. Vogt.*

EINLEITUNG

Das Reihengräberfeld von Bülach liegt 500 m nordöstlich von der Bülacher Kirche entfernt an einem Südhang längs der nach Nussbaumen führenden Straße (Abb. 1 und Taf. 39, 1). Die zugehörige Siedlung alamannischer Zeit ist bei der heutigen Stadt Bülach zu suchen, die damit auf eine Hofgruppe des 6. Jahrhunderts zurückgeht. Weder das Gräberfeld noch die Siedlung liegen in unmittelbarer Nähe bisher nachgewiesener römischer Gutshöfe, so daß zur römischen Besiedlung des Glattals keine Beziehung besteht. Vielmehr wird die günstige Verkehrslage im Tal der Glatt an der von Zürich nach Schaffhausen führenden, im frühen Mittelalter weiterbenutzten Römerstraße alamannische Siedler veranlaßt haben, sich auf der heutigen Gemarkung Bülach niederzulassen. Bülach wird 811 erstmals in einer St.-Galler Urkunde erwähnt *(Pulacha in atrio sancti Laurenti martiris)*, die Pfarrkirche des Ortes hatte demnach schon im 8. Jahrhundert den hl. Laurentius zum Patron.[1] Der Ortsname stellt sich zu einigen anderen Ortsnamen des nördlichen Zürcher Kantons mit der Endung -ach wie Embrach, Neerach, Windlach, Weiach, Flaach. Die zu Bülach und Embrach[2] gehörenden Reihengräberfelder könnten diese Namenschicht ins 6. und 7. Jahrhundert zurückverweisen und sprechen gegen die zuletzt noch von W. Bruckner[3] vermutete Ableitung des Ortsnamens Bülach von römisch-keltisch *Puliacum (fundus Puliacus)*. Die bisher bekannt gewordenen Reihengräberfunde des Kantons, die E. Vogt jetzt im Atlas zur Geschichte des Kantons Zürich kartiert hat[4] und zu denen auch das Gräberfeld von Bülach gehört, bezeugen eine relativ dichte Besiedlung des Gebietes im 7. Jahrhundert. Bis in die erste Hälfte des 6. Jahrhunderts reichen von ihnen nur Bülach und der Friedhof in der Bäckerstraße in Zürich[5] zurück, was nur zum Teil damit zusammenhängt, daß ältere Gräber in den zumeist unvollständig untersuchten anderen Gräberfeldern noch ausstehen. Die Masse der Fundorte mit Reihengräberfeldern innerhalb des Kantons scheint eher den Landausbau des 7. Jahrhunderts anzuzeigen, der von «Ursiedlungen» wie Bülach seinen Ausgang nahm.

[1] Für Angaben über die älteste Geschichte von Bülach habe ich Herrn Privatdozent P. Kläui (Zürich) zu danken.
[2] Mitt. d. antiquar. Ges. Zürich, 37, 1873, Taf. 1, 19–20 (G. Meyer v. Knonau).
[3] W. Bruckner, Schweiz. Ortsnamenkunde (1945).
[4] E. Vogt, Karte der römischen Zeit und des frühen Mittelalters in P. Kläui, Atlas zur Geschichte des Kantons Zürich (1951).
[5] ASA NF. 2, 1900, 170 ff.

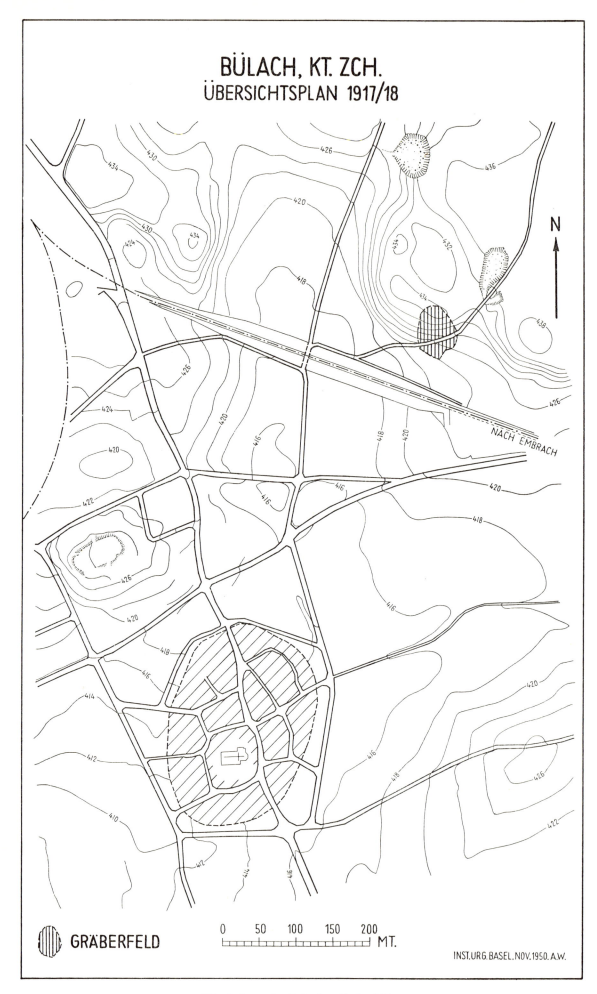

Abb. 1. Lage des Bülacher Gräberfeldes.

GRABBAU UND BESTATTUNGSSITTE

Das Gräberfeld von Bülach zählt 300 aufgedeckte Bestattungen (Plan 1)[1]. Das Gelände nördlich und südlich der Straße von Bülach nach Nußbaumen wurde von F. Blanc gründlich mittels Suchgräben durchsucht, so daß dort kein Grab der Freilegung entging. Dagegen liegen unter der Straßentrasse noch Gräber, deren Zahl man auf etwa 30 schätzen möchte, so daß im ganzen in Bülach mit etwa 330 Gräbern zu rechnen ist. Die Grenzen des Friedhofs wurden überall erreicht. Spuren einer Umzäunung wurden aber auch an der Süd- und Südostecke nicht beobachtet, wo die Grenzen der Belegung verhältnismäßig geradlinig verlaufen (Plan 1). Der freie Geländestreifen in Höhe des Neubaus J. Keller ist durch den dort anstehenden harten kieshaltigen Boden bedingt, der das Ausheben von Grabgruben erschwerte. Nach der Verteilung der Gräber kann man zwischen einer kleinen Nordwestgruppe (7 Gräber um Grab 301), der Nordgruppe nördlich des Neubaus Keller, einer großen Mittelgruppe und der Südgruppe südlich der Straße unterscheiden. Die Gräber sind mit ganz erheblichen Schwankungen ost-westlich orientiert, eine Anordnung nach Reihen ist in der Mittel- und Südgruppe verschiedentlich mehr oder weniger klar zu erkennen, dagegen lassen sich keine bestimmten zusammengehörigen Grabbezirke feststellen. Die Belegung des Friedhofs ging, wie die Behandlung der Beigaben ergeben wird, fortlaufend von der Nordgruppe aus nach Süden und zu den Rändern hin vor sich, wodurch oft eine reihenweise Anordnung zustande kam. Der Abstand der einzelnen Gräber voneinander ist in der Nordgruppe und der westlichen Mittelgruppe sehr weit, in der Südgruppe enger. Da Grabüberschneidungen höchst selten (30 durch 13, 72 durch 73, 94 durch 93, 271 durch 272), Doppelbelegung derselben Grabgrube nur einmal (Grab 202) vorkommen, ist es sicher, daß die Gräber während der Belegungszeit des Friedhofs äußerlich an ihren Erdhügeln kenntlich waren und daß man in späterer Zeit auf dem bereits mit Gräbern bedeckten Gelände keine neuen Bestattungen mehr vornahm.

Ohne Berücksichtigung des noch nicht bearbeiteten anthropologischen Befundes lassen sich nach den Beigaben 108 Männergräber, 71 Frauengräber und 29 Kindergräber aussondern, denen 92 dem Geschlechte nach nicht zuweisbare Bestattungen von Erwachsenen gegenüberstehen. Von den 29 Kindergräbern enthielten 17 keine Beigaben (davon 2 gestört). Sie waren meist nur flach eingetieft, das Skelett war oft fast vergangen, so daß ursprünglich mit einer wesentlich höheren Zahl von Kindergräbern zu rechnen ist, von denen sich bei der Ausgrabung keine Spuren mehr gefunden haben. Auffällig ist das gruppenweise Auftreten der Kindergräber sowohl im Mittel- wie im Südteil des Friedhofs (Mitte: 175, 190, 189 bzw. 239, 238, 237; Süd: 91, 94 bzw. 112, 119, 113, 115, 117).

Die Tiefe der Grabgruben schwankt zwischen 0,25 m (Grab 60) und 1,65 m (Grab 251), die Gräber in der Osthälfte des Friedhofs sind durchschnittlich am stärksten eingetieft. Dagegen läßt sich nicht sagen, daß besonders reiche Bestattungen stets auch in besonders tiefen Grabgruben angetroffen wurden. Die nördlich des Rheins und noch am Basler Rheinknie geläufigen großen holzverschalten Grabkammern fehlen in Bülach. Es herrscht ausschließlich die Bestattung in einfachen Schachtgräbern. Die beim Aus-

---

[1] Den Grabnummern 22 und 57 entsprechen keine Bestattungen, Grab 202 ist doppelt belegt, so daß auf 301 Grabnummern 299 Gräber mit 300 Bestattungen kommen.

heben der Grabgruben anfallenden großen Rollsteine wurden zum Schutze des Toten einzeln, in Reihen, oder zu kleinen Trockenmauern vereinigt, besonders gern zu Häupten, zu Füssen oder an den Seiten des Leichnams wiederverwendet. Ergab das Erdreich selber viel Steine, so wurde zum Schutze gegen Grabräuber ein ganzes Steinpflaster in 20 bis 65 cm Höhe über die Bestattung gelegt, das den Toten ganz oder teilweise verdeckte (19 Fälle) [2]. Im Männergrab 259 (1,60 cm tief) lag 80 cm über dem Skelett eine Steinreihe in gleicher Richtung wie der Leichnam. Im Frauengrab 9 (zweite Hälfte 6. Jahrhundert) war der Grabboden mit Kieseln und kleinen Steinen ausgelegt. Aus Trockenmauern gebaute Steinkisten kommen nicht vor. Spuren kistenförmiger Holzsärge wurden von Blanc häufig beobachtet (19 Fälle) [3], ebenso Totenbretter, auf denen der Tote beigesetzt war (11 Fälle) [4]. Die Holzsärge waren verdübelt, da Eisennägel fehlen. Im Frauengrab 265 (1,60 m tief) lagen auf der linken Körperhälfte zwei schmale Eichenbretter. Im Männergrab 151 fanden sich so starke Holzspuren, daß Blanc einen Baumsarg annehmen möchte. Die Toten wurden in der Regel in gestreckter Rückenlage mit angelegten Händen, selten mit den Händen auf dem Becken und niemals mit gefalteten Händen [5] beigesetzt. Abweichungen wurden nur in den Gräbern 204 und 286 beobachtet, wo der Tote auf der linken bzw. auf der rechten Seite lag. In den Gräbern 119, 156 und 166 waren die Beine gekreuzt. Obwohl Blanc über keine Störung berichtet, lagen in den Frauengräbern 135 und 178 bei sonst normaler Bestattung die Schädel in der Gegend des rechten Unterarms. Körperliche Anomalien wurden zweimal festgestellt: der Krieger in Grab 88 hatte ein verkrüppeltes linkes Bein, die Frau in Grab 174 eine deformierte Wirbelsäule.

Die Doppelbelegung des Grabes 202 war zweifellos beabsichtigt. Ohne die Erstbestattung (0,80 m tief) zu stören, lag die Nachbestattung genau 5–6 cm höher. Das gelegentliche Vorkommen von behauenen Tuffplatten (Gräber 172 und 173) und von Ziegelkleinschlag (Gräber 139, 176 und 178) in der Grabfüllung läßt auf das Vorhandensein eines römischen Bauwerks in der Nähe des Gräberfeldes schließen, ebenso die wohl absichtlich ins Grab mitgegebenen römischen Tonscherben (Gräber 177, 178, 278, 280). Irgendwelche Indizien für den Totenkult, Totenfeuer oder Reste des Totenschmauses [6] wurden nicht beobachtet. Die Erhaltungsbedingungen für die Beigaben aus Metall waren in Bülach im allgemeinen gut, Stoff-, Leder- und Holzreste haben sich dagegen nur an Eisen angerostet erhalten. Der Zustand der Skelette ist unterschiedlich. Die Bearbeitung von anthropologischer Seite für Alters- und Geschlechtsbestimmung steht noch aus.

Wenn man von den oben besprochenen 17 Kindergräbern absieht, erwiesen sich 41 Gräber als beigabenlos. Von ihnen enthielten allerdings nur 24 sicher keine auf uns gekommenen Fundgegenstände, die übrigen 17 waren gestört. Da sich Beigaben aus organischen Stoffen nicht erhalten haben, wird man aber auch bei diesen 24 Gräbern nicht ohne weiteres Schlüsse aus ihrer «Armut» ziehen dürfen. [7] Gegen die Behauptung Veecks [8], daß in dem württembergischen Reihengräberfeld von Holzgerlingen unfreie Knechte und Mägde in den beigabenlosen Gräbern bestattet waren, hat daher bereits H. Zeiß mit Recht Einspruch erhoben. [9]

---

[2] Gräber 5, 71, 74, 85, 108, 117, 137, 153, 154, 155, 249, 251, 273, 281, 287, 289, 290, 291, 296.
[3] Gräber 77, 78, 79, 84, 86, 90, 126, 139, 140, 143, 147, 149, 157, 169, 176, 236, 241, 251, 283.
[4] Gräber 14, 122, 124, 125, 130, 133, 153, 154, 163, 167, 181.
[5] Beisetzung mit gefalteten Händen wäre als christlicher Brauch anzusprechen, vgl. Bad. Fundber. 13, 1937, 21 f. und Germania 20, 1936, 268.
[6] Vgl. Stoll 14 mit Anm. 5 und 6.
[7] Paret legt 56 ff. sehr einleuchtend dar, was sich in den Gräbern von Oberflacht (Württemberg) unter normalen Bedingungen und bei Zerstörung der zahlreichen Holzfunde erhalten hätte, eine berechtigte Betrachtungsweise, die zu äußerster Vorsicht mahnt.
[8] 16. Ber. Röm.-German. Kommission 1925/26 (1927) 45.
[9] Bayer. Vorgeschichtsbl. 12, 1934, 23.

Der Friedhof von Bülach weist mit insgesamt 39 ungestörten beigabenlosen Gräbern (24 Erwachsene, 15 Kinder) auf 300 Bestattungen ein ähnliches Verhältnis auf wie der Friedhof von Hailfingen in Württemberg (66 ungestörte beigabenlose Gräber, davon 19 Kindergräber, auf 600 Bestattungen).[10] In den gleichzeitigen bajuwarischen Gräberfeldern liegt der Prozentsatz der beigabenlosen Gräber erheblich höher (in München-Giesing von 260 Gräbern 103 beigabenlos, in Weihmörting von 238 Bestattungen in 193 Gräbern 166 beigabenlos, in Reichenhall von 525 Gräbern 241 beigabenlos).[11]

Eine relativ hohe Zahl, nämlich fast ein Sechstel der Bülacher Gräber war gestört. In der Südgruppe sind es nur 7 durch äußere Eingriffe verletzte Gräber, während sich die Störungen sonst gleichmäßig über den ganzen Friedhof verteilen. Ein Teil dieser Störungen, besonders bei sehr flach angelegten Gräbern, ist rezent und ist auf den früheren Weinbau am Hang oberhalb der Straße, auf Gräben oder Sandentnahme zurückzuführen (Gräber 40, 42, 69, 91, 184, 196, 291). Neuzeitliche Verletzung ist auch bei weiteren 5 Gräbern mit flacher Grabgrube wahrscheinlich (Gräber 44, 54, 164, 186, 194), wo dies Blanc nicht ausdrücklich bezeugt. Die übrigen 44 Gräber sind dagegen bereits im frühen Mittelalter beraubt worden. Einen wertvollen Hinweis, daß dieser Grabraub tatsächlich noch während der Belegungszeit des Friedhofs, am Ende des 7. Jahrhunderts, stattfand, gibt das Frauengrab 285, dessen eine tauschierte Schuhschnalle bei der Frau in Grab 286 als Gürtelschließe wiedergefunden wurde (vgl. S. 50 und Taf. 5, 8). Daß im wesentlichen Gräber des 6. und der ersten Hälfte des 7. Jahrhunderts im Nord- und Mittelteil des Gräberfeldes den Plünderern zum Opfer fielen, ist ein weiterer Beweis dafür, daß deren Tätigkeit bereits in der zweiten Hälfte des 7. Jahrhunderts einsetzte, als die Erdhügel über den Gräbern noch deutlich sichtbar waren und man noch wußte, wer in den einzelnen Gräbern bestattet war. H. Stoll konnte für Hailfingen in Württemberg dasselbe feststellen.[12] Die Südgruppe des Friedhofs, die voll und ganz der zweiten Hälfte des 7. Jahrhunderts angehört (s. unten S. 72), blieb von den Grabräubern weitgehend verschont. Männer- und Frauengräber, in denen man reiche Beigaben vermuten konnte, wurden gleichmäßig geplündert. Entweder wurde die ganze Grabgrube durchwühlt und die Knochen im Grabe verstreut, oder die Räuber begnügten sich mit der Freilegung des Oberkörpers bis zum Becken, wo die Metallfunde (Gürtelzier, Schmucksachen, Waffen) lagen. Auf diese Weise wurden fünf besonders reiche Gräber der Nordgruppe (Frauengrab 1, Männergräber 7, 16, 24 und 32) des größten Teils ihrer Beigaben beraubt, die wohl überwiegend aus Edelmetall bestanden. Gelegentlich, wie im Frauengrab 221, zeigten grüne Oxydationsspuren am Schädel und am Unterarm, daß Ohr- und Armringe aus Bronze entnommen wurden. Da die Gräber des 6. und der ersten Hälfte des 7. Jahrhunderts besonders reich mit Gegenständen aus massiver Bronze, aus Silber oder gelegentlich aus Gold ausgestattet waren, Materialien, die im Verlauf des 7. Jahrhunderts immer knapper wurden, bildeten sie ein besonders lohnendes Ziel der Grabräuber, die ihre unter hohen Strafen stehende Tätigkeit[13] nachts in aller Heimlichkeit ausüben mußten. Der Mangel an Metallen in der Spätzeit ist zweifellos die Hauptursache des pietätlosen Grabraubes, von dem kaum ein germanisches Reihengräberfeld im frühen Mittelalter verschont geblieben ist.[14]

[10] Stoll 14.

[11] Bayer. Vorgeschichtsbl. 13, 1936, 44 bzw. 12, 1934, 23.

[12] Stoll 8 f.

[13] Zum Titel 50 der Lex Alamannorum vgl. Paret 103. H. Zeiß in Bayer. Vorgeschichtsbl. 12, 1934, 23: «Freilich ist Beraubung von Gräbern im frühen Mittelalter offenbar ebenso häufig vorgekommen wie von den Volksrechten unter Diebstahlsbuße gestellt worden».

[14] Z. B. Hailfingen: von 600 Gräbern 156 beraubt (Stoll 8). München-Giesing: von 246 Gräbern 50 beraubt (Bayer. Vorgeschichtsbl. 13, 1936, 45). Reichenhall: von 525 Gräbern 64 beraubt (Bayer. Vorgeschichtsbl. 12, 1934, 23). In Eltville (Rheingau) erwiesen sich von 169 aufgedeckten Gräbern 81 als beraubt (Nass. Annalen 61, 1950, 7 f.).

DIE BEIGABEN

SCHMUCKSACHEN UND GERÄTE

FIBELN

An *Bügelfibeln* hat sich in Bülach nur ein Paar mit fünf Knöpfen und gleich breitem Fuß aus Grab 15 erhalten (Taf. 1, 1–2) [1]. Die Fibeln sind aus Silber gegossen, feuervergoldet und nachgraviert; sie sind wenig abgenutzt. Die Kopfplatte ist mit einem Treppenmuster in Kerbschnittechnik verziert. Bügel und Fuß zeigen durchlaufende Zickzackbänder, die von einem breiten Mittelsteg mit eingelegten niellierten Dreieckreihen getrennt werden. Die fünf flachen Knöpfe sind mittels zweier gekerbter Stege profiliert. Nadelhalter und Achsenträger sind aus Silber mitgegossen; die eiserne Nadel ist verloren. Bei der einen Fibel hatte sich auf der Rückseite ein größerer Tuchrest erhalten (Taf. 1, 1A). Grab 15 barg keine weiteren Funde.

Genaue Gegenstücke zu den Bülacher Fibeln liegen aus Mengen im Breisgau Grab 140 (Augustinermuseum Freiburg) vor. Die Gruppe der Fibeln mit gleich breitem Fuß und Treppenmuster hat H. Kühn in seinem Fibelwerk als Form 23 zusammengefaßt. [2] Die von Kühn aus stilistischen Gründen gegebene Datierung in die Zeit von 550–575 erscheint für die Exemplare von Bülach und Mengen als zu spät, da diese aus demselben süddeutschen Werkstättenkreise stammen dürften wie drei Fibeln von Basel-Kleinhüningen Grab 120, Krefeld-Gellep und Arcy-Ste-Restitue, die noch der ersten Hälfte des 6. Jahrhunderts angehören. [3] Das Bülacher Fibelpaar wird noch vor der Mitte des 6. Jahrhunderts angefertigt worden sein. Die Grablegung fällt in die Jahre um 550.

Zu den kostbarsten und zugleich eigenartigsten Fundstücken in Bülach gehören die beiden *Fibeln in Form eines Fisches* aus Grab 14 (Taf. 1, 3–4) [4]. Sie haben die beträchtliche Länge von 9 cm und wurden übereinander liegend, mit dem Schwanzende nach unten, oberhalb des Beckens der Toten in Grab 14 gefunden. Ein breiter Blaßgoldstreifen bildet die Konturlinie eines schwimmenden Fisches, dessen Kopf und Schuppen mit planen Almandinen auf gewaffelter vergoldeter Silberfolie ausgelegt sind. Die farbige Wirkung wird dadurch erhöht, daß die Einlagen des Kiemenstreifens und der Seiten- und Schwanzflossen aus undurchsichtigem grünem Glase bestehen. Die runde Zelle des Auges ist jetzt leer, war aber ursprünglich wohl mit einer farbigen Masse ausgefüllt. Das Stegwerk ist aus Blaßgold und ist in einen vergoldeten, 5 mm breiten Silberrahmen eingepaßt, der auf der Rückenplatte aus Silberblech aufsitzt. Im Gegensatz zu dem Blaßgoldstreifen der Vorderseite beziehen Seitenrahmen und Rückseitenblech in ihren Konturen die vier Seitenflossen mit ein, deren Zellen auf der Schauseite wie angesetzt erscheinen. Für den Durchlaß des (bei der einen Fibel

---

[1] Abgebildet bei H. Kühn, Die german. Bügelfibeln der Völkerwanderungszeit in der Rheinprov. (1940), Taf. 89, Nr. 23, 10.

[2] H. Kühn a. a. O. 218 ff. mit Taf. 89. Zu den zehn von Kühn zusammengestellten Stücken kommen hinzu: Mengen Grab 140: Augustinermus. Freiburg. – Chaouilley (Dép. Meurthe-et-Moselle): Mém. Soc. d'arch. lorraine 4. sér. 4 (54), 1904, Taf. 1. – Irlmauth (Niederbayern), um 550: Verh. hist. Verein f. Oberpfalz u. Regensburg 90, 1940, 347, mit Abb. 13, 1.

[3] H. Kühn a. a. O. 138 ff. (Form 10, Nr. 21–23), mit Taf. 76.

[4] Abgebildet 13. JBSGU 1921, Taf. 14 und W. A. von Jenny, Die Kunst der Germanen im frühen Mittelalter (1940), Farbtafel und Taf. 57.

noch erhaltenen) eisernen Nadelhalters und der jetzt verlorenen Achsenträger ist das Rückseitenblech an zwei Stellen ausgeschnitten. Der innere Kern der Fibeln besteht aus Eisen, in das mittels Silbernieten Seitenrahmen und Rückenplatte eingezapft sind. Die Rückseiten der Fibeln sind sehr stark abgenutzt, die Vergoldung an den Seiten ist an vielen Stellen abgewetzt. Vgl. die technische Expertise, Anhang S. 135f.

Kloisonnierte Fibeln in Fischform werden vereinzelt in ostgotischen[5] und merowingischen Reihengräberfeldern angetroffen, so im burgundischen Charnay[6] oder im fränkischen Freilaubersheim[7]. Diese kleinen Fibeln lassen sich aber in der Qualität mit dem einzigartigen Bülacher Fibelpaar nicht entfernt vergleichen. Eher ist man geneigt, auf Grund der Technik und der Verwendung eines Eisenkerns Zusammenhänge mit gewissen eisernen Fünfknopffibeln anzunehmen, die ebenfalls auf der Schauseite ein mit Almandinen ausgelegtes Zellenwerk aus Blaßgold tragen und die bisher in fünf Exemplaren in St-Sulpice bei Lausanne (Grab 97 und 133)[8], in Kleinhüningen bei Basel Grab 35[9], in Mengen im Breisgau Grab 141[10] und in Irlmauth in Niederbayern[11] belegt sind. Alle diese Fibeln sind in der ersten Hälfte des 6. Jahrhunderts angefertigt und stammen am ehesten aus alamannischen Werkstätten der oberrheinischen Tiefebene; westschweizerisch-burgundische Herkunft ist nach dem Vorkommen von St-Sulpice allerdings nicht ganz auszuschließen. Für die Datierung wichtig ist, worauf bereits H. Zeiß hinwies,[12] Grab 35 von Kleinhüningen mit einem Paar kleiner Scheibenfibeln, die nicht vor der Mitte des 6. Jahrhunderts entstanden sein dürften.[13] Danach setzt Zeiß die beiden Gräber von St-Sulpice mit Recht in die Zeit um 550. Man wird nicht fehlgehen, wenn man annimmt, daß auch die Fischfibeln von Bülach, denen sich neuerdings zwei goldene kloisonnierte Taschenbeschläge in Fischform aus Kleinhüningen Grab 212 zugesellen,[14] während der ersten Hälfte des 6. Jahrhunderts in einer wohl ostgotisch beeinflußten Werkstatt zwischen Genfersee und Oberrhein gearbeitet und, wofür die starke Abnutzung spricht, um die Jahrhundertmitte ins Grab mitgegeben wurden.

Die werkstattgleichen kleinen silbernen *Scheibenfibeln* aus Grab 9 (Taf. 1, 7) und Grab 179 (Taf. 1, 8) sind vergoldet und mit vier konzentrischen Kreismustern in Kerbschnittmanier und planen Almandinrundeln in den Zwickeln verziert. Der Typus ist gleichmäßig bei Franken und Alamannen verbreitet. Aus Württemberg sind Stücke von Ditzingen, Oberflacht und Ehningen zu vergleichen.[15] Die Gruppe hängt mit runden oder quadratischen kleinen Scheibenfibeln mit Almandinrundeln zusammen[16] und gehört zum Formenschatz der zweiten Hälfte des 6. Jahrhunderts. Münzdatiert ist ein Grab von Obrigheim in der Pfalz (Werner Gruppe III)[17].

[5] Eine goldene, kloisonnierte Fischfibel im Museo archeologico in Florenz bei S. Fuchs, Kunst der Ostgotenzeit (1944), 96, Abb. 62.

[6] Baudot, Taf. 13, 8. Ein filigranverziertes Stück aus Ste-Sabine bei Baudot, Taf. 27, 3.

[7] Lindenschmit, Handbuch, Taf. 23, 15 = Zentralmuseum, Taf. 6, 24.

[8] Revue Charlemagne 1, 1911, Taf. 22, 1–2 und Taf. 27, 1–2 = N. Aberg, Die Franken und Westgoten in der Völkerwanderungszeit (1922), 76, Abb. 102.

[9] 25. JBSGU 1933, Taf. 8, 5.

[10] Bad. Fundber. 13, 1937, Taf. 17, a. Nachrichtenbl. f. deutsche Vorzeit 9, 1933, 199.

[11] Bayer. Vorgeschichtsbl. 15, 1938, 44 und 18/19, 1951/52, Taf. 41, 1 (Sonderform).

[12] Zeiß 31 f.

[13] Für das Aufkommen des Typs ist ein Paar eiserner Dreiknopffibeln mit Vogelkopffuß der Zeit um 500 von Chassemy (Dép. Aisne) bemerkenswert, deren Bügel durch Streifentauschierung die Verbindung zu den frühen tauschierten Schnallen, unten S. 29, Anm. 3, herstellt: W. A. von Jenny, Die Kunst der Germanen im frühen Mittelalter (1940), Taf. 58 links oben (irrtümlich Fundortangabe Arcy-Ste.-Restitue) = S. Reinach, Cat. ill. du Musée des ant. nat. St-Germain 2 (1921), 264, Abb. 150, Nr. 36422. Die Fibeln, die als Paar auf die Museen Berlin und St-Germain verteilt sind, werden Mainzer Zeitschr. 28, 1933, 124 f. zu Abb. 9, 3, fälschlich als Riemenhalter einer Spatha angesprochen.

[14] Ur-Schweiz 10, 1946, 70, Abb. 50.

[15] Veeck, Taf. 25, 24–26.

[16] Veeck, Taf. 25, 27–30. Vgl. auch Zürich-Bäckerstraße Grab 26: ASA NF. 2, 1900, Taf. 12,10.

[17] Werner, Taf. 3 D, 1.

Die große silberne *Almandinscheibenfibel* (Taf. 1, 10) aus Grab 249 wurde wegen der Runeninschrift, die sie auf der Rückseite trägt, von H. Zeiß in der Sammlung einheimischer Runendenkmäler des Festlandes ausführlich behandelt.[18] «Der silberblechbelegte, filigranverzierte Mittelbuckel wird von zwei Zonen umgeben, von denen die äußere aus 34 fast sämtlich noch heute mit Almandinen gefüllten Zellen besteht, während in der innern drei Gruppen von je fünf Almandinzellen durch Silberblechstücke mit eingepreßtem Flechtbandornament abgetrennt werden. Das Zellenwerk ist wenig sorgfältig gearbeitet. Nadel und Nadelhalter der Unterseite sind abgebrochen» (Zeiß u. a. O. 168).

ᚠᚱᛁᚠᚱᛁᛞᛁᛚ
ᛞᚢ
ᚠᛏᛗᚦ

Abb. 2.
Runenschrift
auf der
Scheibenfibel
Taf. 1, 10.

Die Runeninschrift (Taf. 1, 10A und Abb. 2) – bisher die einzige vom Schweizer Boden – wird von H. Arntz a. a. O. 458 als «Frifridil hat mich erworben» gelesen. Arntz faßt a. a. O. zusammen: «Die Runen stehen in drei Reihen auf der Unterseite (dahinter ein kammartiges Zeichen) und sind wohl als *frifridil/du/ftmuk* zu lesen. Die beiden zeilenanlautenden *f* sind linksläufig (Glückszauber). Unsicher ist das letzte Zeichen, angeblich eine Binderune aus *I i* und $>k$. Auch die Deutung «Frifridil hat mich erworben» braucht nicht endgültig zu sein. Links und rechts von der Inschrift je ein (symbolisches) ↑ *l*. Wohl vorchristlich.»

Die Fibel gehört zu einer Abart der großen flachen Almandinscheibenfibeln, wie sie am Ende des 6. und in der ersten Hälfte des 7. Jahrhunderts in fränkischen und alamannischen Reihengräberfeldern vorkommen.[19] Der Mittelbuckel des Bülacher Exemplars ist von den goldenen oder silbernen Scheibenfibeln mit engem Zellenwerk übernommen,[20] was wegen der langobardischen Beziehungen dieser Gruppe den Zeitansatz in die erste Hälfte des 7. Jahrhunderts sichert. Am nächsten kommt der Bülacher Fibel eine Scheibenfibel mit filigranverziertem Mittelbuckel und drei Preßblechen mit Flechtband von Mayen (Eifel) Grab 5, die in einem Grabe der ersten Hälfte des 7. Jahrhunderts gefunden wurde.[21] Ähnliche Preßbleche zeigt eine Almandinscheibenfibel mit planer Mitte aus Schwarzrheindorf (Rheinprovinz),[22] ein Flechtbandpreßblech in der Mitte die Rosettenfibel von Selzen (Rheinhessen) Grab 11.[23] Filigranverzierten Mittelbuckel mit fünf grätenförmig gerippten Preßblechen in der Außenzone besitzt eine Scheibenfibel von Gundersheim (Rheinhessen) Grab 45[24], Preßbleche allein die doppelzonige Scheibenfibel von Schretzheim Grab 350[25] und ein Paar Rosettenfibeln von Sirnau (Württemberg), Grab 71[26], während filigranverzierte Mittelbuckel bei der doppelzonigen Scheibenfibel von Sirnau Grab 72[26] und einer Rosettenfibel von Rittersdorf (Rheinprovinz) Grab 46[27] vorkommen. Alle diese Scheibenfibeln, zu denen noch drei Exemplare mit tierornamentierten Pressblechen aus Köln-Müngersdorf hinzukommen,[28] gehören in einen wahrscheinlich mittelrheinischen Werkstättenkreis der ersten Hälfte des 7. Jahrhunderts, wenn man sich an die Fundver-

---

[18] H. Arntz und H. Zeiß, Die einheim. Runendenkmäler des Festlandes (1939), Taf. 8, 10 und S. 167 ff. Dadurch überholt ist die Arbeit von J. M. N. Kapteyn in ASA NF. 37, 1935, 210 ff.

[19] Z. B. Unterthürheim in Bayerisch-Schwaben (Werner, Gruppe III). Werner, Taf. 7 A, 1–2. Oder Köln-Müngersdorf Grab 131 (Werner, Gruppe IV). Werner, Taf. 14 B, 1–2.

[20] Vgl. Werner, Taf. 10, 4 und 16 A, 1 und S. 44, Anm. 1, Nr. 5, 12, 19, 21, 23, 26, 30.

[21] H. Kühn, Die german. Bügelfibeln der Völkerwanderungszeit in der Rheinprov. (1940), Taf. 119, 2 und S. 443 zu Nr. 138. Kühns Datierung: 600–625. – Ferner H. Rupp, die Herkunft der Zelleneinlage und die Almandinscheibenfibeln im Rheinland (1937), Taf. 28, 5.

[22] H. Rupp a. a. O., Taf. 28, 14 = G. Behrens, Merowingerzeit. Kat. 13 des Röm.-German. Zentralmus. (1947), 33, Abb. 79, 6.

[23] L. Lindenschmit, Das german. Todtenlager bei Selzen (1848), Taf. 11.

[24] H. Rupp a. a. O., Taf. 27 A, 1, Fundort S. 144 = Lindenschmit, Zentralmuseum, Taf. 2, 2.

[25] P. Zenetti, Vor- und Frühgesch. d. Kreises Dillingen (1939), Abb. 131 = Jahrb. d. hist. Ver. Dillingen 43/44, 1930/31, 36, Abb. 19. Die Fibel besitzt fünf Preßbleche in der Innenzone und ein peltenförmiges im Zentrum.

[26] Fundber. Schwaben NF. 9, 1935/38, Taf. 37, 2.

[27] H. Rupp a. a. O., Taf. 27, 7.

[28] Ipek 1929, Taf. 3, 3, 4 und 13.

breitung und an das Vorherrschen der silbernen Almandinscheibenfibeln in fränkischen Gräberfeldern hält. Das Bülacher Stück muß man besonders eng an die rheinischen Fibeln von Mayen und Schwarzrheindorf rücken. Es dürfte entgegen der Vermutung von H. Zeiß (a. a. O. 168) eher fränkisch als alamannisch sein.

Die bronzene *Ringfibel* aus Grab 130 (Taf. 1, 18) mit Punktmuster und Eisennadel ist eine sehr seltene Form, die noch in Beringen (Kt. Schaffhausen) Grab 10 belegt ist.[29] Die Funktion als Fibel ist nach der Lage im Grabe (unterhalb des Kinns) gesichert. Als Zeitstellung ergibt sich nach den Beifunden in Bülach und Beringen die zweite Hälfte des 7. Jahrhunderts.

Zwei silberne *Rosetten*, die auf der Brust der Toten in Grab 79 gefunden wurden und nicht erhalten geblieben sind, dürften keine Fibeln, sondern Kleiderbesatz gewesen sein.

OHRRINGE, FINGERRINGE UND ARMRINGE

Ohrringe des 6. Jahrhunderts wurden in Bülach nicht gefunden. Aus dem Mädchengrab 34 stammt ein silberner Körbchenohrring (Taf. 2, 1) mit Steckverschluß. Das stark beschädigte Körbchen war mit einer hellgrauen Masse gefüllt und ist mit einem Kerbdraht am silbernen Ohrreif befestigt. Der Typ gehört in die erste Hälfte des 7. Jahrhunderts und ist auf alamannischem Gebiet nicht gerade häufig.[30] Einzelstücke sind auch die einfachen Bronzedrahtohrringe in den Gräbern 74, 111 (Taf. 6, 6) und 134 und der Silberohrring aus Grab 79 (Taf. 6, 3), die bereits in die zweite Hälfte des Jahrhunderts zu stellen sein dürften. Das kleine Ohrringpaar aus Bronzedraht mit Würfelenden und Steckverschluß aus Grab 131 (Taf. 3, 3–4) gehört zu den häufigeren Formen des späteren 7. Jahrhunderts.[31] Die alamannische Standardform der Mitte und der zweiten Hälfte des 7. Jahrhunderts stellen bis zu 8 cm im Durchmesser messende Drahtohrringe aus Bronze dar, die in sieben Bülacher Gräbern vertreten sind (Taf. 3, 1–2, 6–7, 13–14, 17–18, 23–24 und Taf. 6, 1–2: Gräber 101, 125, 130, 160, 161, 170 [gestrichelt], 174). Alle haben Hakenverschluß, bis auf das Paar aus Grab 101 (Taf. 6, 1–2) mit Schlaufenöse. Der eine Ohrring aus diesem Grabe (Taf. 6, 1) ist aus zwei verschiedenartigen Bruchstücken zusammengelötet; das eine mit dem Haken hat runden Querschnitt und Rillenverzierung, das andere mit der Öse ist im Schnitt vierkantig. Beide Bruchstücke sind stark verschliffen, so daß man Grab 101 in das späte 7. Jahrhundert rücken muß. Bei den übrigen Gräbern mit großen Drahtohrringen spricht die Lage im Gräberfeld durchgängig für zweite Hälfte des 7. Jahrhunderts. Die Gräber 170, 174, 160, 161 und 125 liegen ganz am Südwestrand des Friedhofes (vgl. Plan 3). Die großen Drahtohrringe sind gleichmäßig über das gesamte alamannische Siedlungsgebiet verbreitet.[32] Es ist bemerkenswert, daß bis auf das Kindergrab 34 mit Körbchenohrring sämtliche Gräber mit Ohrringen im Friedhofteil südlich der Straße angetroffen wurden.

Von den vier in Bülach gefundenen *Fingerringen* gehört der silberne aus Grab 230 (Taf. 1, 9) mit Filigranverzierung und zwei rhombischen Cabochons, deren Einlagen verloren sind, in die erste Hälfte des 7. Jahrhunderts. Er ist, nach italischen Gegenstücken zu urteilen,[33] ein langobardisches Importstück. Der goldene

[29] ASA NF. 13, 1911, 31, Abb. 16, 4.

[30] Vgl. Hailfingen: Stoll, Taf. 20, 5, 9 und 13. Zu den bajuwarischen Vorkommen vgl. H. Bott in Bayer. Vorgeschichtsbl. 13, 1936, 66 f. zu Taf. 8, 14–15. Vom Mittelrhein ein Paar aus Dietersheim (Rheinhessen) in Westd. Zeitschr. 12, 1893, Taf. 5, 12.

[31] Stoll 18 und Taf. 20, 1, 2, 4 und Veeck, Taf. 35 B, 1–3.

[32] Veeck, Taf. 36. Stoll, Taf. 20, 11–12 (neun Paare in Hailfingen). Franken, Taf. 8. Kanton Bern: MAGZ 21, 7 (1886), Taf. 8. Zahlreiche Vorkommen im Elsaß, Baden und der Schweiz.

[33] Vgl. die Ringe aus Castel Trosino Grab 5 (Gold), 16 (Silber), 164 (Silber), 168 (Gold) und von Ripatransone bei Mengarelli, Taf. 8, 9. 9, 12. 14, 5 und Abb. 28 und 223. Zwei dem Bülacher Ring besonders nahestehende Exemplare aus Gold, bzw.

Fingerring aus Grab 14 (Taf. 1, 6) ist ein ebenso einzigartiges Stück wie die Fischfibeln desselben Grabes. Die Zelle mit eingesetztem Rubin ist als durchbrochenes Kästchen mit vier Füssen auf das Rund des Ringes aufgesetzt. Ähnliches ist noch an zwei filigranverzierten Fingerringen von La Garde (Dép. Loire) und aus der Nekropole von Herpes (Dép. Charente) zu beobachten.[34] Es scheint sich um eine hauptsächlich von fränkischen Werkstätten aufgegriffene und von ihnen weitergebildete byzantinische Form zu handeln.[35] Hohe, geschlossene, kästchenartige Zellen als Steinfassungen von Fingerringen sind im 6. Jahrhundert häufiger.[36] Die starke Abnutzung des Bülacher Ringes legt Anfertigung in der ersten Hälfte des 6. Jahrhunderts nahe. Als Zeit der Grablegung für Grab 14 wurden oben S. 9 die Jahrzehnte um die Mitte des 6. Jahrhunderts angenommen. Der Fingerring aus einfachem Bronzedraht aus Grab 170 und derjenige aus Grab 167 sind atypisch.

Die von H. Stoll in Hailfingen konstatierte große Häufigkeit von Fingerringen in Frauengräbern des späteren 7. Jahrhunderts ließ sich in Bülach nicht beobachten.

An *Armringen* wurde in Grab 217 ein bronzenes, mit Strichgruppen und Würfelaugen verziertes Exemplar mit Kolbenenden gefunden (Taf. 3, 5). Mit verwandten württembergischen Stücken[37] gehört es am ehesten in die zweite Hälfte des 7. Jahrhunderts, wofür auch die mitgefundene messingtauschierte Schnalle und die Lage des Grabes ganz am Westrand des Friedhofes spricht. In Grab 236 fand sich am linken Unterarm ein geschlossener, atypischer Armring aus Eisen.

HALSKETTEN UND NADELN

Das Kindergrab 34, das oben S. 11 durch einen silbernen Körbchenohrring (Taf. 2, 1) in die erste Hälfte des 7. Jahrhunderts datiert werden konnte, enthielt auch eine geflochtene, im Querschnitt vierkantige *Kette* aus dünnem Silberdraht (Taf. 2, 2), die neben einer Perlenkette am Halse der jungen Toten gefunden wurde. Sonst bilden in den Bülacher Frauengräbern die Perlenketten den beliebtesten Schmuck, wobei Zahl und Größe der Glasperlen naturgemäß großen Schwankungen unterworfen sind. Auffällig etwa im Vergleich zu alamannischen Gräberfeldern Süddeutschlands und des mittleren Aaregebietes ist das seltene Vorkommen von Bernsteinperlen, die nur in ganz wenigen Exemplaren in den Gräbern 34, 56, 60, 79, 116, 130 und 169 belegt sind. Die zahlreichen Glasperlen zeigen dagegen das aus andern alamannischen Gräberfeldern bekannte Bild.

In der zweiten Hälfte des 6. und der ersten Hälfte des 7. Jahrhunderts kommen vereinzelt Millefioriperlen vor, wie die große gelbrot gemusterte Trommelperle aus Grab 9 (Taf. 2, 7)[38] oder die beiden rot-weiß geäderten

Silber, vom Gräberfeld Cividale im Mus. Cividale. Der goldene ist abgebildet bei Fogolari, Cividale del Friuli (1906), Abb. S. 28. Verwandt ist auch ein Goldring von Niederselters (?) bei Werner, Taf. 12 B, 5, aus einem Münzgrab der Gruppe IV.

[34] Beide Ringe bei C. Boulanger, Le Mobilier funéraire gallo-romain et franc en Picardie et en Artois (1908), 81, Abb. 179–183.

[35] Die byzantinische Ausgangsform liegt in Narona (Dalmatien) vor: Bull. di archeologia e storia dalmata 25, 1902, Taf. 12, 3. Vgl. auch den Silberring aus Castel Trosino Grab 220, bei Mengarelli 338, Abb. 243 und vor allem das Stück von Krainburg, Jahrb. K. K. Zentralkomm. NF. 1, 1903, 246, Abb. 217. – Fränkische Weiterbildungen: Säulchenfingerring der ersten Hälfte des 7. Jahrhunderts aus Frauengrab P 73 von St-Severin in Köln (Ipek 15/16, 1941/42, Taf. 53, 3 und 131, Abb. 6, c), ein weiterer von Rübenach b. Koblenz (Die Umschau 44, 1940, 299, Abb. 4).

[36] Vgl. den Potinring von St-Sulpice b. Lausanne, Grab 63 (Revue Charlemagne 1, 1911, Taf. 20, 9) und einen Ring von Marchélepot bei C. Boulanger, Le cimetière mérov. et carol. de Marchélepot (1909), Taf. 20, 9.

[37] Veeck, Taf. 38 A, 7 und 9 und 38 B, 5.

[38] Vgl. Hailfingen, Grab 417 b bei Stoll, Taf. 15, 9. Ferner Herbrechtingen bei Werner, Taf. 10, 5 f (unten) und Thalmässing bei Werner, Taf. 13 B, 5. Beides münzdatierte Gräber der Gruppe IV. Auch in Charnay (Burgund) vertreten: Baudot, Taf. 16, 10.

Zylinderperlen mit gelbem Rand aus Grab 4 (Taf. 1, 14).[39] Eine weitere Millefioriperle mit grünen Augen vom Typ Veeck Taf. 34, 9, ebenfalls aus Grab 4 (Taf. 1, 14 Mitte), gehört zu jenen vielfältig zusammengesetzten Millefioriperlen, die Exportgut aus den oberitalienischen Glashütten zur späten Ostgoten- und zur Langobardenzeit darstellen.[40] Auf gleiche Zusammenhänge deuten die Amethystperle desselben Grabes (Taf. 1, 14 rechts)[41] und die unten besprochenen Goldblechanhänger. Wenn man vom Kindergrab 34 mit einigen größern Perlen der ersten Hälfte des 7. Jahrhunderts absieht, herrscht sonst die billige Massenware der einfarbigen undurchsichtigen kleinen bis mittelgroßen Glasperlen vor, die zumeist dem 7. Jahrhundert angehören. Zu gleichen Feststellungen führte bisher noch jede größere Untersuchung eines alamannischen Reihengräberfeldes, ob Hailfingen und Holzgerlingen in Württemberg oder Mengen in Oberbaden. Gemusterte Perlen finden sich in größerer Anzahl nur in den Gräbern 70 und 81 (Taf. 6, 10–11). Unter den einfarbigen Glasperlen sind die doppelkonischen bis tonnenförmigen aus schmutzig-weißem, rotem, braunem, blauem, grünem oder orangefarbenem Glas besonders häufig. In den Gräbern 249 (Taf. 6, 14) und 116 (Taf. 6, 12) sind sie in die erste und in die zweite Hälfte des 7. Jahrhunderts datiert. Fast so zahlreich sind auch die kleinen gelben Fritteperlen. Beide Perlensorten stammen aus Glashütten der Zone nordwärts der Alpen, die mit ihrer Massenproduktion die vielfältigen Formen des 6. und frühen 7. Jahrhunderts verdrängten. Die doppelkonischen Perlen finden sich besonders in den späten Gräbern des Süd- und Ostteils des Bülacher Friedhofes, was zu entsprechenden Beobachtungen in Hailfingen stimmt (Stoll S. 20). Etwas sehr Seltenes ist eine Perlmuttperle aus Grab 179 (zweite Hälfte des 6. Jahrhunderts), zu der Hailfingen Grab 415 Analogien liefert (Stoll S. 19). Ebenfalls selten ist eine doppelkonische Bronzeperle aus Grab 4 (Taf. 1, 14 links, erste Hälfte des 7. Jahrhunderts).[42]

Im Gegensatz zu den häufigen Vorkommen in andern Gräberfeldern enthält nur ein Bülacher Kindergrab (Grab 237) eine durchbohrte römische Bronzemünze (Prägung des Maximian), die als Anhänger einer Halskette getragen wurde.

Zu der Kette mit einer Amethyst- und einer italischen Millefioriperle des Grabes 4 gehören auch zwei dreieckige *Goldblechanhänger* mit herausgetriebenen Buckeln und Filigranzier (Taf. 1, 11–12). Bei dem kleinern sind die Buckel aus dem dreieckigen Blech von der Rückseite her herausgetrieben und infolge ihrer Dünne im Lauf der Zeiten ausgebrochen. Um diese Beschädigung zu vermeiden, wurden bei dem größern Anhänger die Buckel sogleich aus gesonderten Blechen gefertigt und von hinten her in die dafür vorgesehenen drei Durchbohrungen der dreieckigen Platte eingesetzt. Beide Stücke stammen mit Gewißheit aus dem langobardischen Italien, wo in Grab 7 der Nekropole von Castel Trosino fünf gleichartige Anhänger vorliegen. Castel Trosino Grab 7 ist durch byzantinische Solidi in die erste Hälfte des 7. Jahrhunderts münzdatiert.[43] Nordwärts der Alpen finden sich als langobardischer Import ähnliche Anhänger außer in Bülach noch in Pfullingen (Württemberg), in Iffezheim (Baden) und in Bruckfelden, Amt Überlingen (Baden).[44] Bülach Grab 4 läßt sich damit durch Castel Trosino Grab 7 in die erste Hälfte des 7. Jahrhunderts setzen. Ein in Silberbänder gefaßter Anhänger aus Bonerz (Taf. 2, 3) lag in Grab 34 mit einigen Glas- und Bern-

---

[39] Die Perlen dürften aus Italien stammen, wo identische Stücke in den Gräbern 11 und 160 von Nocera Umbra vorliegen (Thermenmus. Rom). Ein Exemplar aus Charnay bei Baudot, Taf. 16, 9.

[40] Hailfingen: Stoll, Taf. 15, 4. Gammertingen: Gröbbels, Taf. 17. Herbrechtingen: Werner, Taf. 10, 5 f. Unterthürheim: Werner, Taf. 7 A, j. k. o. Charnay: Baudot, Taf. 16, 5. – Diese Perlen sind in den langobardischen Gräberfeldern von Cividale, Krainburg, Nocera Umbra und Castel Trosino sehr häufig.

[41] Zur vermutlichen Herkunft der Amethystperlen aus Italien vgl. Werner, 50 f.

[42] Vgl. sieben bronzene, vergoldete Perlen aus Nocera Umbra Grab 148 (Thermenmus. Rom).

[43] Mengarelli, Taf. 6, 2. Zu den Beigaben und besonders zu den Goldblechanhängern vgl. die ausführliche Behandlung bei Werner, 74 f.

[44] Pfullingen: Veeck, Taf. 29, 5a u. d. Iffezheim: Mannus 23, 1931, 71, Abb. 16, 7. Bruckfelden: Wagner 1, 74, Abb. 50 b.

steinperlen zwischen den Oberschenkeln des Skeletts. Er ist in die erste Hälfte des 7. Jahrhunderts zu datieren.[45]

Die lange *Bronzenadel* aus Grab 111 (Taf. 2, 8) wurde nicht, wie man erwarten sollte, am Hinterhaupt der Toten, sondern, wohl in einer Tasche verwahrt oder als Verschluß einer Tasche, am linken Oberschenkel gefunden. Es handelt sich aber mit Sicherheit um eine der in alamannischen Frauengräbern häufigen Haarnadeln, und es bleibt merkwürdig, daß in Bülach nur dieses eine Stück gefunden wurde. Das flach gehämmerte Nadelende geht auf einen stilisierten Vogelkopf zurück. Der Typ ist besonders in Württemberg verbreitet[46] und dürfte in das 7. Jahrhundert gehören.

ZIERGEHÄNGE, GÜRTELTASCHEN, ZIERSCHEIBEN UND SIEBLÖFFEL

In 28 Frauen- und 2 Mädchengräbern wurden verschiedenartige Gehänge aus Eisen- oder Bronzeringen gefunden, die, nach der Lage im Grabe zu urteilen, an der linken Seite vom Gürtel herabhängend getragen wurden.[47] Die Zahl der Ringe schwankt zwischen eins und vier, die, wie Stoll (S. 21) annimmt, durch ein Stoff- oder Lederband miteinander verbunden waren. Die Ringe aus Grab 9 und 286 mit anhaftenden Stoffresten scheinen das Vorhandensein von Stoffbändern zu bestätigen. Die drei Eisenringe des Grabes 85 (Taf. 7, 31–33) sind mit Strichmustern tauschiert; in sechs Gräbern gibt es Ringe aus Bronze[48] und in neun Fällen[49] waren an den Ringen kurze Ketten aus ringförmigen, ovalen oder stabartigen Gliedern befestigt (Taf. 7, 17, 22, 25, 29), davon in Grab 120 eine Bronzekette (Taf. 7, 2). In Grab 292 bestand die «Kette» aus sechs gelochten Antoninianen des 3. Jahrhunderts (Taf. 7, 7–12). An den Ketten und den Stoff- oder Lederbändern, welche an den Eisenringen herabhingen oder mit solchen kombiniert waren, wurden Haushalttaschen verschiedener Form und Größe getragen. Ihre Spuren ließen sich nur dort mit Sicherheit nachweisen, wo auf ihnen aufgenähte Bronzezierscheiben gefunden wurden; sonst sind sie, da aus Stoff oder Leder hergestellt, nicht erhalten geblieben. Sie waren an den Schlußgliedern der Ketten oder gelegentlich an Eisenbügeln befestigt, die aus alten Pferdetrensenteilen bestehen (Grab 219 und 231, Taf. 7, 13 und 28). Zierat, wie eine Tigerschnecke (Grab 132, Taf. 8, 8) oder Bärenzähne (Grab 116 und 178, Taf. 8, 17 und 19), hing frei in der Nähe des Taschenverschlusses. Kleine Schnallen als Verschluß wurden nur in den Gräbern 4 und 265 beobachtet (Taf. 1, 13).

Während es ungewiß ist, ob die meist bei diesen Taschen gefundenen Eisenmesser in ihnen aufbewahrt wurden, zählen die vielen Kleinigkeiten, die in ihrem Bereiche lagen, sicher zu ihrem Inhalt. Neben vereinzelten Kämmen (siehe unten) fanden sich drei Eisenschlüssel der herkömmlichen römischen Form mit Ring und Zinken, die das Weiterleben dieses Typs im frühen Mittelalter bezeugen (Gräber 132, 178 und 231, Taf. 7, 26–27, 34 h)[50]. Daneben gibt es römische Scharnierfibeln (Grab 4, Taf. 1, 15), römische Glasscherben (Grab 252, Taf. 8, 16), gedrehte Eisenstäbe (Grab 67), ein Bronzestück (Grab 103) und ein stempelverziertes, rechteckiges Bronzebeschläg (Grab 231, Taf. 4, 23). Ähnlich zusammengewürfelt ist der Inhalt entsprechender Taschen in Hailfingen (Stoll 21 f.). Durch die reichen Frauengräber 9 und 14 ist die Befestigung

---

[45] Vgl. eine ähnlich gefaßte Eisenerzkugel von Caranda (Dép. Aisne), Lindenschmit, Handbuch 469, Abb. 454 c, und den gefaßten Bronzegußklumpen aus dem Münzgrab von Herbrechtingen (Werner, Gruppe IV) bei Werner, Taf. 10, 5a.

[46] Veeck, Taf. 45 A, 2–4 und Stoll, Taf. 21, 1.

[47] Es sind folgende Gräber: 4, 9, 13, 14, 43, 60, 64, 67, 75, 81, 85, 103, 111, 116, 120, 128, 131, 132, 162, 178, 187, 219, 231, 237, 248, 249, 252, 265, 286, 292.

[48] Gräber 14, 116, 120, 162, 265, 292.

[49] Gräber 81, 111, 116, 120, 132, 178, 237, 248, 249.

[50] Vgl. einen Bronzeschlüssel von Gammertingen, Gröbbels, Taf. 15, 8 und die schweizerischen Vorkommen, Tatarinoff 131 mit Anm. 2–3.

der Haltebänder der Taschen an Eisenringen, die im 7. Jahrhundert gang und gäbe ist, auch für das 6. Jahrhundert gesichert. Das Vorhandensein von am Gürtel herabhängend getragenen Taschen in fast allen reicher ausgestatteten Frauengräbern zeigt, daß sie einen wesentlichen Bestandteil der alamannischen Frauentracht des 6. und 7. Jahrhunderts darstellen.

Drei ganz erhaltene und eine zerbrochene bronzene *Zierscheibe* aus den Gräbern 116, 131, 162 und 208 (Taf. 2, 14–15 und Taf. 7, 1 und 15) geben von der Beliebtheit dieses Taschenbesatzes bei den Alamannen keine rechte Vorstellung. Wie im württembergischen Hailfingen, so ist auch in Bülach damit zu rechnen, daß gerade von diesen massiven Bronzegegenständen, die meist in reichen Frauengräbern angetroffen werden, einige dem Grabraub zum Opfer fielen. Die Zierscheiben waren auf runden Leder- oder Stofftaschen aufgenäht, die gelegentlich, wie auch in Bülach Grab 116 und 131, einen hohlen Bronzering oder einen Beinring als Bügel besaßen (vgl. Stoll S. 21). Die drei engmaschigen, geometrisch durchbrochenen Scheiben aus den Gräbern 116, 131 und 162 (Taf. 2, 15 und Taf. 7, 1 und 15) sind am ehesten Stücken von Worblaufen (Kt. Bern), Merishausen (Kt. Schaffhausen) oder Egartenhof (Württemberg) anzuschließen.[51] Die Scheibe aus Grab 208 mit vier in einen Kranz einbeschriebenen stilisierten Vögeln (Taf. 2, 14) besitzt ein Gegenstück aus der Nachbarschaft Bülachs, aus Ottenbach (Kt. Zürich), das etwas größer und entsprechend mit sechs Vögeln verziert ist (Taf. 8, 22).[52] Württembergische und bayrisch-schwäbische Exemplare von Hailfingen (vier Vögel), Owingen (vier Vögel), Truchtelfingen (fünf Vögel), Schretzheim Grab 502 (vier Vögel) und Nordendorf (zwei Exemplare mit vier Vögeln), stammen wohl aus andern Werkstätten.[53] Allen Vogelscheiben, das Schretzheimer Stück ausgenommen, ist die Verzierung von Reif und Vögeln mit eingepunzten Würfelaugen gemeinsam. Der Zusammenhang der acht Scheiben ist unverkennbar und unterstreicht die gerade bei den Zierscheiben offenkundige Verbindung der Nordschweiz mit Württemberg.[54] Zeitstellung der Bülacher Scheiben ist 7. Jahrhundert, bei den Scheiben der Gräber 116 und 131 dessen zweite Hälfte.

In dem reichen Frauengrab 4 wurde zwischen den Unterschenkeln der Toten ein silberner *Sieblöffel* gefunden (Taf. 1, 17). Er ist im Gebrauch zerbrochen und mit zwei Nieten wieder zusammengeflickt, so daß er um 1,2 cm verkürzt wurde. Außerdem ist er stark abgenutzt und am Griff beschädigt. Ein verknoteter Silberring, der sich in der quergestellten Öse des Griffs bewegt, diente zum Aufhängen des Löffels. Während die Rückseite glatt ist, trägt die Vorderseite Stempeleinschläge. Um den Rand des runden Seihers zieht sich eine Buckelreihe, außen ein Kranz von Stachelbögen. Auf der Griffplatte ist neben dem Stachelbogenmuster noch der Stachelkreis und ein Zickzackmuster verwendet. Ähnliche Sieblöffel sind bekannt aus dem Münzgrab 1 von Worms-Bollwerk (Werner Gruppe III)[55], dem Gammertinger Fürstengrab und dem Frauengrab 38 von Güttingen (Baden), beides besonders reiche Grabfunde der ersten Hälfte des 7. Jahrhunderts, ferner aus Pfullingen (Württemberg), Schwaz (Böhmen) und Lausanne-Vidy (Bois de Vaux)[56]. Der Bülacher

---

[51] Worblaufen: Tschumi 105. Merishausen: Bad. Fundber. 14, 1938, Taf. 11, 8g und 157. Egartenhof: Veeck, Taf. 40 B, 1.

[52] Abgebildet A. u. h. V. 2, H. 5, Taf. 4, 6.

[53] Hailfingen: Stoll, Taf. 21, 32. Truchtelfingen: Veeck, Taf. 77 B, 12. Owingen (Hohenz.): Fundber. aus Hohenzollern 3, 1935, Taf. 4, 2. Schretzheim: P. Zenetti, Vor- und Frühgesch. d. Kreises Dillingen (1939), Bild 138 (in die zweite Hälfte des 6. Jahrhunderts datiert). Nordendorf: Franken, Taf. 13, 1–2.

[54] So sind z. B. die hervorragend gearbeiteten Prunkzierscheiben von Hailfingen-Rosengarten Grab 9 (Stoll, Taf. 21, 24) und Löhningen im Oberklettgau (JBSGU 12, 1919/20, 137, Abb. 21 = Ur-Schweiz 7, 1943, 72, Abb. 47) mit der Replik zu Hailfingen aus Ermatingen im Thurgau (Keller-Reinerth, Urgesch. d. Thurgaus, 1925, 135, Abb. 23, 1) von der Hand desselben Meisters. Vgl. zu diesen Zierscheiben jetzt J. Werner, Das alam. Fürstengrab von Wittislingen (1950), 57 ff. In gleiche Richtung weist die Stempelgleichheit der Brakteatenfibeln von Köngen in Württemberg (Veeck, Taf. 27, 11) und Büblikon-Wohlenschwil (Kt. Aargau) in der Slg. d. hist. Ges. des Freiamtes, vgl. JBSGU 1929, 110.

[55] Werner, Taf. 6 A, 5. Das Grab gehört in das Ende des 6. Jahrhunderts, Werner, 40.

[56] Zusammengestellt bei Werner, 40, Anm. 5. Lausanne: Tschumi, 188, Abb. 61. Außerhalb des alamannisch-burgundischen Gebietes: Lindenschmit, Handbuch, Taf. 25.

Löffel wurde lange benutzt und sogar repariert, es ist also gut möglich, daß er noch vor der Jahrhundert-
wende angefertigt wurde, während er, wie die mitgefundenen langobardischen Goldblechanhänger (Taf. 1,
11–12) zeigen, in der ersten Hälfte des 7. Jahrhunderts ins Grab gelangte. Die Zweckbestimmung der
Sieblöffel ist unbekannt. Die von mir geäußerte Vermutung[57], sie seien ursprünglich vielleicht für den
christlichen Kult angefertigt, ist nicht aufrechtzuerhalten. Der Löffel von Lausanne, kombiniert mit einem
Silberstäbchen, und ein Löffel von Engers (Rheinprovinz), der mit einer Pinzette und einem Ohrlöffel ein
Toilettebesteck bildet, zeigen vielmehr, daß diese Seihlöffel eine uns unbekannte kosmetische Aufgabe zu
erfüllen hatten.[58] Sie finden sich meist in Frauen-, seltener in Männergräbern (so Gammertingen und Engers).

SPINNWIRTEL

Von den elf in Bülach gefundenen Spinnwirteln bestehen je zwei aus Glas oder Knochen, die übrigen aus
Ton. Zwei der Tonwirtel stammen merkwürdigerweise aus den Männergräbern 76 und 100. Meist lagen die
Wirtel neben dem linken Oberschenkel der Toten, also in der Nähe der Gürteltasche, genau wie in Hailfingen (Stoll 22). Es läßt sich jedoch nirgends nachweisen, daß sie etwa in der Tasche aufbewahrt waren,
was dafür spricht, daß nicht die Wirtel, sondern, was ja auch näher liegt, die Spindeln als solche mit ins
Grab gegeben wurden. Von den beiden Glaswirteln ist der eine aus Grab 1 eine große Millefioriperle (Taf. 2, 4)
mit wechselnden dunkelgrünen Feldern mit weißem Stern und schmutzigweißen Feldern mit rotgerandeten dunkelblauen Augen. Die jetzt stark ausgelaugte und verwitterte Perle ist ein besonders prächtiges
Erzeugnis einer oberitalienischen Glashütte der Zeit um 600. Es gibt zu ihr genaue Gegenstücke im langobardischen Gräberfeld von Bresaz bei Pinguente in Istrien (Museo civico Triest) und in Trossingen (Württemberg, Grab 11).[59] Verwandt sind auch gewisse große trommelförmige Millefioriperlen ebenfalls itali-
scher Provenienz, die gelegentlich nordwärts der Alpen auftreten.[60] Der flache dunkelgrüne Wirtel mit
eingelegten weißen Wirbeln aus Grab 9 (Taf. 2, 5) gehört zu einer weit verbreiteten Form der zweiten
Hälfte des 6. Jahrhunderts.[61] Von den beiden Knochenwirteln ist der eine zylindrisch und aus einem Tier-
wirbel geschnitten (Grab 228, Taf. 2, 17), während der andere halbkugelige aus Grab 43 (Taf. 2, 10) mit
Zirkelschlag und Würfelaugen verziert ist und Analogien in Dettingen (besonders ähnlich) und Horkheim
in Württemberg und in dem Münzgrab von Friedberg in Oberhessen (Werner, Gruppe III) besitzt.[62] Als
Zeitansatz für diese Knochenwirtel kommt das späte 6. oder die erste Hälfte des 7. Jahrhunderts in Frage.
Die Tonwirtel sind teils doppelkonisch, teils rund und bieten keine Besonderheiten (Taf. 8, 1–6).[63]

KÄMME

Beinkämme haben sich in Bülach relativ schlecht erhalten. Bis auf den Doppelkamm in Grab 18 (Taf.
37, 18) stammen sie sämtlich aus Frauengräbern. Neun von ihnen sind Doppelkämme[64], davon sechs nur

[57] Werner a. a. O., 40, Anm. 5.
[58] Lindenschmit, Handbuch, Taf. 25, 1.
[59] Mus. Triest und Fundber. Schwaben NF. 9, 1935/38, 144, Abb. 76. Vgl. auch Perlen von Nordendorf und Langerringen
(Bayer.-Schwaben): A. u. h. V. 4, Taf. 22, 3–5. Vgl. jetzt auch Cannstatt: Fundber. Schwaben NF. 12, 1952, 100, Abb. 37.
[60] Z. B. die Münzgräber Köln-Müngersdorf 91b (Werner, Taf. 8, 8) und Thalmässing (Werner, Taf. 15 B, 3), beide
Gruppe IV.
[61] Münzgrab Hahnheim (Werner, Taf. 4 A, 5; Gruppe III). Ferner Hailfingen Gräber 89 und 361 (Stoll, Taf. 14, 10). Weitere
Nachweise bei Stoll 22, mit Anm. 2. Zahlreiche Exemplare bei G. Behrens, Merowingerzeit, Kat. 13 RGZM (1947).
[62] Dettingen: Veeck, Taf. G, 12. Horkheim: Veeck, Taf. 9 B, 2. Friedberg: Werner, Taf. 3 E, 6.
[63] Tonwirtel außer in den Männergräbern 76 und 100 noch in den Frauengräbern 4, 50, 131, 278, 296.
[64] Aus den Gräbern 4, 75, 131, 189, 231, 234, 236, 245, 249.

in Trümmern vorhanden, einer aus Grab 256 ist einzeilig (Taf. 8, 10). Am besten erhalten ist der Kamm mit Beinscheide aus dem reichen Frauengrab 249 (Taf. 8, 13). Die Kammleiste ist mit eingeschnittenen Winkelgruppen, das zusammenklappbare Futteral wie üblich mit im Halbkreis geführten Zirkelschlägen und Würfelaugen verziert.[65] Ein Kamm aus Grab 245 (Taf. 8, 14) trägt auf der Leiste liegende Kreuze, der einzeilige Kamm aus Grab 256 (Taf. 8, 10) Strichgruppen und Würfelaugen. Schärfer datieren lassen sich die Kämme der Gräber 4, 18 und 249 in die erste Hälfte, diejenigen der Gräber 131 und 231 in die zweite Hälfte des 7. Jahrhunderts.

RASIERZEUG, FEUERZEUG UND BÖRSEN IN MÄNNERGRÄBERN

Bekanntermaßen bürgerten sich Rasiermesser im merowingischen Kulturgebiet erst im Verlauf des 7. Jahrhunderts ein. Im 6. und zu Beginn des 7. Jahrhunderts finden sich an ihrer Stelle Bartzangen oder *Pinzetten*. Eine schmale Bronzepinzette aus Grab 30 (Taf. 2, 12) ist in dieser Hinsicht in Bülach wohl das Älteste und gehört noch in die Zeit um 600.[66] Eiserne Klemmzängchen liegen vor in den Gräbern 45 und 122 (Taf. 9, 3–4), ein sehr kleines Exemplar im Frauengrab 74 diente wohl andern Zwecken (Taf. 2, 11).

Unter den *Rasiermessern*, die meist quer über die Schienbeine der Toten gelegt waren, lassen sich drei Formen unterscheiden. Singulär ist das Stück aus Grab 37 mit im Querschnitt rundem Griff und stark geschweiftem Rücken (Taf. 9, 2). Es gehört nach den Beifunden in die erste Hälfte des 7. Jahrhunderts. Ebenfalls unbekannt war bisher der in den Gräbern 255 und 275 belegte Typus mit offenem tordiertem Griff, der stabförmig aus dem Messerblatt herausgezogen ist (Taf. 9, 1 und 5). Man wird die Form in die Mitte des 7. Jahrhunderts setzen dürfen. Das Stück aus Grab 255 leitet dank seiner eingekehlten Spitze zur Bülacher Standardform der zweiten Hälfte des 7. Jahrhunderts über, die in nicht weniger als elf Exemplaren vertreten ist (Taf. 9, 6–13).[67] Die Schneide ist geschweift, der Rücken zeigt vor der Kehlung mit Ausnahme der Messer aus Grab 279 (Taf. 9, 12) und Grab 290 einen Höcker, die mehr oder weniger lange Griffangel ist abgesetzt. Die Länge der Stücke schwankt zwischen 12 cm und 16 cm. In sieben Fällen haben sich die Reste des Leinentuches, in das die Messer eingewickelt waren, noch erhalten, besonders deutlich in Grab 100 (Taf. 9, 9) und 289 (Taf. 9, 13). Auch an dem Messer mit tordiertem Griff aus Grab 255 (Taf. 9, 5) haften Leinwandspuren. In den Gräbern 65, 71, 86, 100, 146, 251, 279 und 289 wurden diese Rasiermesser mit tauschierten und plattierten Gürtelgarnituren zusammengefunden, was ihre späte Zeitstellung beweist. Wie die Tuchumwicklung zeigt, haben die Bülacher Rasiermesser kein Klappfutteral besessen, sondern waren in das leinene Rasiertuch eingewickelt. Sie unterscheiden sich also von den bei den Bajuwaren in der gleichen Zeit so häufigen[68] und auch bei den Franken[69] und bei den Alamannen Süddeutschlands gebräuch-lichen[70] Klapprasiermessern. Rasiermesser der Bülacher Form gibt es außer in dem benachbarten Gräberfeld von Elgg[71] ganz vereinzelt in Baden und Württemberg[72]; in dieser Zahl wie in Bülach wurden sie bisher aber noch nirgends angetroffen. Die sonst noch bekannte rechteckige Form mit kurzem, hochgebogenem

---

[65] Vgl. Veeck, Taf. 11 B, 1 und 12 sowie Stoll, Taf. 10, 6; 15, 6; 22, 19.
[66] Vgl. die schmalen Formen bei Veeck, Taf. 48 A, ferner Elgg (Kt. Zürich) Grab 2. Landesmus. Zürich.
[67] Gräber 65, 71, 86, 100, 109, 146, 251, 268, 279, 289, 290.
[68] M. von Chlingensperg-Berg, Das Gräberfeld von Reichenhall (1890), Taf. 38–39. Ferner Kelheim, Prähist. Zeitschr. 5, 1913, 243, Abb. 9, 4 und S. 257.
[69] Fränkische Rasiermesser in Eisenfutteralen: Mainzer Zeitschr. 1932, 104, Abb. 4, und Ipek 15/16, 1941/42, 134 f., Abb. 8 f. Nass. Annalen 61, 1950, 17.
[70] Hailfingen: Stoll, Taf. 11, 14. Feuerbach: Paret, Taf. 10, 7.
[71] Elgg: Gräber 7, 52, 81 (tuchumwickelt), 86 und 108. Landesmus. Zürich.
[72] Lienheim b. Waldshut: Bad. Fundber. 16, 1940, Taf. 7, b. Hailfingen: Stoll, Taf. 29, 42.

Eisengriff, die z. B. dicht an der Schweizer Grenze in Lienheim bei Waldshut (Baden) auftritt,[73] fehlt in Bülach. Ein Messer mit geschweifter Schneide aus Grab 163 (Taf. 10, 15) und ein sehr stark abgeschliffenes aus Grab 274 (Taf. 10, 16) sind sicher nicht als Rasiermesser anzusprechen. Mit den Bülacher Rasiermessern der zweiten Hälfte des 7. Jahrhunderts wird eine sehr typische Gerätform erfaßt.

Zum *Feuerzeug* gehören die Feuersteine, die einzeln oder zu mehreren mit oder ohne Feuerstahl in Männergräbern vorzukommen pflegen. 25 Gräber enthalten Silices, das Grab 232 allein acht Steine, unter ihnen als alten Lesefund eine neolithische Pfeilspitze (Taf. 2, 9), die in Grab 214 ein Pendant besitzt (Taf. 2, 13)[74]. Feuerstahle sind in Bülach 18 mal vertreten, davon neun Vorkommen zusammen mit Feuersteinen. Es lassen sich drei Gruppen unterscheiden. Halbmondförmige mit geradem Rücken (einmal Grab 3, Taf. 9, 14), halbmondförmige mit dreieckig verbreiterter Mitte (fünf breite und sieben schmale, davon eins mit eingerollten Seiten, Taf. 9, 15–16, 18)[75] und schließlich rechteckige mit eingebogenen Griffenden (fünfmal, Taf. 9, 17 und 19)[76]. Alle Formen laufen nebeneinander her und sind chronologisch nicht auszuwerten.

Feuerzeug, Rasierzeug und Eisenmesser pflegen meist zusammen gefunden zu werden. An der gleichen Stelle im Grabe, am häufigsten neben dem linken Ober- oder Unterschenkel, liegen außerdem oft noch die Reste von *Leder- oder Stoffbörsen* mit ihrem Inhalt, als Gegenstück zu den Gürteltaschen in den Frauengräbern. Es wurden im ganzen neun Fassungen und ein Bügel von derartigen Taschen angetroffen. Eine Form für sich stellt der eiserne Taschenbügel mit Vogelkopfenden aus Grab 246 dar (Taf. 9, 22). Er lag neben einem Eisenmesser, das vielleicht in dem zugehörigen Etui geborgen war, und ist als eine Weiterbildung der kloisonnierten Taschenbügel mit Vogelköpfen aus dem 6. Jahrhundert anzusprechen.[77] Sehr ähnlich ist ein Taschenbügel des Schretzheimer Frauengrabes 282[78], der das Bülacher Stück in die erste Hälfte des 7. Jahrhunderts datiert. Im späteren 7. Jahrhundert werden große Ledertaschen Mode, als deren Randbeschläge U-förmig gebogene und mit bronzenen oder eisernen Stiften befestigte Eisenbänder zu gelten haben. In fünf Gräbern sind nur noch spärliche Reste vorhanden (Gräber 52, 77, 268, 277, 299). In Grab 107 bestand die Fassung aus einem breiten Bronzeband mit Knopf, wohl ein primitiver Verschluß. Ganz oder fast ganz erhalten sind die Fassungen in den vier Gräbern 141, 244, 281 und 294 (Taf. 9, 21). Sie ergeben eine Taschenbreite von etwa 10 cm. In den Gräbern 244 und 281 sind rechteckige Eisenplatten mit vier bzw. zwei Nieten, die genau den Rückenplatten von eisernen Gürtelgarnituren entsprechen, als Zierbeschläge der Taschen anzusehen (Taf. 9, 20). Neben den Werkzeugen, die in der Nähe dieser Taschen gefunden wurden und die unten gesondert besprochen werden, wurden dem Toten oft alle möglichen Kleinigkeiten als Inhalt der Börsen oder auch ohne kenntliche Verwahrung mit ins Grab gegeben. Einzelne Perlen, Eisen- und Bronzereste verschiedenster Form, Glasstückchen, Tonscherben, ein römischer Spielstein aus weißem Glas (Grab 251, Taf. 2, 16), ein alter Schnallendorn (Grab 233, Taf. 4, 7) oder ein zu einem flachen Schälchen zusammengebogenes Bronzeblech (Grab 96, Taf. 11, 15), stehen den entsprechenden Funden in den Frauengräbern nicht nach.

MESSER, SCHEREN UND SONSTIGE GERÄTE

Eisenmesser verschiedener Längen finden sich in fast jedem Männer- oder Frauengrab. Gelegentlich haben sich noch die Reste der auf die Griffangel aufgeschobenen Holzgriffe erhalten (besonders gut in Grab 107).

---

[73] Bad. Fundber. 16, 1940, Taf. 7, h. Vgl. auch Holzgerlingen (Württ.) bei Veeck, Taf. 75 B, 21–22.
[74] Hailfingen: Vgl. Stoll 29 und Taf. 29, 10.
[75] Gräber 65, 123, 195, 202, 268 (breit) und 71, 109, 194, 201, 220, 266, 275, 291 (schmal).
[76] Gräber 10, 27, 76, 108, 255.
[77] Vgl. z. B. Hailfingen Grab 411 bei Stoll, Taf. 9, 5 und Ulm bei Veeck, Taf. 46 B, 4. Zur Gruppe vgl. Mainzer Zeitschr. 35, 1940, 11 mit Abb. 12. Vgl. sonst E. Brenner in Röm.-German. Korrespondenzbl. 7, 1914, 27 f.
[78] J. Harbauer, Kat. d. merow. Altertümer von Schretzheim 2 (1901/2), Abb. 113.

Messer mit zwei Blutrinnen stammen aus den Männergräbern 82, 108 und 202 (Taf. 10, 8 und 18), mit einer Blutrinne aus den Gräbern 63 und 127 (Taf. 10, 5) und aus dem Frauengrab 67 (Taf. 10, 7). Sonst bieten die vielen Messer des späteren 7. Jahrhunderts keine Besonderheiten. Das Frauengrab 9 aus der zweiten Hälfte des 6. Jahrhunderts lieferte ein Exemplar mit silbernem Scheidenmundstück (Taf. 10, 2), das reiche Frauengrab 4 (erste Hälfte des 7. Jahrhunderts) einen kleinen Dolch mit blaßgoldenem Stichblatt, das mit eingeschnittenen Linien verziert ist (Taf. 10, 1). Reste von Scheiden wurden außer in Grab 9 nicht beobachtet.

Scheren in der Art unserer Schafscheren lieferten die Männergräber 194 und 251 und das Frauengrab 249, das sich nach seinen Beigaben in die erste Hälfte des 7. Jahrhunderts datieren läßt (Taf. 11, 7–8). Unter den *Werkzeugen*, die auf die Männergräber beschränkt sind, herrschen Stichel oder Pfriemen verschiedener Länge vor (20 mal), vielfach noch mit Resten des Holzgriffes (Taf. 11, 1–6). Daneben gibt es lange Ahlen mit glattem oder tordiertem Schaft und Grifföse (sieben- bzw. fünfmal),[79] die meist mit Pfriemen zusammengefunden werden (Taf. 11, 9–12).[80] Bohrer mit langem Griffblatt und Öse oder Haken zum Anhängen gibt es zweimal (Gräber 232 und 301, Taf. 11, 13-14),[81] lange Pfriemen mit kugeligem Griff ebenfalls zweimal (Gräber 71 und 269, Taf. 11, 19-20). Außer Eisenstücken unklarer Verwendung sind noch ein kleiner Haken in Grab 244 (Taf. 11, 18), verschiedene Eisennägel, die Bronzeschale einer *Feinwaage* in Grab 106 (Taf. 11, 17), wie sie gelegentlich in Spathagräbern vorkommt,[82] und Wetzsteine in Grab 52 und 62 zu erwähnen.

BRUCHBÄNDER

Eiserne Bruchbänder sind bisher nur aus frühmittelalterlichen Gräberfeldern der Schweiz und des Elsass bekannt geworden. Sie bestehen aus einem eisernen Reifen, der ursprünglich mit Stoff umwickelt war und in einer ovalen Scheibe endigt, welche der kranken Bruchstelle auflag. Ein Exemplar mit Windung am Ansatz der Platte wurde in dem Männergrab 45 auf dem rechten Fuß des Toten liegend gefunden (Taf. 11, 16)[83], während das zweite Bülacher Stück aus Grab 264 (Taf. 11, 2) schräg über dem Becken des Toten lag, also nicht vor der Grablegung abgenommen wurde. Zwei weitere Bruchbänder stammen aus dem Frauengrab 29 von Trimbach (Kt. Solothurn)[84] und aus Matzingen (Kt. Thurgau), mit runder Scheibe[85]. Alle vier Bruchbänder gehören in das 7. Jahrhundert und legen davon Zeugnis ab, daß in den alamannischen Siedlungen der Nordschweiz einheimische Ärzte mit Erfolg ihre Heilpraxis ausübten. Denn so komplizierte Heilmittel, wie sie diese Bruchbänder darstellen, setzen tatsächlich die Existenz von Heilpraktikern voraus. Wir haben hier den ältesten Nachweis ärztlicher Tätigkeit in nachrömischer Zeit und gewinnen einen wichtigen Anhalt für das Entstehen neuer Gewerbe in der bäuerlichen Gesellschaft des 7. Jahrhunderts.

GEFÄSSE AUS GLAS UND TON

Das Gräberfeld von Bülach teilt mit den alamannischen Friedhöfen der Schweiz und Süddeutschlands die Armut an *Gläsern*. Glas war auf alamannischem Gebiet wegen der weiten Entfernung der niederrheini-

---

[79] Glatte Form: Gräber 10, 45, 109, 123, 195, 266, 268; tordierte Form: Gräber 106, 141, 158, 277, 290.

[80] Vgl. Hailfingen: Stoll 26 und Taf. 29, 24; Zürich-Bäckerstraße: ASA NF. 2, 1900, 171 f. und Abb. 42, ferner S. 244. Charnay: Baudot, Taf. 19, 15–17. – Von Stoll als «Holzbohrer» bezeichnet.

[81] So und nicht als Feuerstahl ist wohl auch ein ähnliches Instrument von Hailfingen bei Stoll, Taf. 29, 36 zu deuten.

[82] Vgl. Stoll 27 und Taf. 10, 10. Zusammenstellung von H. Bott, Bayer. Vorgeschichtsbl. 13, 1936, 55. Schweiz: Bümpliz Grab 84b (Tschumi 41, Abb. 5), Bassecourt Grab 35 (Tschumi 157) und Lonay (Besson 189, Abb. 131).

[83] Abgebildet bei Tatarinoff 135, Abb. 23, 1.

[84] Tatarinoff 138, mit Anm. 1. 9. JBSGU 1916, 114. Dort Verweis auf drei elsässische Stücke.

[85] Keller-Reinerth, Urgesch. d. Thurgaus (1925), 139, Abb. 24, 18. – Tatarinoff erwähnt a. a. O. 138, Anm. 1, noch ein zweifelhaftes Stück aus Fétigny (Kt. Freiburg).

schen und der italischen Glashütten eine besondere Kostbarkeit, die nur selten mit ins Grab gegeben wurde. Wie um die Fernbeziehungen zu verdeutlichen, sind Erzeugnisse aus beiden Produktionszentren der frühmittelalterlichen Glasindustrie in drei Bülacher Gräbern vertreten.

Grab 18, das auch sonst durch seinen langobardischen Import (Silberschnalle, zusammengesetzter Bogen und dreikantige Pfeilspitzen) auffällt, enthält zwei grüne, durchsichtige Stengelgläser (Abb. 3, 2–3), deren südliche Herkunft schon H. Zeiß erkannte.[86] Die Gläser gehören zu einer im byzantinischen Kulturgebiet weit verbreiteten Massenware und wurden in unserem Falle in einer ober- oder mittelitalischen Glashütte auf dem Boden des Langobardenreiches oder des Exarchats von Ravenna gefertigt. Stengelgläser sind in

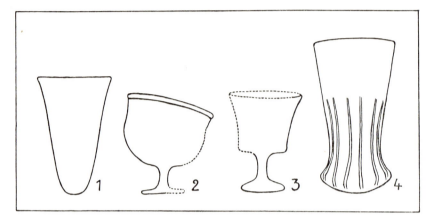

Abb. 3. Gläser aus den Gräbern 34 (1), 18 (2–3) und 255 (4).
1:2,

den langobardischen Nekropolen Italiens häufig[87], nordwärts der Alpen als langobardisches Einfuhrgut dagegen selten[88] und gehören dort, wie auch F. Rademacher annimmt,[88] in die erste Hälfte des 7. Jahrhunderts. Die Vorformen aus italischen Glashütten der Ostgotenzeit weichen durch ihr geschweiftes Profil von den Formen der Langobardenzeit etwas ab. Sie sind nordwärts der Alpen in Charnay (Burgund) und Basel-Bernerring belegt.[89]

Der braune Glasbecher aus Grab 255 (Abb. 3, 4) zählt zu den im fränkischen Rheinland sehr verbreiteten und dort von der Mitte des 6. bis zum Ende des 7. Jahrhunderts hergestellten Sturzbechern[90]. Ebenfalls rheinisch ist wohl der tulpenförmige Becher aus weißlichem, durchsichtigem Glas, der in dem Kindergrab 34 (erste Hälfte 7. Jahrhundert) zutage kam (Abb. 3, 1)[91].

Im Gegensatz zu den Fundverhältnissen in der oberrheinischen Tiefebene und in Württemberg oder zum burgundischen Siedlungsgebiet werden in den alamannischen Gräberfeldern südlich von Oberrhein und Bodensee nur sehr selten *Tongefäße* gefunden. Die Sitte, Tongeschirr und dementsprechend Speise und Trank

[86] Zeiß 35.

[87] Vgl. N. Aberg, Goten und Langobarden (1923), 133 f. In Nocera Umbra z. B. sieben Exemplare in den Gräbern 5, 21, 49, 78 und 160; in Cividale 3 Stück (Mus. Cividale); in Krainburg 4 Stück (Mus. Laibach); in Fiesole 1 Stück. Die Gläser aus Castel Trosino Grab 123 und aus Brescia abgebildet bei Aberg 134, Abb. 276 und 152, Abb. 302.

[88] Vgl. F. Rademacher in Bonn. Jahrb. 147, 1942, 245 f. – Außer in Bülach liegen einzelne Exemplare vor aus Eichloch in Rheinhessen (A. u. h. V. 4, Taf. 59, 6), Kirchheim b. Heidelberg (Mus. Heidelberg), Wollersheim b. Düren in der Rheinprovinz (Bonn. Jahrb. 147, Taf. 49, 3) und Herpes, Dép. Charente (s. F. Rademacher).

[89] Charnay: Baudot, Taf. 21, 10. – Basel-Bernerring: Ur-Schweiz 12, 1948, 12, Abb. 8.

[90] F. Rademacher in Bonn. Jahrb. 147, 1942, 309 ff., zu Taf. 61. – Die spärlichen württembergischen Vorkommen bei Veeck, Taf. 19 B, 7 und 19 C, 8–12 und bei Stoll, Taf. 34, 1–3.

[91] Vgl. die glockenförmigen Tummler Bonn. Jahrb. 147, 1942, Taf. 59.

ins Grab mitzugeben – so fehlen in der Nordschweiz auch alle Spuren von Speisebeigaben etwa in Form von Tierknochen oder Eierschalen[92] –, war also in der Schweiz nicht verbreitet. Das Vorkommen von nur zwei Tongefäßen in Bülach unterstreicht diesen allgemeinen Befund.

Der kleine handgemachte Becher aus Grab 175 (Taf. 8, 21) ist lokale Arbeit und stellt sich zu ähnlichen atypischen Gefäßen, wie sie in jedem größeren Gräberfeld Badens oder Württembergs vorzukommen pflegen.[93] Der große Rundstempel auf der Schulter ist freihändig eingepreßt, wozu sich ebenfalls in Württemberg Parallelen finden.[94] Der Unterteil des Bechers ist gerippt, vielleicht in Erinnerung an die alamannischen Rippengefäße des 6. Jahrhunderts.[95] Der Bülacher Becher ist aus sich heraus nicht zu datieren, er gehört nach Lage des Grabes in die zweite Hälfte des 6. oder den Anfang des 7. Jahrhunderts.

Bedeutsamer ist das auf der Scheibe gearbeitete doppelkonische Gefäß aus Grab 178 mit eingeglättetem Gittermuster auf der Schulter (Taf. 8, 20). Es zählt zu einer Gattung ganz gleichartiger grauer bis schwärzlicher doppelkonischer Töpfe aus sehr fein geschlämmtem, gut gebranntem Ton, die alle das gleiche bezeichnende Gittermuster auf der Schulter tragen. Neben Bülach Grab 178 sind Gefäße aus Güttingen (Kr. Konstanz, Oberbaden), Wurmlingen, Kornwestheim, Oberflacht (Württemberg) und Bingen und Gammertingen (Hohenzollern) zu nennen,[96] die wahrscheinlich alle aus einer Töpferei zwischen oberer Donau und Bodensee stammen.[97] Die Datierung dieser Gefäße und damit auch des Grabes 178 von Bülach in die erste Hälfte des 7. Jahrhunderts stellt das Gammertinger Münzgrab durch eine mitgefundene goldene Scheibenfibel sicher (Werner, Gruppe IV)[98].

[92] Hierzu vgl. Stoll 37.
[93] Vgl. z. B. Hailfingen, Stoll, Taf. 35, 18–19.
[94] Z. B. Wurmlingen, Veeck, Taf. 14, 29.
[95] Vgl. etwa Veeck, Taf. 13.
[96] Güttingen: Bad. Fundber. 2, 1931, 257, Abb. 96. Wurmlingen und Oberflacht: Veeck, Taf. 17, 22 und 38 und Taf. B, 11. Gammertingen: Werner, Taf. 15 C, 4 = Gröbbels, Taf. 10, 7. – Kornwestheim: Paret 82. – Bingen (Hohenzollern) Grab 9: Mannus 31, 1939, 134, Abb. 8, A.
[97] Genauere Herkunft und Zuweisung an dieselbe Töpferwerkstatt wäre durch Dünnschliffuntersuchung des Tons zu klären.
[98] Werner 53.

GÜRTELSCHNALLEN UND GÜRTELGARNITUREN

EINFACHE EISENSCHNALLEN

Die gewöhnlichste Gürtelschließe ist in Bülach wie anderwärts eine einfache ovale Eisenschnalle mit Dorn ohne Beschläg (Taf. 12, 1–4). Sie kommt in 80 Gräbern vor (vgl. Plan 3) und ist in Frauengräbern sehr viel häufiger als in Männergräbern. Manchmal bildet eine derartige Schnalle allein oder zusammen mit einem Eisenmesser die einzige Grabbeigabe. Ihre Häufigkeit bleibt über die ganze Belegungszeit des Friedhofes die gleiche. Ein rechteckiger Schnallenrahmen findet sich vereinzelt (Grab 137; Taf. 12, 6); ein bandförmig verbreiterter mit abgesetztem Steg für den Dorn wurde achtmal angetroffen (Taf. 12, 7–8)[1] und scheint nach Ausweis des Grabes 102, mit tauschiertem Gegenbeschläg, innerhalb des 7. Jahrhunderts spät zu sein.

SILBER-, BRONZE- UND POTINSCHNALLEN UND BRONZENE GÜRTELGARNITUREN

Von den beiden in Bülach gefundenen *silbernen Gürtelschnallen* ist die gegossene mit durchbrochenem Beschläg, festem rechteckigem Rahmen und Schilddorn aus Grab 18 (Taf. 3, 21 und Taf. 37, 20) auf alamannischem Gebiet ein Fremdling. Daß sie langobardischer Import sei, wurde von mir bereits in den Austrasischen Grabfunden vertreten.[2] Die dort genannten südlichen Parallelen stammen aus den langobardischen Gräberfeldern von Nocera Umbra und Krainburg (Slowenien)[3]. Nordwärts der Alpen ist die seltene Form noch in Langenenslingen (Hohenzollern)[4], in Köln[5] und aus Bronze im burgundischen Charnay[6] vertreten. Eine silberne filigranverzierte Schnalle aus dem münzdatierten Grab 33 von Basel-Bernerring gehört in dieselben Zusammenhänge.[7] Bülach Grab 18 ist mit zwei italischen Stengelgläsern, einem zusammengesetzten Bogen und dreikantigen Pfeilspitzen ein besonders stark langobardisch beeinflußtes Grab, in dessen Inventar die langobardische Silberschnalle gut hineinpaßt. Die Zeitstellung ist die erste Hälfte des 7. Jahrhunderts. Grab 32 enthielt eine massive silberne Schilddornschnalle mit zwei schildförmigen Gürtelbeschlägen (Taf. 3, 25), die sowohl in die zweite Hälfte des 6., wie die erste Hälfte des 7. Jahrhunderts gehören könnte. Auf Grund der Gürtelbeschläge und der mitgefundenen Lanzenspitze (Taf. 37, 30) ist der spätere Zeitansatz der wahrscheinlichere.

[1] Gräber 74, 102, 133, 140, 142, 150, 160, 215.

[2] Werner 113, Anm. 2.

[3] Nocera Umbra Grab 18: Pasqui-Paribeni 201, Abb. 49–51. Nocera Umbra Grab 36: Pasqui-Paribeni 235, Abb. 77. Krainburg Grab 6: Jahrb. f. Altertumskunde 1, 1907, 71, Abb. 12.

[4] Lindenschmit, Handbuch, Taf. 1, 317. – Beziehungen der Bülacher Schnalle zu den Stücken von Langenenslingen und Krainburg sah auch N. Aberg, Franken und Westgoten in der Völkerwanderungszeit (1922), 220.

[5] Landesmus. Bonn, Inv. 35, 89 (ehemals Slg. Lückger).

[6] Baudot, Taf. 9, 2. – Verwandt sind bronzene Durchbruchschnallen von Nocera Umbra Grab 106 (Pasqui-Paribeni 296, Abb. 146), Castel Trosino Grab 22 (Mengarelli 229, Abb. 80), Testona bei Turin (J. de Baye, Industrie langobarde, 1888, Taf. 11, 3), Lucy im Kt. Waadt (Besson, Taf. 8, 3) und Marigán in Spanien (H. Zeiß, Die Grabfunde aus dem spanischen Westgotenreich, 1934, Taf. 9, 13).

[7] JBSGU 24, 1932, Taf. 6, 2. Hierzu Werner 72 f.

Unter den zwölf Bronze- oder Potinschnallen ohne Beschläg, die als Gürtelschließen in Bülacher Gräbern gefunden wurden, nimmt die große Bronzeschnalle aus Grab 8 mit rechteckiger vertiefter Dornbasis eine besondere Stellung ein (Taf. 3, 15). Der Rahmen ist hohl gegossen, endet gegen den Dornträger in zwei verschliffenen Wülsten und ist auf der Rückseite flach. Die Feuervergoldung ist bis auf geringe Spuren am Dorn verschwunden, die Almandin- oder Glaseinlage der Dornbasis ist ebenfalls verloren, es haben sich nur noch geringe Reste einer weißen Pastefüllung erhalten. Die sehr starke Abnutzung der Rückseite bestätigt, daß das Stück sehr lange getragen wurde, ehe es ins Grab gelangte. Wir haben hier den Rahmen einer großen «gotischen» Schnalle mit rechteckiger Beschlägplatte aus der ersten Hälfte des 6. Jahrhunderts vor uns. Da die Beschlägplatte nicht erhalten ist, läßt sich nicht entscheiden, ob der Bülacher Rahmen von einer der hauptsächlich im ostgotischen Italien und westgotischen Spanien verbreiteten, kerb-schnittverzierten Gürtelschnallen, oder von der in Spanien und Südfrankreich belegten Abart mit Zellen-verglasung herrührt.[8] Die südfranzösische Form mit Zellenverglasung ist auf alamannischem Gebiet durch ein vereinzeltes Exportstück in Langenenslingen (Hohenzollern)[9], im fränkischen Nordfrankreich durch solche von Houdan und Grigny (Dép. Seine-et-Oise), Versigny und Monceau-le-Neuf (Dép. Aisne)[10] vertreten. Für diese Gruppe ist die Verwendung von vergoldeter Bronze charakteristisch, und das spräche dafür, auch für die Bülacher Schnalle südfranzösische Herkunft anzunehmen. Sie wäre dann ähnlich der Schnalle von Langenenslingen auf dem Rhonewege zu den Alamannen gelangt. Aber sicher ist diese Zuwei-sung nicht, denn auch die Herkunft aus dem ostgotischen Italien bleibt zu erwägen. Dort herrschen, nach den spärlichen Funden zu urteilen, die silbervergoldeten Schnallen mit Kerbschnittverzierung vor, von denen bisher nur ein versprengtes Stück wohl badischen Fundortes nordwärts der Alpen angetroffen wurde.[11] Daneben gibt es aber auch Imitationen aus Bronze[12] und solche aus Eisen mit aufgelegter feuervergoldeter Bronzeplatte und Kerbschnittverzierung. Eine derartige Imitation stammt aus Grab 28 des Gräberfeldes von Zürich-Bäckerstraße[13], die dort wohl ostgotischer Import ist. Nachahmungen ostgotischer Schnal-len in Eisen gelangten bis nach Nordfrankreich, wo sie vielleicht sogar in eigenen Werkstätten imitiert wurden.[14] Die Schnalle von Zürich-Bäckerstraße gehört zu jenen nicht allzu häufigen ostgotischen Schmuck-sachen, die zusammen mit den ostgotischen Silbermünzen in der ersten Hälfte des 6. Jahrhunderts über die Bündner Alpenpässe ins alamannische Stammesgebiet gelangten und dort für den Fundhorizont der Mitte und zweiten Hälfte des 6. Jahrhunderts eine wertvolle Datierungshandhabe bieten (Werner, Gruppe III)[15]. Es nimmt nicht wunder, daß gerade im Zürcher Gräberfeld neben dieser Schnalle noch eine stark abgenutzte, wohl ostgotische Fünfknopffibel in Grab 50, eine Halbsiliqua des Witigis oder Hildebad (536–541) in Grab 46 und eine Halbsiliqua des Justinian (geprägt in Ravenna 555–565) in Grab 26 vor-liegen.[16] Die Bülacher Schnalle könnte also sehr wohl auch in diese Zusammenhänge gehören und ein ostgotisches Importstück der ersten Hälfte des 6. Jahrhunderts sein, zumal in Zürich-Bäckerstraße ebenfalls

[8] A. Goetze, Gotische Schnallen (1912). H. Zeiß, Die Grabfunde aus dem spanischen Westgotenreich (1934), 106 ff. J. Mar-tínez Santa-Olalla, Archivo español de Arte e Arqueologia 10, 1934, 20 ff. Zeiß 52 f.

[9] Goetze, Gotische Schnallen 26, Abb. 25 = Lindenschmit, Handbuch, Taf. 6, 355.

[10] Houdan: Goetze 21, Abb. 17 = Lindenschmit, Handbuch, Taf. 6, 352. Versigny: Goetze 22, Abb. 20. Monceau-le-Neuf: Goetze, Taf. 15, 1. Grigny: Gallia 2, 1944, 292.

[11] Mus. Karlsruhe. Lindenschmit, Handbuch, Taf. 6, 349.

[12] Z. B. Brescia: Goetze, Taf. 4, 5.

[13] ASA NF. 2, 1900, 170 ff.

[14] Zeiß, Die Grabfunde aus dem spanischen Westgotenreich (1934), 109, Anm. 3.

[15] Werner 11 ff. und 38 ff. Eine unvollständige Zusammenstellung ostgotischer Bügelfibeln nordwärts der Alpen: N. Aberg, Franken und Westgoten (1922), 63–68, 243–45 und Karte 3. Dazu Irlmauth: Bayer. Vorgeschichtsbl. 15, 1938, Taf. 9, 5 und Singen (Baden) Grab 5: Mein Heimatland 1940, 144, Abb. 6.

[16] Werner 72, Beilage 2, 4.

eine (wohl einheimische) Bronzeschnalle mit vertiefter Dornbasis zur Aufnahme einer Einlage vorkommt.[17] Die überaus starke Abnutzung des Bülacher Stückes spricht eindeutig für eine Grablegung in der Mitte oder der zweiten Hälfte des 6. Jahrhunderts.

Eine alte Form vertritt auch die Bronzeschnalle aus Grab 29 mit im Querschnitt abgeflacht dreieckigem Dorn (Taf. 3, 12), die im frühen Gräberfeld von St-Sulpice (Kt. Waadt), in dem reichen Grab 97, in die erste Hälfte des 6. Jahrhunderts datiert ist.[18] Auch württembergische Schnallen sind zum Vergleich heranzuziehen[19] und sichern als Zeitansatz die Mitte bis zweite Hälfte des 6. Jahrhunderts. Eine Potinschnalle mit verdickter Dornbasis aus Grab 25 (Taf. 3, 8) leitet zu den Schnallen mit kleinem, unausgeprägtem Schilddorn über, die aus Bronze in den Gräbern 27, 192, 201 (Taf. 3, 9, 16 und 22) und aus Potin in Grab 235 (Taf. 3, 26) vorliegen, in Grab 235 mit zwei runden und einer schildförmigen Heftel wie in Grab 32 (Taf. 3, 25) und in Grab 189 (Taf. 4, 20). Die Zeitstellung dieser Schnallen ist die zweite Hälfte des 6. und das frühe 7. Jahrhundert, wie das münzdatierte Stück in dem Frauengrab von Herbrechtingen (Württemberg)[20] und die Vorkommen in St-Sulpice[21] zeigen. Die Form ist auf alamannischem Gebiet überall verbreitet[22]. Gleichzeitig ist eine Potinschnalle mit verziertem Schilddorn und fazettiertem Rahmen aus Grab 176 (Taf. 4, 1), zu der vereinzelte Gegenstücke aus Württemberg zu vergleichen sind.[23] Die Datierung in die zweite Hälfte des 6. Jahrhunderts, die Stoll S. 23 in Anlehnung an E. Brenner vornimmt, ist zu eng; der Typ gehört auch noch zum Formenschatz der ersten Hälfte des 7. Jahrhunderts. Ähnlich steht es mit der Bronzeschnalle mit verbreiterter, verzierter Dornbasis aus Grab 21 (Taf. 4, 2), die eher in die erste Hälfte des 7. als in die zweite Hälfte des 6. Jahrhunderts gehört.[24] In die Zeit um 600 darf man schließlich die Schnalle mit dickem, rundstabigem Rahmen aus Grab 211 (Taf. 4, 3) und in die erste Hälfte des 7. Jahrhunderts die Schnallen mit Eisendorn aus den Gräbern 180 und 193 (Taf. 4, 4–5) setzen. In die erste Hälfte des 7. Jahrhunderts wird die Schilddornschnalle mit strichverziertem, zusammengedrücktem Rahmen aus Grab 268 datiert (Taf. 4, 6). Der Schilddorn ist gleichfalls strichverziert und mit einem eisernen Haken an der Schnalle befestigt. Unter den zahlreichen Verwandten seien eine Schnalle von St-Sulpice und einige württembergische Schnallen genannt[25], sowie in Bülach selbst der Schnallendorn aus Grab 233 mit sichtbarer Spur des eingesetzten Eisenhakens (Taf. 4, 7). Die außen sichtbare Einlassung des Befestigungshakens ist auch an einer gleichzeitigen Schnalle von Hailfingen zu beobachten.[26]

Die einfache Schnalle mit Bronzeblechbeschläg aus dem Frauengrab 256 (Taf. 4, 8) ist nicht schärfer zu datieren, während die bronzene profilierte Gürtelgarnitur mit Tremolierstrichverzierung aus Grab 123 (Taf. 4, 11) bereits in die Mitte bis zweite Hälfte des 7. Jahrhunderts gehört. Die zugehörigen, durchbrochenen Gürtelbeschläge (Taf. 4, 11c–d) sind Halter des Saxgehänges (siehe unter Seite 48) und tragen ein Graviermuster, das auf Tierfüße des Stils II zurückgehen dürfte. Die Garnitur selbst ist von entsprechenden profilierten Gürtelgarnituren aus Eisen (vgl. Taf. 14 ff.) nicht zu trennen, die anschließend bespro-

---

[17] ASA NF. 2, 1900, 178, Abb. 44 c.

[18] Revue Charlemagne 1, 1911, Taf. 22, 5. Ein gleichzeitiges silbernes Stück aus dem Fürstengrab von Planig: Mainzer Zeitschr. 35, 1940, Taf. 4, 4, 2.

[19] Veeck, Taf. 49 B, 1–3.

[20] Werner, Taf. 10, 8 = Veeck, Taf. F, I, 5.

[21] Revue Charlemagne 1, 1911, Taf. 20, 8 und 10.

[22] Hailfingen: Stoll, Taf. 10, 5 und 23, 6–8, 10. Ferner Veeck, Taf. 49 A, 11; 49 B, 11–12, 17–19; 50 A, 1–6, 8–9. – Ein frühes Stück aus Gold aus dem Fürstengrab von Planig: Mainzer Zeitschr. 35, 1940, Taf. 4, 5.

[23] Hailfingen: Stoll, Taf. 8, 7a und 23, 16a.

[24] Vgl. Stoll, Taf. 23, 24a und Veeck, Taf. 50 A, 13–16.

[25] Revue Charlemagne 1, 1911, Taf. 20, 12 und Veeck, Taf. 54 A.

[26] Stoll, Taf. 23, 17b. – Vgl. ferner die vergoldete Gürtelschnalle des Gammertinger Fürstengrabes (erste Hälfte 7. Jahrhundert): Gröbbels, Taf. 9, 9. Zur Datierung jetzt Acta Archaeologica 21, 1950, 60 ff.

chen werden; verwandte Stücke aus Bronze sind selten.[27] Eine weitere bronzene Gürtelgarnitur (Taf. 4, 12) stammt zusammen mit einer eisernen aus dem Spathagrab 127, das auf Grund der Messingtauschierung des Schwertgriffs in die zweite Hälfte des 7. Jahrhunderts zu setzen ist. Die einfache, dreieckige Garnitur mit dreieckiger Rückenplatte ist aus Bronze gegossen, der Schilddorn ist unverziert, die Niete an ihrer Basis gekerbt, um eine Perldrahtfassung nachzuahmen. Der Typ ist im gesamten merowingischen Gebiet und besonders bei den Langobarden in Italien verbreitet. Sehr nahe stehen Garnituren von Weesen (Kanton St. Gallen, Landesmuseum Zürich), Niederwangen (Kt. Bern)[28], Lezéville (Dép. Meurthe-et-Moselle) Grab 62[29] und von Holzgerlingen, Nürtingen und Feuerbach in Württemberg[30]. Sie sind wie die Bülacher Garnitur recht plumpe, einheimische Arbeiten, ihre Abhängigkeit von echten langobardischen Garnituren wird bei einem Vergleich mit den schlanken, fazettierten italischen Importstücken von Oberdorf (Kt. Solothurn) deutlich (vgl. Abb. 6,4).[31] Zwei bronzene Schilddornschnallen (davon eine mit Eisenbeschläg), ein rechteckiges Gegenbeschläg, eine rhombische Rückenplatte und eine Riemenzunge lassen sich in Grab 106 zu zwei schmalen Gürteln zusammenstellen (Taf. 18, 2–6 und 10). Nach der mitgefundenen tauschierten Gürtelgarnitur gehören sie ebenfalls in die zweite Hälfte des 7. Jahrhunderts. Eine kleine Bronzeschnalle mit Weißmetallüberzug aus dem Frauengrab 75 (Taf. 4, 10), ist nicht älter als die Mitte des 7. Jahrhunderts. In den Gräbern 4, 27, 45, 198 und 276 dienten kleine quadratische oder ovale Schnallenrahmen aus Bronze als Verschluß von Börsen und Taschen (Taf. 1, 13 und Taf. 4, 21–22), in Grab 17 eine kleine quadratische Silberschnalle (Taf. 4, 19) vielleicht als Schließe des Wehrgehänges. Für weitere kleine quadratische oder ovale Schnallen mit und ohne Beschläg sind die Abschnitte über Spathen und Schuhgarnituren zu vergleichen.

Wenn man von den bronzenen Gürtelgarnituren der Gräber 123 und 127 und den Schnallen mit Beschläg aus den Gräbern 75 und 106 absieht, sind in Bülach die als Gürtelschnallen gebrauchten Bronze-, Silber- und Potinschnallen sämtlich in die Mitte bzw. zweite Hälfte des 6. oder die erste Hälfte des 7. Jahrhunderts zu setzen. Die Verbreitung der Gräber mit solchen Schnallen innerhalb des Gräberfeldes (vgl. Plan 3) ist daher sehr aufschlußreich und wird uns bei der Besprechung der Datierungsfragen und des Verlaufs der Friedhofsbelegung noch des nähern beschäftigen. Es ist kein Zufall, daß Metallschnallen ohne Beschläg nur im Nord- und Mittelteil des Gräberfeldes auftreten, dagegen im Südteil und an den Ost- und West-rändern fehlen.

UNVERZIERTE EISERNE GÜRTELGARNITUREN

Eiserne Gürtelschnallen mit Beschläg und ganze eiserne Gürtelgarnituren nehmen unter den Bülacher Funden einen breiten Raum ein. Neben den tauschierten Gürtelgarnituren und Teilen von solchen aus 28 Gräbern, die im folgenden Abschnitt behandelt werden, stehen 37 unverzierte eiserne Gürtelgarnituren aus Männergräbern[32] und 15 Eisenschnallen mit Beschläg, davon fünf aus Frauengräbern[33] und sechs aus Männergräbern. Die allgemeine Beobachtung bestätigt sich auch hier wieder, daß der Gürtelbesatz aus Schnalle, Rückenplatte und Gegenbeschläg zur Männertracht gehört, während die Frau einen Stoffgurt oder höchstens einen Ledergürtel mit einer Schnalle trug. Die Gräber des 6. Jahrhunderts lieferten in

[27] Vgl. z. B. Stoll, Taf. 23, 26 und Veeck, Taf. 51 A, 7.
[28] Tschumi 77, Abb. 18.
[29] E. Salin, Le cimetière barb. de Lezéville (1922), Taf. 6, 1–3.
[30] Veeck, Taf. 50 B, 2–3 und Paret, Taf. 8, 10–11.
[31] Tatarinoff 91, Abb. 15, 4–5.
[32] Bei den rechteckigen Platten der Gräber 140 und 299 bleibt es unklar, ob sie Rückenplatten von Gürtelgarnituren oder Besatz von Taschen wie Taf. 9, 20 sind.
[33] Gräber 60, 66, 79, 134, 249.

Bülach und anderwärts keinen Anhalt, daß große Eisenschnallen oder ganze eiserne Gürtelgarnituren bereits in diesem Jahrhundert gebräuchlich waren. Vielmehr scheint die Mode der großen metallenen Beschläge erst im Verlauf des 7. Jahrhunderts aufzukommen, aus dessen erster Hälfte, wie unten gezeigt wird, einige datierte Formen vorliegen. Die Masse der Funde ist mit den tauschierten Garnituren gleichzeitig und gehört in die zweite Hälfte des 7. Jahrhunderts.

Das Material läßt sich in vier Gruppen aufteilen. In Gruppe A werden die Schnallen bzw. Garnituren mit rundem oder schildförmigem Beschläg zusammengefaßt, Gruppe B enthält große Eisenbeschläge mit einfachem, Gruppe C mit profiliertem Umriß und Gruppe D lange schmale oder profilierte Formen, die sich an eine bestimmte Gattung tauschierter Garnituren anschließen lassen.

A. GARNITUREN MIT RUNDEN BZW. SCHILDFÖRMIGEN SCHNALLEN UND GEGENBESCHLÄGEN

Die runde Form ist bei Garnituren fünfmal[34] (Taf. 12, 10–11, 14, 17–18), als Einzelschnalle einmal in Frauengrab 60 (Taf. 12, 9) vertreten. Bis auf die Garnitur des Grabes 63 (Taf. 12, 10) fehlen Gegenbeschläge. Die Rückenplatten sind stets quadratisch bis rechteckig. Das runde Schnallenbeschläg war mit drei Rundknopfnieten auf dem Gürtel befestigt, die bei der Garnitur des Grabes 77 (Taf. 12, 11) mit gekerbten Bronzeblechhauben verkleidet sind. Die Form des Schilddornes variiert. Die kleine Schnalle des Frauengrabes 60 (Taf. 12, 9) besitzt nur einen einfachen Dorn. Einen gewissen Anhalt für die Datierung gibt Grab 275 (Taf. 12, 18) mit einem frühen Rasiermesser mit durchbrochenem Griff (Taf. 9, 1), das oben S. 17 vermutungsweise in die Mitte des 7. Jahrhunderts gesetzt wurde, und die Garnitur mit engzelliger Tauschierung in Grab 251 (Taf. 21, 1), die kaum vor der Jahrhundertmitte anzusetzen ist (siehe unten S. 40). Am Ende des 7. Jahrhunderts scheinen derartige Garnituren nicht mehr vorzukommen und es verdient in dieser Hinsicht Beachtung, daß keines der fraglichen Gräber am Süd- oder Ostrande des Friedhofs liegt (vgl. Plan 3). Die Schnallenform mit rundem Beschläg ist im Gräberfeld von Kaiseraugst überaus häufig, ist aber auch in Württemberg verbreitet.[35] Eine Abart bilden drei Garnituren (Taf. 12, 15, 16, 19) und zwei Schnallen (Taf. 12, 13) mit schildförmigen Beschlägen (Gräber 202, 269, 273 bzw. 145 und 295), für die hinsichtlich Zeitstellung und Verteilung im Gräberfeld im wesentlichen dasselbe zutrifft. Die Form ist in Bronze auf alamannischem Gebiet selten[36], bei den Franken in großer und reliefverzierter Ausführung desto häufiger[37].

B. GROSSE EISENGARNITUREN MIT EINFACHEM UMRISS

Die Form der Schnallen und Gegenbeschläge ist dreieckig mit leicht geschwungenen Seiten. Es liegen drei Garnituren (Taf. 13, 1–3) aus den Gräbern 88, 105 und 291 und vier große (Taf. 13, 4–7) sowie drei kleine (Taf. 13, 8–10) Schnallen vor (Gräber 53, 141, 249, 251 bzw. 79, 134 und 151). Eine große und drei kleine Schnallen stammen aus den Frauengräbern 79, 134 und 249. Die Schnalle in Grab 79 (Taf. 13, 8) wird durch doppelkonische Perlen ganz allgemein ins 7. Jahrhundert datiert. Eine eindeutige zeitliche Einordnung erlaubt die Schnalle aus Grab 249 (Taf. 13, 6); sie gehört nach Ausweis der mitgefundenen Almandinscheibenfibel (Taf. 1, 10) in die erste Hälfte des 7. Jahrhunderts. Die Garnitur des Grabes 88 (Taf. 13, 1) wird dagegen in das späte 7. Jahrhundert datiert (bestimmend sind die mitgefundenen Sax-

---

[34] Gräber 63, 77, 158, 272, 275.
[35] Z. B. Holzgerlingen: Veeck, Taf. 55 A, 10–13.
[36] Hailfingen: Stoll, Taf. 23, 17.
[37] Als Beispiel Kocherstetten (Württ.): Veeck, Taf. 54 A, 6.

knöpfe), die Schnalle des Grabes 251 (Taf. 13, 5) liegt wegen der engzellig tauschierten Garnitur desselben Grabes ebenfalls nach der Jahrhundertmitte. Bei der Schnalle aus Grab 53 (Taf. 13, 7) ist der Rahmen strichverziert, was eine Vorlage in Bronze in der Art der Bronzeschnalle aus Grab 268 (Taf. 4, 6) vermuten läßt. Die Dornbasis aller dieser Schnallen ist rund, selten schildförmig. Wegen ihres einfachen Umrisses ist eine trapezförmige Schnalle mit rechteckigem Rahmen aus Grab 277 (Taf. 13, 12) hier anzuschließen, die in den Gräbern 94 und 168 kleine Repliken besitzt (Taf. 13, 11).

C. GROSSE EISENGARNITUREN MIT PROFILIERTEM UMRISS

Diese Gruppe ist ganz besonders häufig (17 Garnituren und 3 Schnallen, davon eine in Frauengrab 66)[38]. Die Profilierung des Umrisses ist bei jedem Stück verschieden, und in der Linienführung gibt es zwischen Geraden, Winkeln, weiten und engen Kurven alle Varianten. Selbst bei den Rückenplatten macht gelegentlich die streng rechteckige Form einem profilierten Umriß Platz (Taf. 14, 6, Taf. 15, 5 und Taf. 16, 4, Gräber 52, 109, 255, 294). Die allgemeine Form der Schnallen und Gegenbeschläge bleibt dreieckig; aber auch hier gibt es von breiten bis zu schmalen und trapezförmigen Stücken alle Übergänge. Die Schnallenrahmen sind oval, selten rechteckig (Taf. 16, 4, Gräber 262 und 294), die Dornbasis ist fast immer rund. Bronzene Nietköpfe (Taf. 14, 2, Grab 62) oder gar Bronzeniete (Taf. 14, 6; Grab 109) gibt es vereinzelt; die Eisenniete sind groß und kugelig. Dank ihrer Mitfunde sind die Garnituren der Gräber 108 und 127 (Taf. 14, 5 und Taf. 15, 1) in die zweite Hälfte des 7. Jahrhunderts datiert. Die Garnitur des Grabes 108 – wie in Grab 127 sind zwei Garnituren vorhanden – besitzt eine tauschierte Rückenplatte (Taf. 19, 1d). Wegen des mitgefundenen Rasiermessers mit durchbrochenem Griff (Taf. 9, 5) könnte der Satz in Grab 255 (Taf. 15, 5) in die Mitte des Jahrhunderts gehören. Auffallend ist die Garnitur des Grabes 262 (Taf. 15, 7) mit vier rechteckigen Zierlaschen (Rekonstruktion Abb. 6, 5) und einer Gravierung der Rückenplatte, die ein Tauschiermuster nachahmen soll und damit die Datierung in die zweite Hälfte des 7. Jahrhunderts ermöglicht. Als Imitation tauschierter Garnituren ist sonst nur noch die Garnitur des Grabes 76 (Taf. 14, 3) mit schwalbenschwanzförmigem Abschluß anzusprechen, die in der Form mit einem in Bülach besonders stark vertretenen tauschierten Typ übereinstimmt und in Bümpliz (Kt. Bern), Bel-Air (Kt. Waadt), Kaiseraugst (Kt. Aargau) und Charnay (Burgund) Analogien besitzt (vgl. S. 33 Anm. 24). Von dieser Ausnahme abgesehen, bleibt die Gruppe gegenüber den gleichzeitigen tauschierten Formen erstaunlich selbständig. Eine Schnalle aus Grab 259 (Taf. 15, 6a), besitzt in den Gräbern 174 und 1108 von Kaiseraugst entfernte Verwandte.[39]

Die großen Eisengarnituren mit profiliertem Umriß sind auf alamannischem Gebiet der Ausdruck eines Zeitgeschmackes. Sie bürgern sich gegen die Mitte des 7. Jahrhunderts ein, als die Bronze immer seltener und kostbarer wird, und bilden in der zweiten Hälfte des Jahrhunderts, zusammen mit den tauschierten Garnituren, den üblichen Gürtelschmuck. Sogar die wenigen Bronzegarnituren kopieren gelegentlich die beliebten Formen aus Eisen, wofür Bülach Grab 123 (Taf. 4, 11) ein gutes Beispiel liefert. Die Formen der Eisengarnituren sind lokal überall etwas verschieden, was für Herstellung in zahlreichen kleineren Werkstätten spricht. Unter den unveröffentlichten Funden des Gräberfeldes von Elgg (Kt. Zürich) findet sich zu Bülach viel Verwandtes, aber auch im Norden des Alamannenlandes, etwa in Holzgerlingen und Feuerbach in Württemberg.[40]

---

[38] Gräber 52, 62, 76, 107–109, 127, 181, 195, 207, 255, 259, 262, 266, 290, 294, 297. Schnallen aus den Gräbern 66, 163, 250.
[39] ASA NF. 12, 1910, 26 und 14, 1912, 272.
[40] Holzgerlingen: Veeck, Taf. 55. Feuerbach: Paret, Taf. 12.

D. LANGE, SCHMALE ODER PROFILIERTE GARNITUREN

In sechs Bülacher Gräbern finden sich lange schmale Schnallen oder Garnituren mit geschweiften (Taf. 17, 4, 5 und 9) oder geraden (Taf. 17, 1 und 11) Seiten (Gräber 84, 114, 149 bzw. 78 und 154), dazu eine lange trapezförmige Garnitur (Taf. 17, 7; Grab 126). In Grab 114 sind ein tauschiertes Gegenbeschläg und eine unverzierte Schnalle mit vier dreieckigen Zierstücken zu einer Garnitur kombiniert (Taf. 5, 17 und Taf. 17, 4). Entsprechende dreieckige, profilierte Zierstücke liegen auch in den Gräbern 149 und 154 vor (Taf. 17, 9c–d und 11c–d). Die Garnitur des Grabes 126 mit trapezoider Rückenplatte (Taf. 17, 7) weckt schließlich den Verdacht, daß sie ehemals tauschiert war. Jedenfalls sind alle diese Garnituren billige Imitationen jener eleganten, langgestreckten Gürtelgarnituren mit Tauschierung und Plattierung, die im späten 7. Jahrhundert in Bülach vorkommen, siehe unter Seite 34 f. (Taf. 23–24). Zwei profilierte, sonst unverzierte Schnallen der Gräber 82 und 276 (Taf. 17, 3) besitzen ebenfalls ihre tauschierten Vorbilder (vgl. Taf. 20, 1). Es sollte auch wundernehmen, wenn der kostbare, mit Silber und Messing ausgelegte Gürtelschmuck nicht in einfacher Ausführung nachgeahmt worden wäre. Die Imitationen werden durch ihre Vorlagen in das späte 7. Jahrhundert datiert, und es verdient Beachtung, daß sie nur am Südrand des Friedhofs vorkommen (vgl. Plan 3).

Zusammenfassend läßt sich zu den eisernen Gürtelgarnituren, die übrigens sämtlich aus verhältnismäßig dünnen Eisenplatten geschnitten sind, sagen, daß von den vier ausgeschiedenen Gruppen die Gruppe A (mit runden und schildförmigen Beschlägen) die älteste sein dürfte und um die Mitte des 7. Jahrhunderts angesetzt werden muß. Sie scheint nicht weit in die zweite Hälfte des 7. Jahrhunderts hineinzureichen. Auch Gruppe B kommt mit ihren einfachen Umrissen bereits während der ersten Hälfte des 7. Jahrhunderts auf und reicht dann bis ans Ende des Jahrhunderts. Das Schwergewicht der besonders umfänglichen Gruppe C, mit ihren vielfältigen profilierten Umrissen, liegt zweifellos in der zweiten Hälfte des 7. Jahrhunderts. Diese Gruppe, die ja eng mit Gruppe B zusammenhängt und damit ebenfalls vor die Mitte des Jahrhunderts zurückreicht, geht neben den tauschierten Gürtelgarnituren einher, während die langgestreckten Formen der Gruppe D direkte Nachahmungen gewißer tauschierter Garnituren des späten 7. Jahrhunderts sind.

TAUSCHIERTE GÜRTELGARNITUREN

EINLEITUNG

Die für die zweite Hälfte des 7. Jahrhunderts so bezeichnende flächenfüllende Silbertauschierung und Silberplattierung auf eisernen Gürtelgarnituren ist für die Forschung aus mancherlei Gründen schwierig zu beurteilen. Einmal sind die Erhaltungs- und Konservierungsbedingungen für Eisen vielfach ungünstig, so daß die Auswahl der zugänglichen Funde besonders willkürlich ist. Zum andern zeigt das Auftreten identischer und damit werkstattgleicher Garnituren an weit auseinander liegenden Orten, daß die Herausarbeitung von Gruppen, die sich bestimmten Werkstätten zuweisen lassen, nur über die Erfassung eines sehr umfänglichen und verstreuten Materials Erfolg verspricht. Die Lokalisierung gewisser Typen und der an ihrer Produktion beteiligten Ateliers wird beim heutigen Stand der Forschung wegen der weiten Streuung nur ausnahmsweise sicher gelingen, denn nur selten sind die Verhältnisse so günstig wie bei den großen westschweizerischen Formen, deren zusammenfassende Behandlung H. Zeiß verdankt wird.[1] Bei ihnen handelt es sich in der Tat um eine eng begrenzte Gruppe, die in der Hauptsache „burgundischen" Werkstätten zugewiesen werden kann. Für alle übrigen tauschierten Fundstücke aus den merowingischen und langobardischen Stammesgebieten müssen weit ausgreifende Studien erst noch abgewartet werden.

Obwohl Bülach neben dem noch unveröffentlichten Örlingen (Kt. Zürich) bis jetzt das einzige Reihengräberfeld ist, in dem die sehr seltene Streifentauschierung der ersten Hälfte des 6. Jahrhunderts (Schnalle Taf. 1, 5 aus Grab 14) zusammen mit den geläufigen Tauschierungen des 7. Jahrhunderts vorkommt, fehlen auch hier alle Zwischenglieder, welche die Geschichte der merowingischen Tauschiertechnik aufhellen könnten. Von der kleinen Gruppe engstreifig tauschierter Schnallen, die um 500 n. Chr. mit Grab 19 von Basel-Gotterbarmweg einsetzt[2] und über weit auseinander liegende Vorkommen von der Nordschweiz bis Belgien, Mitteldeutschland und Bayern zu Bülach Grab 14 und dem münzdatierten Grab 84 von Weimar führt (Werner, Gruppe II, 530–550)[3], gibt es bisher keine Verbindungen zu den Tauschierungen des 7. Jahrhunderts. Es hat vielmehr den Anschein, als ob neue, wohl auf „burgundischem" Gebiet der

---

[1] Zeiß 59 ff.

[2] ASA NF. 32, 1930, Taf. 9, 8 und 10, 6–7.

[3] Über diese Zusammenhänge Werner 36 mit Anm. 1 und 2. N. Aberg datiert Goten und Langobarden (1923), 135 Bülach Grab 14 und Weimar Grab 84 in die erste Hälfte des 6. Jahrhunderts. – Zur Verbreitung: Nordschweiz: Basel-Gotterbarmweg Grab 19, Kleinhüningen bei Basel, Gräber 37, 69, 105, 112, 139 (Hist. Museum Basel). Örlingen (Kt. Zürich) Grab 130 (Landesmus. Zürich). – Baden: Bodman, Kr. Konstanz, Gräber 3 und 7 (Veröffentl. d. Karlsruher Altertumsver. 2, 1899, Taf. 14, 9–10). – Ostfrankreich: Lezéville (Dép. Meurthe-et-Moselle) Grab 192 (E. Salin, Le cimetière barbare de Lezéville, 1922, Taf. 2, 3). – Nordfrankreich: Caranda, Arr. Château-Thierry (Dép. Aisne), (F. Moreau, Album Caranda 1, 1877, Taf. 23, 2). – Belgien: Eprave und Samson (Mus. Namur). – Rheinland: Nettersheim, Kr. Schleiden, Grab 2 (Bonn. Jahrb. 1942, Taf. 78 unten links). Niederbreisig (Seymour de Ricci, Cat. of a Collect. of Germanic Antiquities, Paris 1910, Taf. 2, 49). Mülhofen, Kr. Koblenz (Mus. Koblenz, Inv. 164). – Hessen: Großkarben, Oberhessen (Germania 15, 1931, 258 f., Abb. 4). Bayern: Straubing (Niederbayern), Grab 2 (Jahresber. hist. Ver. Straubing 31, 1928, Taf. 2). – Thüringen: Elxleben (Siedlungsfund) im Mus. Jena. Weimar, Grab 84 (Werner, Taf. 1 A, 8). Reuden (Prov. Sachsen), Grab 8 (K. Ziegel, Die Thüringer der späten Völkerwanderungszeit im Gebiet östl. d. Saale, 1939, Taf. 12, 5). – Ein besonders prächtiges Stück, sicher nordgallischer Fabrikation, wurde nach Bifrons (Kent) verschlagen: E. T. Leeds, Early Anglo-saxon Art and Archaeology (1936), Taf. 7, b. – Vgl. hierzu jetzt W. Holmqvist, Tauschierte Metallarbeiten des Nordens (1951), 39 ff.

Westschweiz gelegene, von romanischen Handwerkern betriebene Ateliers die Rezeption der Tauschiertechnik in der Nordschweiz, die erst in die zweite Hälfte des 7. Jahrhunderts fällt, herbeigeführt haben. Diese
westschweizerischen Ateliers standen vermutlich zunächst unter langobardischem oder byzantinischem
Einfluß. Selbst die Beantwortung der Frage, welche tauschierten Arbeiten außerhalb des „burgundischen"
Kreises bereits vor 650 n. Chr. entstanden sind, muß zukünftigen Untersuchungen überlassen bleiben, denn
auch das Bülacher Material gibt hierfür keine Anhaltspunkte, die ernsthaft weiterhelfen. Der Schnallenrahmen mit tauschiertem Gittermuster und eingelegten breiten Stegen aus Grab 4 (Taf. 1, 16) stammt zwar
aus einem Fundzusammenhang der ersten Hälfte des 7. Jahrhunderts, bleibt aber weit und breit ohne Analogien, die ihn an die bekannten tauschierten Garnituren heranzurücken erlauben. Wohl langobardischer
Import ist das ebenfalls in die erste Hälfte des 7. Jahrhunderts gehörende Schnallenbruchstück aus Grab 37
mit spärlicher Messingtauschierung (Taf. 5, 15), das mit einem Sax mit strichtauschiertem Ortband (Taf. 37,
1) zusammen gefunden wurde.[4] Diese wenigen, vor 650 n. Chr. liegenden Objekte zeigen eine einfache
Fadeneinlage, noch nicht flächenfüllende Ornamente oder gar Plattierung. Soweit sonst Datierungen für
Tauschierarbeiten in Bülach oder mit Hilfe verwandter Funde möglich sind, führen sie alle in die zweite
Hälfte des 7. Jahrhunderts. Dieser späte Ansatz wird durch die Lage der Gräber mit tauschierten Garni-
turen im Bülacher Gräberfeld und anderwärts bestätigt (siehe unter Seite 75 zu Plan 3).

Trotz aller Einschränkungen läßt sich aber schon jetzt zu den 28 Bülacher Garnituren und Garnitur-
teilen, zu denen noch drei Vorkommen von Schuhschnallen gehören, einiges Neue sagen, wobei hinsichtlich
der Technik auf die Ausführungen von Zeiß a. a. O. 59 ff. verwiesen sei. «Gold»- und Silbertauschierung
kommen auf denselben Typen, oft auch auf denselben Gegenständen vor. Metalluntersuchungen für das
Gold ergaben in Bülach eine als Messing zu bezeichnende Kupferlegierung[5], in Beringen (Kt. Schaffhausen)
6–8-karätiges Blaßgold;[6] Zeiß meint, es handle sich in der Regel um Messing, seltener um Bronze, kaum
um Gold[7].

Der Bülacher Friedhof mit seiner recht stattlichen Zahl tauschierter Gegenstände bestätigt übrigens die
immer wieder gemachte Beobachtung, daß drei- oder mehrteilige Gürtelgarnituren, bestehend aus Schnalle,
Gegenbeschläg und Rückenplatte, zur Männertracht gehören, während die kleinen Schuhschnallen mit
ihren Gegenbeschlägen und Riemenzungen gleich ihren bronzenen Ausfertigungen aus Frauengräbern
stammen.

Anhand der Formen und der Ziermuster ergibt sich für Bülach eine Dreiteilung der tauschierten Fundgegenstände. In einer ersten Gruppe werden zwölf Garnituren bzw. Teile von solchen zusammengestellt,
die nach Stil und Form sehr einheitlich sind und als «Garnituren vom Bülacher Typus» bezeichnet werden
sollen, womit nicht eine Lokalisierung der Herstellung in Bülach gemeint, sondern nur die Masse des
Vorkommens Grund für diese Namengebung ist. In einer zweiten Gruppe sind neun schmale, meist
silber- oder messingplattierte Garnituren behandelt, während die dritte Gruppe aus verschiedenartigen
Schnallen und Beschlägen und aus den Schuhschnallen gebildet wird, die in den Gruppen I und II keinen
Platz finden.

---

[4] Am nächsten kommt eine länglich dreieckige Schnalle von Nocera Umbra Grab 106 mit spärlicher Tauschierung. Entsprechende unverzierte Garnituren aus Nocera Umbra Grab 32 und 122, ein gleichartiges Kreuz mit V-Hasten aus Grab 96
(Thermenmus. Rom).

[5] Die spektroskopische Analyse, welche im April 1946 von der Eidgenössischen Materialprüfungs- und Versuchsanstalt in
Zürich vorgenommen wurde, ergab neben Cu als weitere Elemente in untergeordneter Menge Zn, Ag, Fe und Mg. Der Zink-
zusatz erlaubt es, die Legierung als Messinglegierung zu bezeichnen, wobei allerdings zu berücksichtigen ist, daß das Kupfer
den Hauptbestandteil ausmacht.

[6] Viollier in ASA NF. 13, 1911, 35.

[7] Zeiß 60.

I. DIE GARNITUREN VOM BÜLACHER TYPUS

Vorherrschend sind trapezförmige Beschläge mit schwalbenschwanzförmigem Abschluß und quadratischen Rückenplatten (sieben Vorkommen, Taf. 18, 1, Taf. 19, 1 und 3, Taf. 21, 2 und 4, Taf. 22, 1 und 3), seltener Beschläge mit halbrundem (71, 55, 53 zerbrochen) oder geradem (90) Abschluß. Die trapezförmigen Beschläge, die mit drei Rundkopfnieten am Ledergürtel befestigt waren, laufen an den Schmalseiten schwalbenschwanzförmig aus. Die Form des Abschlusses geht vielleicht auf den Umriß von Tierköpfen zurück, die tauschiert bei Taf. 18, 1 noch deutlich zu erkennen sind. Für die feine, zeichnerische Musterung der Gruppe ist ein gerahmtes Innenfeld mit punktgefülltem Achter- oder Flechtband auf gestricheltem Grunde charakteristisch. Das Flechtband kann einfach (92, 87) oder mehrfach (110, 289) verflochten sein, es kann rund oder kantig (65, 106, bei 92 beides), mit (108, 289, 110, 106, 71) oder ohne (87, 92, 55, 52) breite silberne oder goldene Trennlinien auftreten, immer ist es aber mit Punkten gefüllt. Hiervon macht nur das gestrichelte Geflecht 71 eine Ausnahme. Die Rahmung des Mittelfeldes bildet überwiegend ein Band mit innen laufender Zickzack- oder Wellenlinie, hinter dem sich die Strichelung des Grundes bis zur Konturlinie des Beschläges fortsetzt. Die Dornplatte ist regelmäßig mit drei gestrichelten Kreissegmenten, bei 108 noch mit einem Silberkreuz verziert. Ein Wabenmuster als Element der Rahmung kommt vor bei 108 und 110, Kreuzband bei 90, Treppenband und Stufenmuster (Imitation von Zellenwerk) bei 108, 92, 71 und 55. Von den zwölf Garnituren sind acht silbertauschiert (55, 65, 90, 92, 106, 110, 214, 289), zwei sind messingtauschiert (59 und 87), zwei sind messingsilbertauschiert[8]. Die Bronzehauben der Eisenniete haben sich in fünf Fällen erhalten (59, 65, 87, 92, 108). Die zugehörigen Gräber liegen im Nordteil der südlich der Straße gelegenen Friedhofspartie und am Nord- und Ostrand des Gräberfeldes (vgl. Plan 3).

Alle diese Garnituren sind in Machart, Form und Verzierung so einheitlich, daß man sie demselben Werkstättenkreis zuweisen muß. Erzeugnisse dieser «Werkstatt Bülach» finden sich auch noch anderwärts in der Nordschweiz, in Südbaden, vereinzelt als Export sogar in Bayern. Zu Bülach 106 (Taf. 18, 1) stellt sich die silbertauschierte Garnitur von Volketswil-Hegnau (Kt. Zürich) Taf. 26, 2, die, wie Bülach 106, mit einer messingtauschierten Spatha mit Bronzeknauf (Taf. 26, 3) zusammengefunden wurde, ferner eine Schnalle aus Jonen (Aargau) Grab 4 (Taf. 27, 1), eine Garnitur von Elgg (Kt. Zürich) Grab 61 (Taf. 28, 1; mit rundem Abschluß), eine Schnalle von Önsingen (Kt. Solothurn) (Taf. 26, 1) und ein Beschläg von Oberweningen-Dielsdorf (Kt. Zürich, zu Bülach 55) (Taf. 27, 3).[9] Bülach 289 (Taf. 19, 3), kommt bei sonst schlechterer Ausführung ein Gegenbeschläg mit Rückenplatte von München-Giesing Grab 70[10] besonders nahe, bei beiden sind die Tierköpfe, in welche die Schmalseite ausläuft, mit Punkten gefüllt. Bis auf die Strichfüllung der Tierköpfe gleicht Bülach 289 einer Garnitur von Baden (Kt. Aargau),[11] ähnlich sind Garnituren von Oberbuchsiten (Kt. Solothurn) Grab 65 und 77 (Taf. 27, 4)[12] und von Gundelfingen (Bayer. Schwaben)[13]. Dem Werkstättenkreis des Bülacher Typus können ferner zugewiesen werden: Garnituren von Oberbuchsiten Gräber 5, 86 (Taf. 27, 2) und 98[12], rechteckige Beschläge aus Örlingen (Kanton Zürich) Grab 42 (Taf. 28, 4) und Elgg (Kt. Zürich) Grab 103 (Taf. 28, 3)[12], eine Garnitur von Bümpliz

[8] 71 ist bis auf die in Silber eingelegten äußeren Schlangen und das Stufenband messingtauschiert, bei 108 sind Waben, Mäander, Zickzackband, Bandgeflecht, Tierköpfe und Kreuz in Silber, das übrige in Messing eingelegt.

[9] Alle Landesmus. Zürich. Volketswil-Hegnau erwähnt 4. JBSGU 1911, 201. Zum Gräberfeld Jonen vgl. 1. JBSGU 1908, 120 und 3. JBSGU 1910, 141. Zum Gräberfeld von Örlingen vgl. 17. JBSGU 1925, 108 und 36. Jahresber. Landesmus. Zürich 1927, 39 ff.

[10] Bayer. Vorgeschichtsbl. 13, 1936, Taf. 6, 4.

[11] Ur-Schweiz 8, 1944, 39, Abb. 17, 5–7.

[12] Landesmus. Zürich.

[13] Jahrb. hist. Ver. Dillingen 8, 1895, Taf. 2, 11.

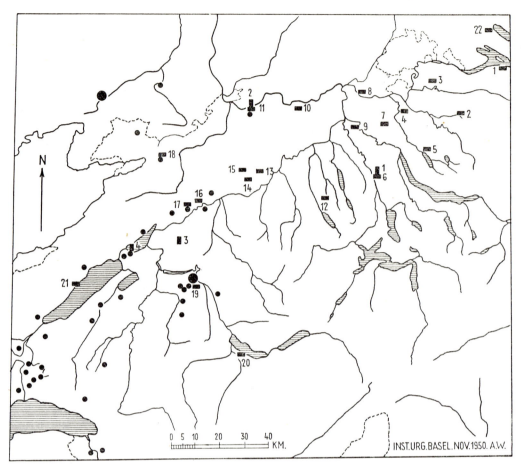

Abb. 4

■ Typus Bülach   ▮ Sondergruppe Kaiseraugst 1308   ● Typus Zeiß B (nach Zeiß, Tschumi und Anm. 27)

Fundliste des Typus Bülach:

1 Ermatingen (Kt. Thurgau), Anm. 15.
2 Elgg (Kt. Zürich), Gräber 61 (Taf. 28, 1), 103 (Taf. 28, 3) und 131 (Taf. 28, 2). Landesmus. Zürich.
3 Örlingen (Kt. Zürich), Grab 42 (Taf. 28, 4), Anm. 9. Landesmus. Zürich.
4 Bülach (Kt. Zürich), 12 Vorkommen.
5 Volketswil-Hegnau (Kt. Zürich), (Taf. 26, 2), Anm. 9. Landesmus. Zürich.
6 Jonen (Kt. Aargau), Grab 4 (Taf. 27, 1), Anm. 9. Landesmus. Zürich.
7 Oberweningen-Dielsdorf (Kt. Zürich) (Taf. 27, 3), Anm. 9. Landesmus. Zürich.
8 Rheinheim (Baden), Anm. 16.
9 Baden (Kt. Aargau), Anm. 11.
10 Eiken (Kt. Aargau) (Taf. 28, 10), Schulslg. Wegenstetten.
11 Kaiseraugst (Kt. Aargau), alte Gräber 113 und 119. (Mus. Basel).
12 Rickenbach (Kt. Luzern) (Taf. 28, 6), Privatslg. in Rickenbach.

13 Oberbuchsiten (Kt. Solothurn), Gräber 5, 65, 77 (Taf. 27, 4), 86 (Taf. 27, 2), 98, Anm. 12. Landesmus. Zürich.
14 Önsingen (Kt. Solothurn) (Taf. 26, 1), Anm. 9. Landesmus. Zürich.
15 Balsthal-Thal (Kt. Solothurn) (Taf. 28, 8). Mus. Solothurn.
16 Selzach-Lebern (Kt. Solothurn) (Taf. 28, 7). Mus. Solothurn.
17 Grenchen (Kt. Solothurn) (Taf. 28, 9). Mus. Solothurn.
18 Bassecourt (Kt. Bern). Anm. 14.
19 Bümpliz (Kt. Bern), Grab 246. Anm. 14.
20 Spiez (Kt. Bern). Anm. 14.
21 Bevaix (Kt. Neuenburg) (Taf. 28, 11). Anm. 17. Landesmus. Zürich.
22 Bodman (Baden), Gräber 10 u. 29 (Taf. 28, 5). Anm. 16.
23 München-Giesing (Oberbayern), Grab 70. Anm. 10.
24 Gundelfingen (Bayerisch-Schwaben). Anm. 13.
25 Nersingen (Bayerisch-Schwaben). Anm. 18.
26 Schretzheim (Bayerisch-Schwaben). Anm. 18. Mus. Dillingen, Inv. 2687.
27 Bingen (Hohenzollern). Anm. 19.

Fundliste der Sondergruppe Kaiseraugst 1308:

1 Jonen (Kt. Aargau), Grab 2 (Taf. 29, 2). Anm. 12. Landesmus. Zürich.
2 Kaiseraugst (Kt. Aargau), Grab 1308 (Taf. 29, 1). Anm. 20. Grab 462 (Taf. 29, 3). Landesmus. Zürich.

3 Lyss-Kirchhubel (Kt. Bern), Anm. 21.
4 Erlach (Kt. Bern), Grab 38, Anm. 21.

(Kt. Bern) Grab 246[14], die Beschläge von Bassecourt (Kt. Bern)[14], Spiez (Kt. Bern)[14], Ermatingen (Thurgau) (ähnlich Bülach 108)[15], Rheinheim (Oberbaden) (zu Bülach 71) und Bodman (Oberbaden) (Taf. 28, 5; zu Bülach 106)[16]. Des weiteren gehören in diese Gruppe eine Garnitur von Elgg (Kt. Zürich) Grab 131 (Taf. 28, 2), eine Garnitur von Rickenbach (Kt. Luzern) (Taf. 28, 6), zwei Garnituren von Selzach-Lebern (Kt. Solothurn) (Taf. 28,7), eine Garnitur von Balsthal-Thal (Kt. Solothurn) (Taf. 28, 8), eine von Grenchen (Kt. Solothurn) (Taf. 28, 9), Beschläge von Bevaix (Kt. Neuenburg) (Taf. 28, 11)[17] und Eiken (Kt. Aargau) (Taf. 28, 10). Sie sind auf Taf. 28 zusammengestellt. Unter den alten Funden von Kaiseraugst (Slg. Frey im Historischen Museum Basel) liegen in den Gräbern 113 und 119 Garnituren vom Bülacher Typus. In Bayerisch-Schwaben ist Typus Bülach außer in Gundelfingen noch vertreten in Schretzheim (dreiteilige Garnitur, silbertauschiert, im Museum Dillingen Inv. 2687) und in Nersingen, Kr. Neu-Ulm, Grab 1[18], in Hohenzollern im Kriegergrab 3 von Bingen bei Sigmaringen[19]. Die Verbreitung der Garnituren vom Bülacher Typus in der Schweiz und in Südbaden veranschaulicht die Karte Abb. 4.

Wohl einem Atelier desselben Werkstättenkreises entstammen einige in der Qualität überlegene Arbeiten mit sternförmig tauschierten Nieten, von denen hier als schönste Beispiele die trapezförmigen Garnituren mit Schwalbenschwanzabschluß von Jonen (Kt. Aargau) Grab 2 (Taf. 29, 2)[12] und Kaiseraugst (Kt. Aargau) Grab 1308 (Taf. 29, 1) und Grab 462 (Taf. 29, 3)[20] abgebildet seien. Zu dieser Sondergruppe gehören im Kanton Bern die Garnitur von Erlach Grab 38 und das Beschläg von Lyß-Kirchhubel[21].

Andere Ateliers lieferten in weiter Streuung Verwandtes[22], so daß die Lokalisierung des Bülacher Werkstättenkreises allein auf Grund der Verbreitung der gesicherten Erzeugnisse gewagt erscheint. Zweifellos sind die trapezförmigen Beschläge von den großen «burgundischen» Garnituren abhängig, wie sie in Elisried und Bümpliz vorkommen.[23] Die Verbreitung unverzierter Eisenschnallen mit Schwalbenschwanzabschluß, die als Nachahmungen der tauschierten Garnituren aufzufassen sind, weist ebenfalls nach Westen und Südwesten[24]. In den Gräberfeldern des Kantons Bern herrschen aber nach Ausweis der Arbeit von Tschumi andere Garniturenformen als der dort ganz vereinzelte Bülacher Typus vor, so daß man unsere Werkstätten nicht so weit im Südwesten ansetzen möchte. Es besteht jedoch andererseits in der Musterung wiederum so enge Verwandtschaft zu gewissen rechteckigen Schnallen (Zeiß Typus B) des Berner Gebietes[25],

[14] Bümpliz: Tschumi, Taf. 3. – Bassecourt: Tschumi, Taf. 15, 4. – Spiez: Tschumi 121, Abb. 29.

[15] Keller-Reinerth, Urgesch. d. Thurgaus (1925), 135, Abb. 23, 5.

[16] Rheinheim: Wagner 1, Taf. 2, d. – Bodman: Veröffentl. d. Karlsruher Altertumsver. 2, 1899, Taf. 14, 1–2.

[17] D. Vouga, Préhist. Neuchâtel (1942), Taf. 31, 4. – Neufunde im Mus. Lausanne sind auf Abb. 4 nicht berücksichtigt.

[18] E. Pressmar, Vor- u. Frühgesch. d. Ulmer Winkels (1938), 83, Abb. 63.

[19] Mannus 31, 1939, 132, Abb. 6, B–C.

[20] Landesmus. Zürich. ASA NF. 12, 1910, 289, Abb. (nicht gereinigt) und NF. 14, 1912, 280, Abb.

[21] Erlach Grab 38: Tschumi, Taf. 9. Lyss-Kirchhubel: Tschumi, Taf. 12, 5. Vielleicht anzuschließen Bümpliz Grab 277 (Tschumi, Taf. 2). Mit Kirchhubel entfernt verwandt: Noiron-lès-Citeaux (Côte d'Or): Mém. Soc. d'hist. et d'archéol. de Chalon-sur-Saône 8, 1896, Taf. 6, 2.

[22] In der Schweiz: Beschläg mit Schwalbenschwanzabschluß von Örlingen (Kt. Zürich), Grab 51 (Landesmus. Zürich). Auswärts: Hautecour (Ain): Genava 12, 1934, Taf. 9, 4. – Villey St-Etienne (Meurthe-et-Moselle): E. Salin, Le Haut Moyen-Age en Lorraine (1939), Taf. 12, 1 und 3. – Lezéville (Meurthe-et-Moselle): E. Salin, Cim. barbare de Lezéville (1922), Taf. 4. – Varangéville (Meurthe-et-Moselle): Gallia 4, 1946, 222, Abb. 28. – Lorenzen, Kr. Zabern (Lothr.): Henning, Denkm. d. elsäss. Altertumssammlung (1912), Taf. 61, 1–2. – Wehlen b. Trier (Rheinprov.): Trierer Zeitschr. 9, 1934, 175, Abb. 39. Greffen, Kr. Warendorf (Westfalen): Münsterländer Heimatkalender 2, 1939, 95, Abb. 2. – Bronnen (Württ.): Veeck, Taf. 57B, 2. – Hailfingen (Württ.): Stoll, Taf. 26, 1–3. – Tieringen (Württ.): Fundber. Schwaben NF. 9, 1935/38, Taf. 40, 1 und 5. Gammertingen (Hohenzollern): Gröbbels, Taf. 14, 1 und 4. – Mengen (Oberbaden): Bad. Fundber. 13, 1937, Taf. 19, c.

[23] Vgl. Zeiß, Taf. 1, 1, Taf. 3, 1 und 3 und Taf. 4, 1 und Tschumi, Taf. 1, Grab 14 und 31 und Taf. 4, Grab 291.

[24] Bümpliz Grab 217 (Tschumi, Taf. 7), Bel-Air (MAGZ 1, Heft 8, 1841, Taf. 3, 18), Charnay (Baudot, Taf. 7, 10), Kaiseraugst Gräber 174, 186 und 1108 (vgl. ASA NF. 14, 1912, 272), in Bülach in Grab 76 belegt (Taf. 14, 3).

[25] Bümpliz Grab 220 (Tschumi, Taf. 3), Ursins (Tschumi 192, Abb. 64, 4). Sehr nahe stehen auch Bümpliz Gräber 48, 199 und 299 (Tschumi, Taf. 4), Erlach Grab 15 (Tschumi, Taf. 9) und Oberwangen Grab 3 (Tschumi 109).

daß die Möglichkeit nicht ganz auszuschließen ist, die eine oder andere Werkstatt habe beide Typen herge-stellt und habe dem Geschmack der Abnehmer entsprechend verschiedene Landstriche beliefert. Die großen rechteckigen Schnallen vom Typ Zeiß B, zu denen meist ein schmales rechteckiges Gegenbeschläg gehört (Taf. 31, 1), haben gegenüber dem Typus Bülach eine mehr westliche und südwestliche Verbreitung (vgl. Karte Abb. 4). Bei ihnen ist allerdings zu bedenken, daß sie, soweit einwandfreie Befunde vorliegen, zur Frauentracht, und nicht, wie die Bülacher Garnituren, zur Männertracht gehören.[26] Immerhin lassen die zahlreichen Vorkommen von Bülacher Garnituren im Kanton Solothurn vermuten, daß dort ein Atelier des «Typus Bülach» gelegen und den Bedarf an der mittleren Aare gedeckt haben könnte. Weiter westlich gelegene Werkstätten haben Bülacher Garnituren dagegen nicht hergestellt. Setzt man die große Häufung in Bülach selbst und die angrenzenden Vorkommen in den Kantonen Zürich, Aargau und Thurgau mit in Rechnung – und dieses Argument besitzt einiges Gewicht –, dann ist die Lokalisierung zumindest eines Ateliers für Typus Bülach im Gebiet zwischen unterer Aare und Bodensee, also in der Nähe unseres Fund-platzes sehr wahrscheinlich (vgl. Karte Abb. 4). Die Streuung als Export reicht im Westen in die Kantone Bern und Neuenburg, im Osten über Oberbaden, Südwürttemberg und Bayerisch-Schwaben bis ins baju-warische Gebiet (München-Giesing) und folgte damit einem auch sonst bezeugten Handelswege[27].

II. DIE PROFILIERTEN GARNITUREN

A. DIE GARNITUREN VOM TYPUS BERN-SOLOTHURN

Eine Gruppe für sich bilden die drei langgestreckten trapezförmigen Garnituren aus den Gräbern 279, 147 und 167 mit ihren zwei bis vier zugehörigen kleinen Zierbeschlägen (Taf. 24). Die Garnitur 279 ist messingplattiert, 167 silberplattiert und tauschiert, 147 war silberplattiert und ist mit Messing eingelegt. Die Technik dieser späten Silberplattierungen ist an 147 und an verwandten Garnituren (z. B. Taf. 31) gut zu beobachten. Der eiserne Grund wurde gitterartig aufgerauht, um der hauchdünnen aufgehämmer-ten Silberfolie Halt zu geben.

Das zweizeilige, elegante und zarte Bandgeschlinge aus Grab 297 (Taf. 24, 1) ist recht verwandten Zeichnungen auf Garnituren von Oberbuchsiten Grab 57 (Taf. 31, 3)[28], Illnau (Kt. Zürich) Grab 7 (Taf. 31, 2)[28], Trimbach (Kt. Solothurn) (Taf. 33, 4) und Kallnach (Kt. Bern)[34] überlegen und entstammt mit diesen demselben Werkstättenkreis. Aus der gleichen Werkstatt wie Oberbuchsiten Grab 57 dürften sieben weitere, schlecht erhaltene Garnituren dieses Solothurner Gräberfeldes herrühren.[29] Für sie ist einfaches, leicht in die Plattierung eingerissenes Bandgeflecht charakteristisch, durch welches sich auch zwei Schnallen aus den Gräbern 42 und 52 von Lezéville (Meurthe-et-Moselle) als hierher gehörig erweisen.[30] Die Garni-

---

[26] Z. B. Erlach Grab 41 (Tschumi 83 f.), Oberwangen Grab 3 (Tschumi 109), Bümpliz Grab 258 (Tschumi, Taf. 1), Kaiseraugst (MAGZ 19, Heft 2, 1875/7, 74 und Taf. 1², 25 und 12). Von 16 Vorkommen im Gräberfeld von Bourogne bei Belfort (Scheurer-Lablotier passim) entfallen 14 auf Frauengräber, 2 auf unsichere Männergräber.

[27] H. Zeiß nennt hierfür Bayer. Vorgeschichtsbl. 12, 1934, 27, eine große, rechteckige Gürtelschnalle seines Typs B aus Reichenhall Grab 209 (Lindenschmit, Zentralmuseum, Taf. 11a, 11 = M. v. Chlingensperg-Berg, Das Gräberfeld von Reichen-hall, 1890, Taf. 27), verwandt mit Rosenbühl (MAGZ 21, Heft 7, 1886, Taf. 9, 2) und Bümpliz (Tschumi, Taf. 4, Streufund). Entsprechende südliche oder westliche Importstücke in der Nordschweiz sind die Schnalle mit rechteckigem Gegenbeschläg und Bandmusterung von Kaiseraugst Grab 122 (Taf. 31, 1) (Zürich, Landesmuseum ASA NF. 12, 1910, 22), mit der Rosen-bühl (MAGZ a. a. O., Taf. 9, 3) und Bümpliz Grab 224 (Tschumi, Taf. 4 und S. 26, Abb. 3, 224) zu vergleichen sind, und ein weiteres Stück von Kaiseraugst der Slg. Frey im Hist. Mus. Basel (Grab 86). Aus dem elsässischen Sundgau gehört eine Schnalle von Dürlingsdorf mit Bandgeflecht (Germanenerbe 5, 1940, 135, Abb.) hierher.

[28] Landesmus. Zürich. Illnau: 7 Grabhügel, vgl. 21. JBSGU 1929, 106.

[29] Landesmus. Zürich. Gräber 57, 69, 82, 109, 111, 120, 134. Vgl. Tabelle S. 43.

[30] E. Salin, Le Cimetière barb. de Lezéville (1922), Taf. 2, 1 und Taf. 9, 4.

tur aus Grab 147 (Taf. 24, 3) hängt in der Einlage von Messingstreifen eng mit der Schnalle aus Grab 153 (Taf. 23, 3) und mit dem einer Gürtelgarnitur entnommenen Beschläg in Frauengrab 95 (Taf. 5, 5b) zusammen; alle drei stammen vielleicht aus einer Werkstatt, der man auch eine Garnitur von Oberburg, Gemeinde Windisch (Jahresbericht der Gesellschaft pro Vindonissa 1949/50, 12 und Taf. 5, 1), die verwandte Schnalle mit Mittelsteg, Silberplattierung und Messingtauschierung von Ossingen (Kt. Zürich) (Taf. 32, 1) und vielleicht eine Garnitur von Weißenhorn bei Neu-Ulm (Bayerisch-Schwaben)[31] zuweisen möchte. Der schmale, eingelegte Mittelsteg wie in Bülach 147 und in Ossingen findet sich bei profilierten Garnituren auch sonst gelegentlich.[32] Zur Garnitur Bülach 167 (Taf. 24, 4) sind keine nahen Analogien bekannt.[33] Alle drei Garnituren und diejenigen von Ossingen und Illnau (Taf. 32, 1 und 31, 2) gehören zu einem bisher hauptsächlich in den Kantonen Bern und Solothurn angetroffenen, besonders langen und schmalen Typus, für den die Werkstätten sicher in diesen Gebieten zu suchen sind,[34] eine Vermutung, die durch das häufige Vorkommen im Solothurner Oberbuchsiten fast zur Gewißheit erhoben wird.[29] Die lange silberplattierte Riemenzunge mit Wabenmuster in Bülach 167 (Taf. 24, 4c) ist süddeutscher Provenienz und wurde später zu der Bern-Solothurner Gürtelgarnitur hinzugefügt. Sie datiert deren Anfertigung in die letzten Jahrzehnte des 7. Jahrhunderts (siehe unten Seite 39), ein Zeitansatz, der durch die Lage der Gräber 279, 147, 95 und 167 ganz am Süd- bzw. Ostrande des Gräberfeldes bestätigt wird. Eine Garnitur von Kaiseraugst (Taf. 31, 5), die ein werkstattgleiches Gegenstück in Feuerbach (Württemberg) besitzt[35], leitet nach Größe und Verzierung zu den kleineren profilierten Garnituren über.

B. DIE KLEINEREN, PROFILIERTEN GARNITUREN

Der Form nach sind enger miteinander verbunden die Garnituren 96, 146, 153 und 173 (Taf. 23 und 24, 5). Alle vier gehören zu einem Typus, dessen Zusammenhang mit tierkopfverzierten Bronzeschnallen aus der Mitte des 7. Jahrhunderts bereits Zeiß klar erkannte.[36] Die Garnitur Bülach 96 (Taf. 24, 5) mit Messingtauschierung auf Silbergrund[37] zeigt je drei auf dem profilierten Rande aufsitzende Tierköpfe, das silberplattierte Mittelfeld enthält in einer Rahmung zwei gegenständige leierförmige Tierköpfe mit einzeiligem Geflecht. Aus gleicher Werkstatt stammt trotz etwas abweichender Innenzeichnung eine Garnitur von Hünegg (Kt. Bern)[38]. Die Garnitur 146 (Taf. 23, 1) besitzt eine gröbere Musterung. Die drei seitlichen Tierköpfe sind zu zwei geschwungenen Halbbögen degeneriert. Das Mittelfeld ist wiederum vorn abgerundet und zeigt auf silbernem Grunde ein einzeiliges goldenes Bandgeflecht, das aus einer Tierdarstellung entwickelt ist. Identisch und damit werkstattgleich mit Bülach 146 sind eine Garnitur von Forstwald-Unghürhubel (Kt. Bern) und Schnallen von Ottenbach (Kt. Zürich) (Taf. 32, 2) und Jestetten (Ober-

---

[31] E. Preßmar, Vor- u. Frühgesch. d. Ulmer Winkels (1938), 86, Abb. 67, 5.

[32] Forstwald (Kt. Bern): Tschumi 115, Abb. – Bourogne (Terr. de Belfort): Scheurer-Lablotier, Taf. 48.

[33] Am ehesten zu vergleichen Zihl b. Port (Kt. Bern): Tschumi 138, Abb. 40.

[34] Beschränkte Verbreitung vermutete Zeiß, 75, Anm. 3. Solothurn: außer Oberbuchsiten noch Oberdorf (Tatarinoff, 86 ff. mit Abb. 12–13), Önsingen (Mus. Solothurn) und Trimbach, Taf. 33, 3–4 (Mus. Olten). Bern: Bümpliz Gräber 142, 257 und 260 (Tschumi, Taf. 2–3), Gasel Grab 9 (Tschumi 111), Forstwald (Tschumi 115), Wilderswil (Tschumi 119, Abb. 28), Kallnach (Tschumi, Taf. 11, 1–2), Lyß (Tschumi, Taf. 12, 1) und Zihl, Anm. 33. Neuenburg: Les Battieux (D. Vouga, Préhist. du pays de Neuchâtel, Taf. 33, 3). Nach Norden gelangte Exportstücke (außer den Bülachern und denen von Ossingen und Illnau, Anm. 28): Elgg (Kt. Zürich), Grab 81, Wyhlen (Oberbaden) Bad. Fundber. 15, 1939, Taf. 8 (dreiteilige Garnitur, ähnlich Lyß) und Bourogne (Terr. de Belfort) Scheurer-Lablotier, Taf. 48 (fünfteilige Garnitur, ähnlich Bülach 147).

[35] Kaiseraugst: Landesmus. Zürich, Inv. 19337. – Feuerbach: Paret, Taf. 14, 2.

[36] Zeiß 75. Vgl. als Gegenstücke z. B. Bümpliz, Tschumi 49, Abb. 9.

[37] In der Strichrahmung wechseln je zwei silberne mit zwei goldenen Strichen, die Rahmenfassung und das Tierornament sind golden, die Punkte in den Tierköpfen wechseln von Gold zu Silber.

[38] Tschumi 124, Abb. 33, 1.

baden)[39]. Die quadratische Rückenplatte (Taf. 23, 1c) mit einbeschriebenem, S-förmigem Tier und Wabenmuster läßt an diese Gruppe noch die Garnitur von Bolligen-Papiermühle (Kt. Bern) Grab 16 anschließen.[40] Ob Bülach 96, Hünegg, Bülach 146, Forstwald, Ottenbach, Bolligen und Jestetten Erzeugnisse
verschiedener Qualität aus einer Werkstatt sind oder benachbarten, vielleicht um Jahre auseinanderlie-
genden Ateliers zugeteilt werden können, bleibe dahingestellt.

Die Garnituren Bülach 96 und 146 und ihre angeführten Verwandten erweisen sich wegen der vorn
abgerundeten Einfassung des Mittelfeldes als abhängig von den großen „burgundischen" Schnallen vom
Typus Zeiß A 2[41]. Die direkte Ableitung von westschweizerischen Vorlagen wäre möglich, eine gemeinsame
langobardische Quelle kommt aber ebenfalls in Frage, denn auch in oberitalienischen Werkstätten war
diese Ausgestaltung des Mittelfeldes an tauschierten Schnallen gang und gäbe.[42] Unter den profilierten
Garnituren aus schweizerischen Werkstätten zeigt eine ganze Reihe das eingerahmte Mittelfeld, das stets
mit Tierornament im Stil II ausgefüllt ist. Einfache Exemplare liegen von folgenden Fundorten vor:
Schafisheim (Kt. Aargau) (Taf. 31, 4), Rickenbach (Kt. Luzern) (Taf. 33, 9), Burgdorf (Kt. Bern) (Taf. 33,
6), Oberdorf (Kt. Solothurn) (Taf. 33, 7), Biberist-Hohdorf (Kt. Solothurn) (Taf. 33, 10), Bevaix
(Kt. Neuenburg) (Taf. 33, 8), Gümligen (Kt. Bern)[43]. Außerhalb der Schweiz aus: Schretzheim (Bayerisch
Schwaben) Grab 622, Urloffen (Baden), Hailfingen (Württemberg) Grab 79b, Meßstetten (Württemberg),
Dietersheim (Rheinhessen) und Hüttersdorf (Rheinprovinz)[43]. Außerdem sind drei besonders qualitätvolle
Garnituren dieser Gattung bekannt, eine von Rüttenen-Vitzenhübel (Kt. Solothurn)[44], eine reiche mit Tierornament verzierte von Eiken (Kt. Aargau)[44] und eine aus dem Kriegergrab von Birrhard (Kt. Aargau)[44],
bei der die vorn abgerundete Einfassung des Mittelfeldes und die Kreise um die Niete punktgefüllt sind,
was auf Beeinflussung durch langobardische Garnituren vom Typ Castione[42] hindeutet. Alle diese Garnituren stammen aus verschiedenen Werkstätten, die der Beziehungen zur Gruppe Zeiß A 2 und ihrer Verbreitung wegen (vgl. Karte Abb. 5), in der nördlichen Nachbarschaft der «burgundischen» Ateliers, am
ehesten an der mittleren Aare zu lokalisieren sind. Gleicher Herkunft ist noch eine Reihe anderer pro-
filierter Garnituren, die nicht unmittelbar mit den in Bülach vertretenen Formen zusammenhängen.[45]

Im Umriß mit Bülach 96 und 146 übereinstimmend, im strichgefüllten goldenen Tierornament auf
Silbergrund abweichend ist eine Garnitur aus Grab 173 (Taf. 23, 2), während die der Form nach hierher
gehörende Schnalle aus Grab 153 (Taf. 23, 3) in der Ornamentik sich den langen schmalen Garnituren der
Bern-Solothurner Art wie derjenigen aus Grab 147 (Taf. 24, 3) anschließt. Sehr viel qualitätvoller ist die

---

[39] Tschumi 116, Landesmus. Zürich und Wagner 1, 138, Abb. 90, e.

[40] Tschumi 99. Auch Oberbuchsiten Grab 59 und 105 gehören in diesen Kreis.

[41] Zeiß, Taf. 3, 2–3 und 4, 1.

[42] Vgl. z. B. die Garnitur von Castione bei R. Ulrich, Die Gräberfelder in der Umgebung von Bellinzona (1914), Taf. 91,
32–35 und die langobardischen Importstücke im bajuwarischen Reichenhall bei M. von Chlingensperg-Berg, Das Gräberfeld
von Reichenhall (1890), Taf. 19, 164 sowie Taf. 26, 275 und Taf. 31, 262.

[43] Zu den bisher unveröffentlichten Schweizer Stücken vgl. die Fundliste zu Karte Abb. 5. – Gümligen: Tschumi 107, links.
Schretzheim: Mus. Dillingen. Urloffen: Bad. Heimat 1935, 60, Abb. 10. Hailfingen: Stoll, Taf. 26, 5. Meßstetten: Veeck,
Taf. 57 A, 2. Dietersheim: M. Neeß, Rhein. Schnallen der Völkerwanderungszeit (1935), Abb. 103. Hüttersdorf: Neeß, Taf. F, 4.

[44] Rüttenen-Vitzenhübel: Zeiß, Taf. 1, 3 = Tatarinoff 88, Abb. 14. Zeiß erkannte als erster den Zusammenhang dieses
Stückes mit dem „burgundischen" Typus A 2. – Eiken: Mus. Rheinfelden. – Birrhard: ASA NF. 40, 1938, 107, Abb. 25.

[45] Horgen (Kt. Zürich), Grab 3 (Landesmus. Zürich). – Jonen (Kt. Aargau), Beschlag im Landesmus. Zürich. – Seewen
(Kt. Solothurn), Schnalle im Mus. Solothurn. – Oberbuchsiten (Kt. Solothurn), Gräber 17, 55 und 70, im Landesmus. Zürich.
Kestenholz (Kt. Solothurn), Ur-Schweiz 8, 1944, 43, Abb. 20. – Bümpliz (Kt. Bern), Gräber 47, 167, 248 und 273 (Tschumi,
Taf. 3). – Kallnach (Kt. Bern), Tschumi, Taf. 11, 3. – Cortaillod (Kt. Neuenburg), Schnalle im Landesmus. Zürich. – Bourogne
(Terr. de Belfort), Scheurer-Lablotier, Taf. 10 und 38. – Lezéville (Meurthe-et-Moselle), Grab 57 bei E. Salin, Le Cimet. barb.
de Lezéville (1922), Taf. 2, 2 und Taf. 8, 8. – Wurmlingen (Württ.), Veeck, Taf. M, 1. – Berkheim (Württ.), Fundber. Schwaben
NF. 9, 1935/38, Taf. 42, 2, Nr. 1.

Garnitur aus Grab 143 (Taf. 23, 4), deren mit großem Geschick komponiertes Tierornament golden in den silberplattierten Grund eingelegt ist und die Hand eines Meisters seiner Kunst verrät. Es erinnert in der spielerisch sicheren Linienführung an das Bandgeschlinge der Beschläge 279 (Taf. 24, 1)[46]. Gute Arbeit sind auch Schnalle und Rückenplatte aus Grab 301 mit klar gezeichneten, einzeilig goldenen bzw. bandförmigen Tierbildern auf silbernem Grunde (Taf. 22, 5). Hier besteht enge Verwandtschaft zu einer Schnalle von Lyß-Kirchhubel und zu Garnituren von Vilbringen Grab 2, Eichbühl, Bümpliz Grab 167 (alles Kanton Bern), Schleitheim (Kt. Schaffhausen), Tiengen (Oberbaden), Wurmlingen (Württemberg) und Reichenhall (Oberbayern) Grab 199.[47] Eichbühl steht in der Mitte zwischen Bülach 301 und Bülach 143. Endlich sind an dieser Stelle auch die sehr charakteristischen Erzeugnisse einer Werkstatt anzuschließen, die vorzugsweise mit volutenartigen, entarteten Tier- und Bandmustern als Randverzierung und mit breit eingelegten, gekerbten Kupfer- oder Messingstreifen arbeitet und von der als Beispiele die Garnituren von Niederhasli (Kt. Zürich) Grab 10 (Taf. 32, 3), Horgen (Kt. Zürich) Grab 4 (Taf. 32, 5), Laubenheim (Rheinprovinz) (Taf. 32, 6) und Bronnen (Württemberg) (Taf. 32, 7) abgebildet seien (Verbreitung auf Karte Abb. 5).[48]

Das Ursprungsgebiet aller dieser profilierten Garnituren dürfte also das gleiche wie das der langen schmalen Typen sein, die ja nur eine Abart darstellen: es ist das Land an der oberen und mittleren Aare, es sind die heutigen Kantone Solothurn und Bern, die zwischen dem Herstellungszentrum der großen «burgundischen» Gürtelgarnituren in der Westschweiz und dem der Zürcher Garnituren vom Typus Bülach liegen (vgl. Karte Abb. 5). Ihre Zeitstellung ist das späte 7. Jahrhundert. Da die profilierten Garnituren in Bülach nur an den äußersten Rändern des Gräberfeldes vorkommen (vgl. den Plan 3), im Gegensatz zum Typus Bülach, der im Südteil des Friedhofs mehr in vom Rande abgelegenen Gräbern angetroffen wird (vgl. den Plan 3), könnte man vermuten, daß die profilierten Garnituren, deren späte Zeitstellung ja auch aus Grab 167 und dem Vorkommen in Grabhügeln in Illnau erhellt, einer den Typus Bülach ablösenden Modeströmung angehören, die sich in den allerjüngsten Gräbern bekundet. Man käme damit auf eine Grablegung in den letzten Jahrzehnten des 7. oder gar am Beginn des 8. Jahrhunderts. Die Betrachtung der Waffengräber im Südteil des Grabfeldes gibt zu ganz ähnlichen Überlegungen Anlaß (vgl. Seite 74).

III. VERSCHIEDENE TAUSCHIERARBEITEN DES 7. JAHRHUNDERTS

Aus einem nicht näher zu lokalisierenden Atelier zwischen Jura und Bodensee stammt die trapezförmige Garnitur aus Grab 100 (Taf. 25, 1), die mit breiten, gold-silbergestrichelten Bändern auf silberplattiertem Grunde und mit vergoldeten, an der Basis gekerbten Nieten verziert ist.[49]

[46] Verwandt die sehr zerstörte Garnitur von Riedburg (Kt. Bern), Tschumi 112.

[47] Lyß-Kirchhubel: Tschumi, Taf. 12, 6. – Vilbringen: Tschumi 88, Abb. 26. – Eichbühl: Tschumi 124, Abb. 32. – Bümpliz 167: Mus. Bern. – Schleitheim: M. Wanner, Das alam. Todtenfeld bei Schleitheim (1867), Taf. 7, 18. – Wurmlingen: Veeck, Taf. 57 A, 1. – Tiengen: Mein Heimatland 20, 1933, 159, Abb. 9. – Reichenhall Grab 199: M. von Chingensperg-Berg, Das Gräberfeld von Reichenhall (1890), Taf. 22. – Verwandt eine Schnalle von Mengen (Oberbaden): Bad. Fundber. 13, 1937, Taf. 19, d. – Jetzt auch ein Neufund aus Bavois (Kt. Waadt) im Mus. Lausanne zu vergleichen.

[48] Dieser Werkstatt sind zuzuweisen im Kanton Bern: Erlach Grab 45 (Tschumi, Taf. 9) und Twann (Tschumi 138, Abb. 39). Im Kanton Zürich: Garnituren von Horgen Grab 4 (Taf. 32, 5) (erw. 1. JBSGU 1908, 120) und Niederhasli Grab 10 (Taf. 32, 3), beide Landesmus. Zürich. In Württemberg: Bronnen, Kr. Laupheim (Taf. 32, 7) (Veeck, Taf. 57 B, 1 und 3) und Rottweil-Bühlingen (Veeck 288, Nr. 2364, abgeb. 1. Jahresber. d. Rottweiler Altertumsver., 1832, Taf. 1, 3). Schließlich eine Garnitur unbekannter Provenienz im Wallraf-Richartz-Mus. Köln (Taf. 32, 4; ehem. Slg. Diergardt Inv. Nr. 2624) und zwei Schnallen von Laubenheim und Mertloch (Rheinprovinz) im Landesmus. Bonn (Taf. 32, 6 und 30, 6).

[49] In der Form stimmt überein eine Garnitur mit Tierornament von Zumikon (Kt. Zürich), entstellt abgebildet in MAGZ 18, Heft 3, 1873, Taf. 2, 7–8. – Aus derselben Werkstatt wie Bülach 100 stammt wahrscheinlich eine U-förmige Garnitur mit gleicher Musterung von Bourogne bei Belfort (Scheurer-Lablotier, Taf. 54), während die quadratische Rückenplatte von Bülach einem anderen Stück von Bourogne (a. a. O., Taf. 10, c) ähnelt.

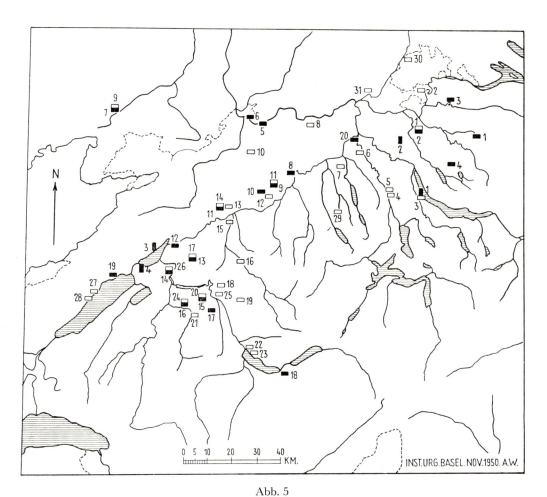

Abb. 5

■ Typus Bern-Solothurn ▭ profilierte Garnituren ▮ Sondergruppe Niederhasli

Fundliste des Typus Bern-Solothurn

1 Elgg (Kt. Zürich), Grab 81, Anm. 34. Landesmus. Zürich.

2 Bülach (Kt. Zürich), 3 Vorkommen.

3 Ossingen (Kt. Zürich (Taf. 32, 1), Anm. 28. Landesmus. Zürich.

4 Illnau (Kt. Zürich), Grab 7 (Taf. 31, 2), Anm. 28. Landesmus. Zürich.

5 Kaiseraugst (Kt. Aargau) (Taf. 31, 5), Anm. 35.

6 Wyhlen (Baden), Anm. 34.

7 Bourogne (Terr. de Belfort), Anm. 34.

8 Trimbach (Kt. Solothurn) (Taf. 33, 3–4), 2 Stück. Anm. 34. Mus. Olten.

9 Oberbuchsiten (Kt. Solothurn), Grab 57 (Taf. 31, 3), insgesamt 7 Stück, Anm. 29. Landesmus. Zürich.

10 Önsingen (Kt. Solothurn), Anm. 34. Mus. Solothurn.

11 Oberdorf (Kt. Solothurn), 2 Stück. Anm. 34.

12 Zihl (Kt. Bern), Anm. 34.

13 Lyß (Kt. Bern), Anm. 34.

14 Kallnach (Kt. Bern), Anm. 34.

15 Bümpliz (Kt. Bern), 3 Stück. Anm. 34.

16 Forstwald (Kt. Bern), Anm. 34.

17 Gasel (Kt. Bern), Grab 9. Anm. 34.

18 Widerswil (Kt. Bern), Anm. 34.

19 Neuchâtel, Les Battieux (Kt. Neuenburg), Anm. 34.

20 Oberburg, Gem. Windisch (Kt. Aargau). Jahresber. Ges. pro Vindonissa 1949/50, Taf. 5, 1.

21 Feuerbach (Württ.), Anm. 35.

22 Weißenhorn (Bayerisch-Schwaben), Anm. 31.

23 Lezéville (Dép. Meurthe-et-Moselle), Anm. 30.

Fundliste der kleineren profilierten Garnituren

1 Bülach (Kt. Zürich), 5 Vorkommen.

2 Jestetten (Baden), Anm. 39.

3 Horgen (Kt. Zürich), Grab 3, Anm. 45. Landesmuseum Zürich.

4 Ottenbach (Kt. Zürich) (Taf. 32, 2), Anm. 39. Landesmuseum Zürich.

5 Jonen (Kt. Aargau), ein Beschläg im Landesmus. Zürich. Anm. 45.

6 Birrhard (Kt. Aargau), Anm. 44.

7 Schafisheim (Kt. Aargau) (Taf. 31, 4). Landesmuseum Zürich.

8 Eiken (Kt. Aargau), Anm. 44. Mus. Rheinfelden.

9 Bourogne (Terr. de Belfort), 2 Stück. Anm. 45.

10 Seewen (Kt. Solothurn), Anm. 45. Mus. Solothurn.

11 Oberbuchsiten (Kt. Solothurn), Anm. 40 und 45. Landesmus. Zürich.

Besser ist die lange schmale Riemenzunge mit Wabenmuster aus Grab 167 einzuordnen (Taf. 24, 4c). Sie gehört zu einer sehr einheitlichen Gruppe von wabenverzierten Plattierarbeiten, für die sowohl die U-Form der besonders langen Riemenzungen wie die eingesetzten Almandinrundeln des Zierfeldes charakteristisch sind. Entsprechende Funde seien genannt von Seengen (Kt. Aargau), Kottwil (Kt. Luzern) (Taf. 33, 5), Öhningen (Oberbaden), Oberflacht, Balingen und Pfahlheim (Württemberg), Riegsee (Oberbayern), Schiltigheim (Elsaß), Bourogne (Terr. de Belfort) und Musbach (Pfalz).[50] Alle diese Arbeiten stammen aus Werkstätten, die im Gebiet nördlich des Bodensees gesucht werden müssen, wo sich die Verwendung kleiner runder Almandineinlagen auf bronzenen und silbernen Gürtelgarnituren am Ende des 7. und zu Beginn des 8. Jahrhunderts mehrfach beobachten läßt.[51] Durch dieses Zierdetail wird somit auch Bülach Grab 167 in die Zeit um 700 datiert. Erwähnung verdient noch die enggestrichelte Randtauschierung der Bülacher Riemenzunge, bei der je zwei Silberfäden mit sechs bis sieben Messingfäden abwechseln.

[50] Seengen: MAGZ 18, Heft 3, 1873, Taf. 2, 1–4. – Kottwil: Mus. Luzern. – Öhningen, Kr. Konstanz: Wagner 1, 29, Abb. 21. – Oberflacht: Veeck, Taf. 58 A, 2; 5–11. – Balingen: Veeck, Taf. 61 B. – Pfahlheim: Veeck, Taf. 62 B. – Riegsee: mindestens zehn lange, schmale Riemenzungen mit eingesetzten Almandinrundeln. Prähist. Staatsslg. München. Erwähnt Beitr. Anthr. u. Urgesch. Bayerns 14, 1902, 126. – Schiltigheim: Anz. elsäss. Altertumsk. 25, 1934, Taf. 45, 1–2; 6–7. – Bourogne: Scheurer-Lablotier 42, Abb. 29. – Musbach: A. u. h. V. 3, Heft 7, Taf. 6, 13.

[51] Z. B. Riemenzunge von Wurmlingen (Württ.): Veeck, Taf. 59 A, 13. Gürtelgarnituren von Pfahlheim (Württ.): Veeck, Taf. 54 B, 1–5. Pferdegeschirrbeschlag aus Baden: Lindenschmit, Zentralmuseum, Taf. 11, 21. Gürtelbeschläg aus dem Fürstengrab von Wittislingen (Bayer.-Schwaben): J. Werner, Das alam. Fürstengrab von Wittislingen (1950), Taf. 7, 1 und S. 27. Silb. Riemenzungen von Staufen (Bayer.-Schwaben): A. u. h. V. 5 (1911), Taf. 36, 580. Gegenbeschläg von Kaiseraugst: MAGZ 19, 2 (1875/7), Taf. 1², 12. Silberne Riemenzunge zusammen mit zuckerhutförm. Schildbuckel von Kreuzlingen-Egelshofen (Thurgau): Keller-Reinerth, Urgesch. d. Thurgaus (1925), 274, Abb. 55. Die späte Zeitstellung (Ende 7. bis 8. Jahrhundert) ist von P. Reinecke in A. u. h. V. 5 zu Taf. 36 erörtert, vgl. dazu Tschumi in Jahrb. hist. Mus. Bern 25, 1946, 113 f. Besonders wichtig ist eine gleicharmige Fibel mit kleinen Almandinrundeln von Bermersheim (Rheinhessen) durch ihre Münzdatierung (Solidus Childeberts III., 695–711, in Fingerring gefaßt), Germania 21, 1937, 267, Abb. 1. – Auch bei den großen „burgundischen" Garnituren der Gruppen A 1 und A 2 treten gegen Ende der Entwicklung, vielleicht unter östlichem Einfluß, kleine, runde Einlagen mit Almandinen oder farbigem Glas auf (Zeiß 66 f. 69). Beispiele aus Charnay bei Baudot, Taf. 4–6, eine bronzene Garnitur bei Baudot, Taf. 9, 11.

Fundliste der kleineren profilierten Garnituren (Fortsetzung)

12 Kestenholz (Kt. Solothurn), Anm. 45. Mus. Olten.
13 Rüttenen-Vitzenhubel (Kt. Solothurn), Anm. 44. Mus. Solothurn.
14 Oberdorf (Kt. Solothurn) (Taf. 33, 7). Mus. Solothurn
15 Biberist-Hohdorf (Kt. Solothurn) (Taf. 33, 10). Museum Solothurn.
16 Burgdorf (Kt. Bern) (Taf. 33, 6). Landesmus. Zürich.
17 Lyß-Kirchhubel (Kt. Bern), Anm. 47.
18 Bolligen-Papiermühle (Kt. Bern), Anm. 40.
19 Vilbringen (Kt. Bern), Grab 2, Anm. 47.
20 Bümpliz (Kt. Bern), 4 Stück. Anm. 45.
21 Riedburg (Kt. Bern), Anm. 46.
22 Hünegg (Kt. Bern), Anm. 38.
23 Eichbühl (Kt. Bern), Anm. 47.
24 Forstwald (Kt. Bern), Anm. 39.
25 Gümligen (Kt. Bern), Anm. 43.
26 Kallnach (Kt. Bern), Anm. 45.

27 Cortaillod (Kt. Neuenburg), Anm. 45.
28 Bevaix (Kt. Neuenburg) (Taf. 33, 8). Landesmus. Zürich.
29 Rickenbach (Kt. Luzern) (Taf. 33, 9). Privatslg. in Rickenbach.
30 Schleitheim (Kt. Schaffhausen), Anm. 47.
31 Tiengen (Baden), Anm. 47.
32 Mengen (Baden), Anm. 47.
33 Urloffen (Baden), Anm. 43.
34 Wurmlingen (Württ.), 2 Stück. Anm. 45 und 47.
35 Messtetten (Württ.), Anm. 43.
36 Berkheim (Württ.), Anm. 45.
37 Hailfingen (Württ.), Grab 79b, Anm. 43.
38 Schretzheim (Bayerisch-Schwaben), Grab 622, Anm. 43.
39 Reichenhall (Oberbayern), Grab 199, Anm. 47.
40 Lezéville (Dép. Meurthe-et-Moselle), Grab 57, Anm. 45.
41 Dietersheim (Rheinhessen), Anm. 43.
42 Hüttersdorf (Rheinprovinz), Anm. 42.

Fundliste der Sondergruppe Niederhasli:

1 Horgen (Kt. Zürich), Grab 4 (Taf. 32, 5), Anm. 48.
2 Niederhasli (Kt. Zürich), Grab 10 (Taf. 32, 3), Anm. 48.
3 Twann (Kt. Bern), Anm. 48.
4 Erlach (Kt. Bern), Grab 45, Anm. 48.
5 Bronnen (Württ.) (Taf. 32, 7), Anm. 48.

6 Rottweil-Bühlingen (Württ.), Anm. 48.
7 Laubenheim (Rheinprovinz) (Taf. 32, 6), Anm. 48.
8 Mertloch (Rheinprovinz) (Taf. 30, 6), Anm. 48.
9 Fundort unbekannt (Taf. 32, 4). Mus. Köln, Anm. 48.

Ebenfalls aus nördlicheren Gebieten oder zumindest aus der Nordschweiz könnten Schnalle und Rückenplatte aus Grab 251 stammen (Taf. 21, 1). Die Musterung ahmt das engmaschige Zellenwerk goldener
Scheibenfibeln nach, die in der ersten Hälfte des 7. Jahrhunderts bei den Langobarden und in Süddeutschland verbreitet waren und von denen ein hervorragendes Stück auf Schweizer Boden das reiche Frauengrab 1 von Beringen (Kt. Schaffhausen)' lieferte.[52] In der Nordschweiz stellen sich zu Bülach 251 entsprechend verzierte Gürtelgarnituren von Elgg (Kt. Zürich) Grab 64 (Taf. 30, 1), Kaiseraugst Gräber 146
(Taf. 30, 2), 602 (Taf. 30,3) und 11 (Taf. 30, 4)[52a] und ein rechteckiges Beschläg von Kleinhüningen Grab 13
(Museum Basel). Für die Mehrzahl dieser tauschierten Arbeiten ist eine pilzförmige Zellenmusterung
(oft Pilzzellen in Viererstellung in Kombination mit Bandkreuzen) charakteristisch. Damit ergibt sich für
die Garnitur Bülach 251 (Taf. 21, 1) auch eine Beziehung zu der Garnitur Jonen Grab 2 (Taf. 29, 2),
auf deren Schilddorn ebenfalls Pilzzellen in Viererstellung imitiert sind. Bei den goldenen Scheibenfibeln
mit engem Zellwerk aus der ersten Hälfte des 7. Jahrhunderts spielen diese Pilzzellen noch eine unterge-
ordnete Rolle,[53] sie scheinen ein aus dem langobardischen Italien vermitteltes Ziermotiv zu sein[54]. Tauschierte Schuhgarnituren aus den beiden Frauengräbern Kaiseraugst 782 (mit kloisonnierter Scheibenfibel)
und 1056 (mit früher Schnalle)[55] legen die Vermutung nahe, daß die Imitation der Pilzzellen in Tauschierung nordwärts der Alpen schon in der ersten Hälfte des 7. Jahrhunderts einsetzte. Das tauschierte
Pferdegeschirr des münzdatierten Grabes 14 von Hintschingen (Baden) und die aus gleicher Werkstatt
stammenden Gürtelgarnituren von Wallerstädten (Rheinhessen), Nettersheim in der Eifel und München-
Giesing Grab 109[56] zeigen aber neben der entsprechenden Entwicklung in England, daß die Masse der mit
Pilzzellen dekorierten Arbeiten der Mitte und der zweiten Hälfte des 7. Jahrhunderts angehört.[57] Pilzförmige
Zellen in Tauschiertechnik, bei Gürtelgarnituren meist an Schnallen mit ovalem oder schildförmigem
Beschläg, lassen sich außer in der Nordschweiz in den Kantonen Bern und Waadt, in Ostfrankreich, in
Süddeutschland und am Mittelrhein nachweisen.[58] Die menschliche Maske zwischen Vogelköpfen auf dem

[52] Beringen: ASA NF. 13, 1911, Taf. 1. – Zu den Fibeln mit engem Zellenwerk vgl. Werner, 44 ff., zur Einwirkung auf die
Tauschiertechnik ebenda 60.
[52a] Landesmus. Zürich. – Kaiseraugst Grab 11: ASA NF. 11, 1909, 132 (ungereinigt). – Grab 146: ASA NF. 12, 1910, 24.
Grab 602: ASA NF. 13, 1911, 151 (ungereinigt).
[53] H. Rupp, Die Herkunft der Zelleneinlage (1937), Taf. 22, 7 (Heidenheim), 22, 8 (Marilles) und 25,2 (Hochfelden).
[54] S. Fuchs und J. Werner, Die langobardischen Fibeln aus Italien (1950), Taf. 35, B 49/50 – N. Aberg, Die Goten und
Langobarden in Italien (1923), Abb. 122 (kloisonniertes S-Fibelpaar aus Cividale). Ferner in Tauschierung: Aberg, a. a. O.,
Abb. 277, 5.
[55] ASA NF. 13, 1911, 223, Abb. 7–8 und NF. 14, 1912, 269, Abb. 6–8.
[56] Hintschingen: Werner, Taf. 33 A, 13 und 17. Wallerstädten: Werner, Taf. 26, 5–7 und Mainzer Zeitschr. 27, 1932,
Taf. 10 B, 1–2. Nettersheim: M. Neeß, Rhein. Schnallen der Völkerwanderungszeit (1935), Abb. 102. München - Giesing
Grab 109: Bayer. Vorgeschichtsbl. 13, 1936, Taf. 6, 2.
[57] Vgl. hierzu meine Ausführungen in Acta Archaeologica 21, 1950, 76 f.
[58] Nordschweiz: Gürtelgarnituren von Bülach 251 (Taf. 21, 1), Elgg Grab 64 (Taf. 30, 1), Kaiseraugst Gräber 146 (Taf. 30, 2),
602 (Taf. 30, 3) und 11 (Taf. 30, 4), Kleinhüningen Grab 13 (Mus. Basel). – Kt. Bern: Gürtelgarnituren von Bolligen-Papier-
mühle Grab 5 (Tschumi 97) und Bassecourt (Tschumi, Taf. 15, 7). – Kt. Waadt: Gürtelschnallen von Allaz (Besson 59,
Abb. 26) und Pré de la Cure (Besson 59, Anm.). – Ostfrankreich: Gürtelschnalle von Pompey, Dép. Meurthe-et-Moselle
(Gallia 4, 1946, 256, Abb. 42). – Süddeutschland: Pferdegeschirre von Hintschingen Grab 14 (Werner, Taf. 33 A, 13 und 17),
Oberflacht Grab 31 (Veeck, Taf. 58 A, 1 und 4) und Ötlingen (Fundber. Schwaben NF. 9, 1935/38, Taf. 42, 1). Schnallen und
Gürtelgarnituren von Mengen (Baden), Gräber 346 und 410 (Bad. Fundber. 13, 1937, Taf. 19, a und g), Ulm (A. u. h. V. 2 H. 1
Taf. 8, 6 = Lindenschmit, Handbuch, Abb. 341 = Salin, Die altgerm. Tierornamentik, 1904, Abb. 297), Pfullingen (A. u. h.
V. 2 H. 1, Taf. 8, 4 und 7), Hopfau (A. u. h. V. 2 H. 1, Taf. 8, 5 und 10), München-Giesing Grab 109 (mittelrheinisch, vgl.
Anm. 56), mittelrheinische Scheibenfibel von Sirnau (Württ.), Grab 56 (Fundber. Schwaben NF. 9, 1935/38, Taf. 38, 1, 6),
Spathaknauf von Nordendorf (Franken, Taf. 24, 15). – Mittelrhein: Schnallen und Gürtelgarnituren von Wallerstädten (vgl.
Anm. 56), Nettersheim (vgl. Anm. 56), Rheinhessen (Lindenschmit, Zentralmuseum, Taf. 11a, 8), Leudesdorf (Lindenschmit,
Zentralmuseum, Taf. 11a, 13), Gondorf (W. Holmqvist, Kunstpr. d. Merowingerzeit, 1939, Taf. 6, 1), Scheibenfibel von Datten-
berg (Trierer Zeitschr. 11, 1936, 155, Abb. 8). – Spathaknauf von Torgny, Belg. (Pays Gaumais 10, 1949 Taf. 14).

Schilddorn der Bülacher Schnalle Taf. 21, 1 geht auf mittelrheinische Vorlagen in Bronze aus der ersten Hälfte des 7. Jahrhunderts zurück.[58a] Die Garnitur Bülach 251 gehört demnach in die Mitte bis zweite Hälfte dieses Jahrhunderts.

Die kleine rechteckige Rückenplatte Taf. 19, 1d, die in Grab 108 als Zubehör einer profilierten, aber sonst unverzierten eisernen Garnitur (Taf. 14, 5) und zusammen mit einer Garnitur vom Bülacher Typus (Taf. 19, 1a–b) gefunden wurde, ist in einzeiliger Messingsilbertauschierung mit einem zweiköpfigen S-förmigen Tier verziert. Derartige Arbeiten sind in der zweiten Hälfte des 7. Jahrhunderts erstaunlich weit verbreitet und haben das langobardische Italien zum Herkunftsland[59]. Bisher lassen sich in dieser Gruppe die Erzeugnisse einer Werkstatt aussondern,[60] denen das Bülacher Stück allerdings nicht mit Sicherheit zugeschrieben werden kann.

Verwandt miteinander erscheinen die plattierten dreieckigen Beschläge Bülach 86 (Taf. 20, 5) (bandförmiges, gestricheltes Tierornament, Wabenmuster am Schnallenbügel und mit Doppelkreuz verzierter Niet)[61], das mit Goldfäden auf Silbergrund verzierte Gegenbeschläg 114 (Taf. 5, 17) und die in gleicher Technik verzierten Schuhschnallen aus Grab 285 und 286 (Taf. 5, 7–8). Zu Bülach 86 lieferte Elgg (Kt. Zürich) Grab 51 werkstattgleiche Gegenstücke (Taf. 30, 5)[62]. Besonders kunstvoll sind die Riemenzungen Taf. 5, 7d–e mit kleinen in die Achterschleife einbeschriebenen Kreuzen. Weder für sie noch für die Schuhschnallen 116 und 102 (Taf. 5, 3 und 6), sind gute Analogien bekannt. Auf die Tatsache, daß die Schnalle aus Grab 286, die dort als Gürtelschnalle diente, ursprünglich zur Schuhgarnitur des Grabes 285 gehörte und daß auch die Gürtelschnalle des Männergrabes 102 ehemals eine Schuhschnalle war, wird noch in anderem Zusammenhang eingegangen (unten Seite 50). Ein stark beschädigter Schnallenbeschlag mit Messingeinlagen und Bronzenieten aus Grab 217 (Taf. 25, 3) stellt sich, wenn er silberplattiert gewesen sein sollte, zu profilierten Garnituren der auf Taf. 32 zusammengestellten Gruppe.

ZUSAMMENFASSUNG

Unter den tauschierten Arbeiten des Gräberfeldes herrschen die Garnituren vom «Bülacher Typus» vor. Mit ihrem charakteristischen Schwalbenschwanzabschluß und dem punktgefüllten Bandgeschlinge auf gestricheltem Grunde als Musterung geben sie sich als Erzeugnisse eines Werkstättenkreises zu erkennen, der unter starken südwestlichen Einflüssen während der zweiten Hälfte des 7. Jahrhunderts teils an der mittleren Aare und teils zwischen unterer Aare und Bodensee, also im näheren Umkreis von Bülach, gearbeitet hat. Die Datierung ergibt sich aus den Rahmenmustern, die neben der Wabenverzierung gelegentlich Dekorationselemente des engmaschigen Zellenwerks aufweisen. Verwandt sind die in der Qualität überle-

---

[58a] Vgl. J. Werner in Acta Archaeologica 21, 1950, 60 zu Eichloch Grab 54 (Werner, Taf. 21, 12), Orsoy Grab 3 (Bonn. Jahrb. 149, 1949, Taf. 10, 4) und Sprendlingen (Germania 17, 1933, 203, Abb. 4, 2).

[59] Vgl. die Zusammenstellung bei Zeiß 79 und 80, Anm. 1. Hinzu kommt eine Riemenzunge von Dielsdorf (Kt. Zürich), Grab 7 (Landesmus. Zürich), während Jonen Grab 5 zu streichen ist. Bümpliz Grab 60 jetzt bei Tschumi Taf. 2.

[60] Es sind dies die rautenförmigen Beschläge mit sterntauschierten Nieten von Fétigny (Besson 117, Abb. 51), Beringen (Kt. Schaffhausen), Grab 27 (ASA NF. 13, 1911, Taf. 2, 5), Hintschingen (Oberbaden), Grab 14 (Werner, Taf. 32, 10e), Schretzheim (Bayer.-Schwaben) Grab 227 (J. Harbauer, Kat. d. merowing. Altertümer von Schretzheim 1, 1901, Abb. 42) und Reichenhall (Oberbayern), Grab 93 (M. v. Chlingensperg-Berg, Das Gräberfeld von Reichenhall, 1890, Taf. 18). – Über diese Beziehungen und entsprechende Parallelen im langobardischen Gräberfeld von Castel Trosino vgl. Werner 60 und H. Bott, Bayer. Vorgeschichtsbl. 13, 1936, 58 f.

[61] Das Gegenbeschläg ist abgebildet bei H. Kühn, Vorgesch. Kunst Deutschlands (1935), 443.

[62] Landesmus. Zürich. Entfernt verwandt eine Garnitur von Feuerbach (Württ.) bei Paret, Taf. 15, 1.

genen Produkte eines gleichzeitig und im gleichen Raume arbeitenden Ateliers, die bisher aus Jonen und Kaiseraugst (Taf. 29, 1–3) und aus Erlach und Lyß-Kirchhubel (Kt. Bern) vorliegen.

Neben dem «Bülacher Typus» gibt es profilierte Garnituren, unter ihnen drei von der länglichen Bern-Solothurner Art, die durch Grab 167 in das späte 7. Jahrhundert datiert sind. Aus dem Lande um die mittlere Aare stammen auch die übrigen profilierten Garnituren.

Eine einzelne Garnitur mit engzelliger Tauschierung (Grab 251; Taf. 21, 1) kommt aus der Nordschweiz oder aus Süddeutschland, eine lange Riemenzunge mit Wabenmuster und Almandineinlagen (Grab 167; Taf. 24, 4 c) vom Ende des 7. Jahrhunderts, ebenso wie eine entsprechende Garnitur aus Seengen (Aargau), stammt mit Sicherheit aus Süddeutschland. Eine kleine Rückenplatte aus Grab 108 (Taf. 19, 1 d) vertritt den langobardischen Import, der unter den Tauschierarbeiten in der Schweiz nicht gerade häufig begegnet,[59] aber, wie die Garnitur von Birrhard[44] zeigt, gelegentlich auf die Werkstätten des Aaregebietes eingewirkt hat.

Gut ausgeführtes Tierornament im Stil II findet sich nur an den bernisch-solothurnischen langen und kleinen profilierten Garnituren. Import aus den Gebieten westlich der oberen Aare oder gar aus den burgundischen Kernlanden fehlt. Die großen, trapezförmigen oder rechteckigen Prunkgarnituren, die H. Zeiß näher untersuchte, wurden in Bülach nicht gefunden, obwohl die Vorkommen des Typus Zeiß B in Kaiseraugst, Dürlingsdorf im Sundgau und in Reichenhall zeigen, daß sie vereinzelt in entferntere Gegenden gelangten (vgl. Anm. 27). Ihr Ausbleiben in Bülach mag also auf Zufall beruhen, nennenswert scheinen diese Formen nicht über den Kanton Solothurn nach Osten vorgedrungen zu sein (vgl. Karte Abb. 4). Verschiedene Einflüsse der in der Tauschiertechnik führenden westschweizerischen Werkstätten sind jedoch durch den Filter der Bern-Solothurner Ateliers bis nach Bülach gelangt, wie die ornamentalen Beziehungen des «Bülacher Typus» beweisen.

Im groben läßt sich jetzt über die Verteilung der tauschierten Gürtelgarnituren in der Schweiz und in den nördlich angrenzenden Gebieten folgendes Bild entwerfen:

In der welschen Schweiz sind die großen schweren Garnituren von Trapez- oder Rechteckform (Zeiß Gruppen A und B) fast alleinherrschend. Kleine profilierte Garnituren kommen dort weniger vor. Eine Kartierung der rechteckigen, zur Frauentracht gehörigen Schnallen vom Typ Zeiß B läßt das Zentrum der Verbreitung zwischen Genfer See, Bieler See und oberer Aare gut hervortreten (Karte Abb. 4). Auch im Gräberfeld Bümpliz bei Bern dominiert die Form Zeiß B (siehe unten). Im Osten stößt diese Gruppe bis in die Gegend von Solothurn (Grenchen, Lüßlingen), im Norden bis in den Sundgau und nach Bourogne bei Belfort vor. Die beiden Einzelstücke von Kaiseraugst sind bereits Export. Man hat die beteiligten Werkstätten also westlich der oberen Aare zu suchen, einige sind mit Sicherheit zwischen Aare und Saane und zwischen Lausanne und Yverdon anzusetzen. Am Ober- und Mittellauf der Aare schließt sich das Verbreitungsgebiet der profilierten und der schmalen Gürtelgarnituren der Bern-Solothurner Art an, das sich westlich der Aare mit dem der rechteckigen Garnituren überschneidet (Karte Abb. 5). Die beteiligten Werkstätten liegen an der oberen und mittleren Aare, ihr Absatz erstreckt sich bezeichnenderweise nicht nach dem Südwesten, sondern dem Lauf der Aare folgend nach Nordosten. Vereinzelte Garnituren gelangen im Nordwesten bis nach Bourogne und Lezéville und im Norden und Nordosten ins alamannische Süddeutschland, nach Rheinhessen und Bayern. In der Nordschweiz folgt als dritter Werkstättenkreis, durch das eine oder andere Atelier mit dem Land an der mittleren Aare fest verbunden, der Kreis des Bülacher Typus, wohl in der Hauptsache zwischen unterer Aare und Bodensee zu lokalisieren und stilistisch von den führenden Ateliers am Mittellauf der Aare und weiter südwestlich abhängig (Karte Abb. 4). Sein Absatzgebiet beschränkt sich auf die Nordschweiz und reicht im Südwesten nur vereinzelt über den Mittellauf der Aare hinaus. Dafür liefert er gelegentlich bis nach Bayerisch-Schwaben und Oberbayern. Nördlich von

Oberrhein und Bodensee läßt sich erst in ganz später Zeit (Ende 7. Jahrhundert) ein Werkstättenkreis nachweisen, dessen tauschierte Arbeiten auch in die Nordschweiz gelangten. Es ist das Atelier der Wabenmuster und kleinen Almandineinlagen. Das alamannische Süddeutschland lebt sonst, soweit sich bisher urteilen läßt, voll und ganz von importierten Garnituren und deren einheimischen Imitationen, wobei das langobardische Einfuhrgut die Erzeugnisse der Bern-Solothurner und der ebenfalls dorthin liefernden mittelrheinischen Ateliers zu überwiegen scheint.[63] In der Schweiz treten hingegen die langobardischen Formen infolge der überragenden Bedeutung der einheimischen Tauschierwerkstätten in den Hintergrund. Die führenden Ateliers des „burgundischen" Gebietes haben merkwürdigerweise nur geringfügig in die nordöstlich angrenzenden Landschaften exportiert, dafür haben sie stilistisch desto stärker auf jene Werkstätten eingewirkt, die sich in ihrem Gefolge am Mittel- und Unterlauf der Aare entwickelten und die die Nordschweiz fast ausschließlich, das angrenzende Süddeutschland dagegen in Konkurrenz mit den langobardischen und mittelrheinischen Erzeugnissen belieferten.

Das hier skizzierte Bild findet außer durch die Verbreitungstatsachen eine gewisse Bestätigung durch einen statistischen Vergleich der Gräberfelder von Bümpliz (Kt. Bern), Oberbuchsiten (Kt. Solothurn) und Bülach.

TABELLE[64]

	Bümpliz (291 Gr.)	Oberbuchsiten (146 Gr.)	Bülach (301 Gr.)
Rechteckige Garnituren, Typ Zeiß B	15 (+ 3 Zeiß A)	—	—
Lange, schmale Garnituren, Typ Bern-Solothurn	3	7 (4)	3 (1)
Profilierte Garnituren	4	5	6
Garnituren vom Typus Bülach	1	5 (3)	12
Langobardische Garnituren	1	2	(1)
Verschiedene Garnituren	5	3	4 (2)

Aus der Tabelle geht die eindeutige Bevorzugung der rechteckigen Garnituren Zeiß B in Bümpliz ebenso klar hervor wie das Dominieren der langen schmalen und der profilierten Garnituren in Oberbuchsiten und des Typus Bülach in Bülach. Eine gewisse Vorstellung von der Herkunft und der Verbreitung der hauptsächlichen Typen läßt sich also bereits gewinnen. Die feinere Differenzierung in einzelne Werkstätten muß dagegen in der Mehrzahl der Fälle der Zukunft überlassen bleiben.

Die an den Bülacher Tauschierarbeiten gewonnenen Ergebnisse lehren, daß wir hinsichtlich der Ausscheidung von Werkstätten noch in den Anfängen stehen und vorhanden noch nicht beurteilen können, welche Typen und Ornamente etwa gleichzeitig oder nacheinander in denselben Ateliers ausgebildet wurden und ob dieselben Werkstätten «billige» Ware neben qualitätvollen Stücken herstellten. Das Vorkommen

---

[63] Im oberbayerischen Reichenhall stehen den beiden schweizerischen Tauschierarbeiten (Gräber 199 und 209, vgl. Anm. 27 und Anm. 47) zehn „langobardische" Garnituren (Gräber 93, 164, 246, 247, 250, 262, 275, 306, 309, 395) und vier unbestimmbare (in den Gräbern 60, 153, 198 und 348) gegenüber. Auf bajuwarischem Gebiet ist, wie auch andere Beobachtungen zeigen, der langobardische Einfluß am stärksten und die Verbindungen nach der Nordschweiz sind relativ schwach. Dafür scheinen hier zahlreiche langobardisch beeinflußte Ateliers zu arbeiten.

[64] Bei vier langen, schmalen Garnituren in Oberbuchsiten (Gräber 12, 44, 68, 73,) läßt sich wegen des schlechten Erhaltungszustandes nicht feststellen, ob sie tauschiert sind oder nicht. Drei Garnituren desselben Gräberfeldes (Gräber 13, 142, 143, eingeklammert) sind mit Typus Bülach verwandt. Unter den «verschiedenen Garnituren» in Oberbuchsiten ist eine aus Grab 6 vielleicht rheinisch (identisch mit Holzgerlingen in Württ. Grab 135, Veeck, Taf. 56 B, 1, verwandt mit Andernach bei Lindenschmit, Zentralmuseum, Taf. 11a, 16 und mit Schleitheim bei M. Wanner, Das alam. Todtenfeld bei Schleitheim, 1867, Taf. 8, 9). Eine Riemenzunge von Oberbuchsiten Grab 129 zeigt Wabenmuster wie die Stücke aus Riniken (Kt. Aargau) (ASA NF. 40, 1938, 108, Abb. 27). Die langobardischen Garnituren stammen aus den Gräbern 91 und 127, diejenige in Bümpliz aus Grab 60 (Tschumi, Taf. 2). – Oberbuchsiten nach Inventarbuch des Landesmus. Zürich, Bümpliz nach Tschumi.

der verschiedenen Verzierungsarten miteinander an denselben Garnituren (z. B. Wabenmuster und Zellen-imitation beim «Bülacher Typus») deutet an, daß die verschiedensten Formen und Musterungen sehr wohl in einem einzigen Atelier gleichzeitig Verwendung fanden und daß wir es mit großen Werkstätten mit mehreren Handwerkern und ganzen miteinander eng verbundenen Werkstättengruppen zu tun haben. Stilkritische Sonderung des Fundstoffs nach «Schulen», wie dies etwa für die frühmittelalterlichen Buch-illustrationen möglich ist, läßt sich bei den tauschierten Arbeiten nicht durchführen. Aus der weiten Fund-streuung erhellt schließlich, daß die Ateliers ortsgebunden waren, während ihre Erzeugnisse durch wan-dernde Händler vertrieben oder, womit auch zu rechnen ist, während der Heeresmusterungen und -Aufge-bote von solchen Händlern abgesetzt wurden. Das immer wieder beobachtete Auftreten identischer Tauschierarbeiten wird dazu ermutigen, im Versuch der Werkstättensonderung auch in Zukunft fortzu-fahren. Je umfangreicher nach Menge und Verbreitung das für derartige Untersuchungen zur Verfügung stehende, gut konservierte Material ist, desto sicherer werden die Ergebnisse sein.

GÜRTELZUBEHÖR UND TRAGWEISE DER GÜRTELGARNITUREN

Zum Gürtel gehört gelegentlich eine *Riemenzunge* als Abschluß des Gürtelriemens. In Bülach wurden als Enden des Leibgurts nur eiserne Riemenzungen gefunden; anderwärts kommen auch solche aus Bronze und Silber vor. Vier einfache U-förmige Enden aus Eisen entstammen den Frauengräbern 64, 111, 152 und 217 (Taf. 12, 5 und Taf. 17, 12 und 16). Das Stück aus Grab 64 ist mit zwei Rillen verziert und zeigt zwischen den beiden Durchbohrungen noch Reste eines Fadens, mit dem es an einen Stoffgürtel befestigt war. Neben diesem Befund spricht auch das Fehlen der in den Männergräbern üblichen Gegenbeschläge dafür, daß zur Frauentracht meist Gürtel aus Stoff, seltener solche aus Leder mit einer Schnalle gehörten.

Beim Manne ist die Riemenzunge kein selbstverständliches Zubehör des Gürtels. So besitzen die tauschierten Garnituren keine zu ihnen passenden tauschierten Riemenzungen. Die lange, wabentauschierte Zunge des Grabes 167 (Taf. 24, 4 c) wurde, wie bereits gesagt, zu einer Garnitur der Bern-Solothurner Art hinzugefügt und kommt aus einer anderen, wohl süddeutschen Werkstatt, die ihrerseits vielleicht unter dem Einfluß langobardischer Werkstätten stand, von denen tauschierte Gürtelenden in großer Zahl hergestellt wurden. Die Ateliers der Westschweiz und des Aaregebietes lieferten dagegen zu ihren Garnituren keine tauschierten Riemenzungen, was trachtgeschichtlich nicht uninteressant ist. In Bülach bestand dennoch gelegentlich das Bedürfnis, das freie Ende des Leibgurtes mit Metall zu verkleiden, und so finden sich zu den tauschierten Garnituren der Gräber 90, 108, 143, 146 und 289 eiserne unverzierte Riemenzungen verschiedener Form (vgl. Taf. 14, 5 d). In den Gräbern 108, 127, 154 und 251 gehören U-förmige Riemenzungen zu eisernen Gürtelgarnituren (Taf. 14, 5 e, Taf. 15, 1 d und Taf. 13, 5 c), in den Gräbern 192 und 211 zu einfachen Bronzeschnallen der Zeit um 600 (Taf. 17, 15). Die schlanke, geschweifte Riemenzunge des Grabes 78 (Taf. 17, 1 c) ist zusammen mit der mitgefundenen Gürtelgarnitur angefertigt; der einzige in Bülach beobachtete Fall dieser Art.

Die beiden schildförmigen Silberbeschläge des Grabes 32 (Taf. 3, 25 b–c) mit rückseitiger Öse dienten zur Befestigung des um die Schnalle geklappten Riemens[1]. Das gleiche gilt für Beschläg und Knöpfe aus Potin in Grab 235 (Taf. 3, 26 b–d) und für das schildförmige Beschläg aus Bronze in dem Kindergrab 189 (Taf. 4, 20). Die Mode dieser schildförmigen Niete scheint für die Mitte und zweite Hälfte des 6. und für das frühe 7. Jahrhundert bezeichnend zu sein. In die gleiche Zeit gehört ein rechteckiges Beschläg aus Bronzeblech mit feinen Stempelmustern, das in der Gürteltasche des Frauengrabes 231, also in zweiter Verwendung gefunden wurde (Taf. 4, 23). Ein kleines Bronzezierstück aus Grab 109 (Taf. 4, 9 a), vielleicht als Aufsatz einer Tasche ebenfalls in zweiter Verwendung, ist der Stempelverzierung wegen hier anzuschließen.[2]

Die gewöhnliche Gürtelgarnitur des Mannes, ob tauschiert oder nicht, setzt sich in Bülach aus Schnalle mit Beschläg, Rückenplatte und Gegenbeschläg zusammen. Der Riemen, der die Breite des breitesten

---

[1] Vgl. Lindenschmit, Handbuch, Taf. 1, 308 und Stoll, Taf. 8, 7 und 23, 16 und 18.

[2] Zur Stempelverzierung auf Bestandteilen vom Pferdegeschirr vgl. J. Werner, Der Fund von Ittenheim (1943), 13. Eine stempelverzierte Garnitur von Oberbuchsiten (Kt. Solothurn), Grab 35 ist wohl schon zweite Hälfte 7. Jahrhundert (Tatarinoff 79, Abb. 8, 2).

Stückes der Garnitur hatte, war mit seinem einen Ende am Schnallenbeschläg, mit dem andern am Gegenbeschläg angenietet; das gelochte Riemenende, das nur selten mit einer Riemenzunge verkleidet war,
verschmälerte sich meist vom Gegenbeschläg ab, um durch den Schnallenrahmen gezogen werden zu
können. Die meist quadratische Rückenplatte saß in der Mitte zwischen Schnalle und Gegenbeschläg,
wurde beim Tragen des Gürtels also genau im Kreuz sichtbar.[3] Zu den tauschierten und den unverzierten
eisernen Garnituren gehören verschiedentlich außer der Rückenplatte ein bis vier eiserne oder bronzene
kleine Beschläge, die auf dem Gürtel befestigt waren. Dank der sorgfältigen Grabung F. Blanc's lassen
sich über Sitz und Bedeutung dieser Beschläge jetzt genaue Angaben machen, und somit besteht die Möglichkeit, vom Aussehen der alamannischen Gürtel der damaligen Zeit eine allgemeine, über den Befund von
Bülach hinausgehende Vorstellung zu gewinnen. Fast alle Gürtel in den Männergräbern lagen derart im
Grab, daß die Schnalle an der rechten Hüfte, die Rückenplatte zwischen den Oberschenkeln oder Knien
und das Gegenbeschläg an der linken Hüfte oder am linken Knie gefunden wurde. Der Tote war also nicht
etwa mit umgeschnalltem Gürtel beigesetzt worden, sondern man hatte ihm den Gürtel halbkreisförmig
oder schräg über den Unterleib gelegt. So kamen bei der Bergung Schnalle, Rückenplatte und Gegenbeschläg, aber auch der übrige Gürtelbesatz fast immer an der gleichen Stelle zum Vorschein. Bei diesem
übrigen Gürtelbesatz hat man zwischen ösenförmig durchbrochenen und glatten Zierstücken zu unterscheiden. Beiden kommt am Gürtel eine verschiedene Aufgabe zu.

Geht man von den drei Gräbern 76, 100 und 146 mit je 4 durchbrochenen Beschlägen (Taf. 14, 3, Taf. 23, 1
und Taf. 25, 1) aus, so ergibt sich auf Grund des eindeutigen Befundes in den Gräbern 100 und 146,
daß je zwei dieser Ösenbeschläge zwischen Schnalle und Rückenplatte bzw. zwischen Rückenplatte und
Gegenbeschläg angebracht waren (vgl. Abb. 6, 2). Die Ösen waren dabei, wie schon die Abnutzungsspuren
bei 146 zeigen, nach unten gerichtet, und es entsprach ihnen ein Durchbruch im Ledergürtel. Sie dienten
zur Aufnahme von schmalen Halteriemen und sollten als Metallversteifungen ein Ausreißen des Leders
verhindern. Bei Grab 146 ließ sich besonders klar beobachten, daß in den beiden Ösen der rechten Gürtelhälfte an einem Riemen eine Tasche hing, die das Rasierzeug, einen Eisennagel, eine Bronzeröhre und eine
Ahle enthielt. In den Ösen der linken Gürtelpartie kann folglich nur der Halteriemen des Saxes gesessen
haben. Die gleiche Anordnung der Beschläge wie bei Grab 146 (Abb. 6, 2) ergibt sich auch für die Gräber
100 und 76, obwohl dort keine Spuren einer Börse festgestellt wurden. In diesen beiden Fällen ist es auch
unsicher, ob der Sax auf der linken oder rechten Seite eingehängt war. Die Lage des Saxes im Grabe (meist
an der rechten Seite des Toten) ist dafür natürlich nicht maßgebend, und der Tragweise auf der linken
Seite in Grab 146 steht die auf der rechten Seite z. B. in den Gräbern 87 und 123 (siehe unten) gegenüber.
Das spricht nicht für das einheitliche militärische Bild vom Tragen des Saxes zur Linken, das z. B. Stoll
als gesichert annimmt (Stoll S. 29), sondern vielmehr dafür, daß der Rechtshänder den Sax an der linken
Hüfte, der Linkshänder an der rechten Hüfte trug.[4] Zu den Bronzeösen der Gräber 100 (Taf. 25, 1 d–g)
und 146 (Taf. 23, 1 d–g) ist zu bemerken, daß sie durch Guß hergestellt und dann nachgeschnitten sind.
Diejenigen des Grabes 100 zeigen zwei nebeneinandergestellte Tierköpfe im guten Stil II, die herzförmigen
Beschläge des Grabes 146 sind bandverziert und ähneln in der Form den Beschlägen des Grabes 143 (Taf. 23,
4 d–e) und ihren Verwandten. Nach dem gleichen Schema ist auch die tauschierte Garnitur des Grabes
167 (Taf. 24, 4) zu rekonstruieren (Abb. 6, 1).[4] Von den drei flechtbandverzierten Beschlägen diente einer
als Rückenplatte, die beiden weiteren waren auf der einen Hälfte des Gürtels, die beiden Ösenbeschläge

---

[3] Lindenschmit, Handbuch 355, Abb. 300, 2, zog zur Erklärung dieser Anordnung mit Recht einen Tiroler Gürtel des
19. Jahrhunderts heran.
[4] Um das Bild unserer Rekonstruktionen zu vereinheitlichen, wurden in Abb. 6, 1–8 die Garnituren für Rechtshänder zusammengestellt. Bei Abb. 6, 1 wurde versehentlich die Rückenplatte nicht mitgezeichnet.

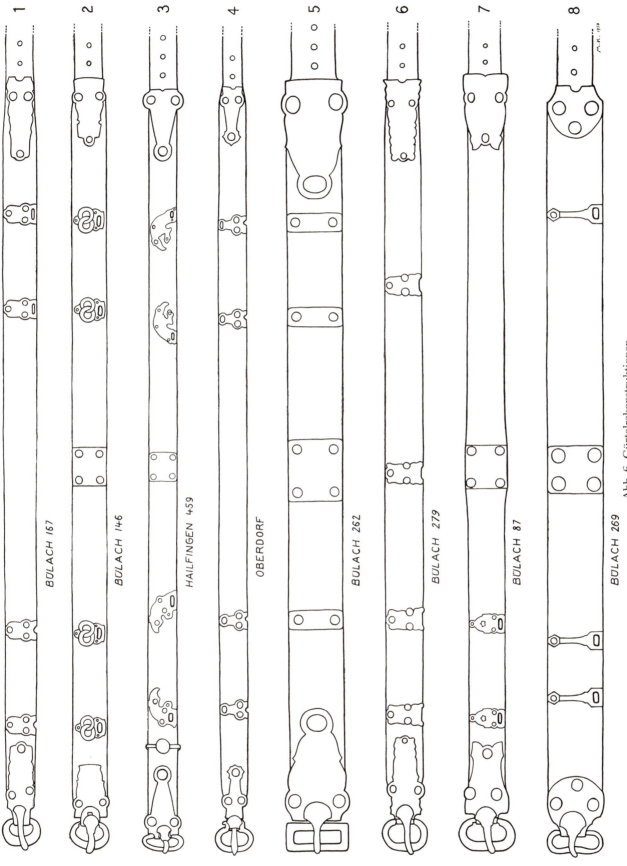

1

2

3

4

5

6

7

8

BÜLACH 167

BÜLACH 146

HAILFINGEN 459

OBERDORF

BÜLACH 262

BÜLACH 279

BÜLACH 87

BÜLACH 269

Abb. 6. Gürtelrekonstruktionen.

mit Gittermuster auf der andern Gürtelhälfte angebracht. Sie sind sicher der Ersatz für zwei durch Ausreißen des Riemens beschädigte Ösenbeschläge mit Flechtband. Die Bedeutung der entsprechenden vogelförmigen und dreieckigen Ösenbeschläge in Hailfingen[5] und anderwärts[6] ist nun durch die Beobachtungen in Bülach geklärt und ermöglicht die sinngemäße Rekonstruktion eines der prächtigsten alamannischen Gürtel aus Hailfingen Grab 459 (Abb. 6, 3). Auch die oben Seite 25 erwähnte importierte langobardische Gürtelgarnitur aus Bronze von Oberdorf (Kt. Solothurn) läßt sich jetzt nach dem Bülacher Vorbild richtig zusammenstellen (Abb. 6, 4)[7]. Vier dreieckige eiserne Zierstücke, davon eins mit Öse, wohl zum Einhängen eines Messers oder Beutels, liegen in Grab 114 vor (Taf. 17, 4 b–e). Zierbeschläge allein ohne Ösen finden sich noch bei der tauschierten Garnitur 279 (Taf. 24, 1), mit eindeutiger Anordnung (Abb. 6, 6), ferner in den Gräbern 147 (ein kleineres tauschiertes verloren; Taf. 24, 3) und 153 (ebenfalls ein tauschiertes verloren; Taf. 23, 3 a). In Grab 143 wurden zwei herzförmige Bronzebeschläge (Taf. 23, 4 d–e) beidseits der Rückenplatte gefunden. Sie sind gegossen und nachgraviert und erinnern in Form und Pflanzenornament an awarischen Gürtelzierat.[8] Ein einzelnes messingtauschiertes Beschläg einer Garnitur vom Typ Bern-Solothurn stammt in zweiter Verwendung aus dem Frauengrab 95 (Taf. 5, 5 b).

Eindeutig ist das Aussehen der Garnituren auch in jenen Fällen, wo außer Schnalle, Rückenplatte und Gegenbeschläg nur zwei Ösenstücke für den Saxriemen gefunden wurden. Sie kamen bei klarem Befund stets zwischen Schnalle und Rückenplatte (so Grab 291) oder wie in den Gräbern 87 und 123 zwischen Rückenplatte und Gegenbeschläg (Sax also an der rechten Seite!) zu Tage. Je zwei bronzene Halteösen liegen vor in den Gräbern 123 (Bronzegarnitur Taf. 4, 11), 92 (Typ Bülach; Taf. 21, 4) und 87 (Typ Bülach; Taf. 22, 1), zwei eiserne durchbrochene Laschen in Grab 291 (Taf. 13, 3). Den Sitz der Beschläge verdeutlicht die Rekonstruktion der Garnitur 87 (Abb. 6, 7)[4]. Beide Stücke (Taf. 22, 1 d–e) sind gegossen und nachgraviert und zeigen zwei gegenständige Tierköpfe im klassischen Stil II. Sie haben Parallelen in Oberburg, Gemeinde Windisch (Kt. Aargau) Grab 27[8a], Schleitheim (Kt. Schaffhausen)[9], Wurmlingen (Württemberg), Hailfingen Grab 79 b und Bingen (Hohenzollern) Grab 3[10]; in Hailfingen und Bingen werden sie ebenfalls in die zweite Hälfte des 7. Jahrhunderts datiert. Die rhombischen Beschläge in Grab 123 mit eingravierten, degenerierten Tierfüßen waren in der auf Taf. 4, 11 c–d wiedergegebenen Stellung angebracht, was wiederum die Abnutzung bestätigt. Gesichert ist auch die Anordnung der Ösenbeschläge, wenn sie in der Dreizahl auftreten. In den Gräbern 59, 266 und 269 sind es je drei ⊥-förmige Beschläge aus Bronze bzw. Eisen (Taf. 19, 4, Taf. 16, 1 und Taf. 12, 19), von denen jeweils zwei zwischen Schnalle und Rückenplatte und eines zwischen Rückenplatte und Gegenbeschläg angetroffen wurden. Die Verteilung verdeut-

---

[5] Stoll, Taf. 24, 1–3 (ein Paar dreieckiger Beschläge sind ausgerissen).

[6] Stoll zitiert 24, Anm. 8 Vogelbeschläge von Nocera Umbra, Andernach und Mülheim (Rheinprovinz). Vgl. weitere Zusammenstellungen bei E. Salin, Le Haut Moyen-âge en Lorraine (1939), 121 ff. zu Taf. 15, 5 und I. Atterman in Studier tillägnade G. Ekholm (1934), 169 ff. – Eine qualitätvolle, gestempelte Garnitur mit vier Vogelbeschlägen stammt aus Grab 19 von Erle (Westfalen): Heimatkalender der Herrlichkeit Lembeck 3, 1927, 26, mit Abb.

[7] Tatarinoff 91, Abb. 15, 4–5.

[8] Vgl. z. B. J. Hampel, Altertümer des frühen Mittelalters in Ungarn, 3 (1905), Taf. 122 und 137 f. Verwandt auch die vier Beschläge von Rottenburg (Württ.) bei Veeck, Taf. 53 A, 14 a–d. Ob die Mode der Garnituren mit Gürtelzier, die erst im Verlauf des 7. Jahrhunderts aufkommt, mit awarischer Beeinflussung zusammenhängen könnte, läßt sich nur am bajuwarischen Material klären. Übernahme dieser Mode von den Langobarden ist auch nicht auszuschließen.

[8a] Jahresber. Ges. pro Vindonissa 1949/50, 15, Taf. 5, 3.

[9] M. Wanner, Das alamannische Todtenfeld bei Schleitheim (1867), Taf. 7, 2–3.

[10] Wurmlingen: Veeck, Taf. L, 7. Hailfingen: Stoll, Taf. 24, 5. – Von drei bronzenen, entfernt verwandten Ösenbeschlägen aus Baden (Kt. Aargau), die ebenfalls zu einem Gürtel mit Garnitur Typ Bülach gehören, sind zwei an den Ösen stark abgenutzt, das dritte nicht (Urschweiz 8, 1944, 39, Abb. 17, 2–4). Vier ähnliche Beschläge, je zwei auf der rechten und der linken Seite einer Gürtelgarnitur Typ Bülach, stammen aus dem Kriegergrab 3 von Bingen bei Sigmaringen (Hohenzollern): Mannus 31, 1939, 131, Abb. 5 und 132, Abb. 6.

licht die Rekonstruktion des Gürtels aus Grab 269 (Abb. 6, 8). Die beiden Ösen der linken Gürtelhälfte hatten den Halteriemen des Saxes aufzunehmen; für die einzeln angebrachte auf der rechten Gürtelhälfte (bei 266 ist sie «blind») möchte man den Halteriemen für eine Börse oder für ein Messer in Vorschlag bringen. In Grab 6 des langobardischen Gräberfeldes von Nocera Umbra ist eine solche silberne ⊥-förmige Öse sogar mit einem Dorn zum Festschnallen des Riemens versehen.[11] In Grab 127 dienten zwei rechteckig durchbrochene Bronzebleche (Taf. 4, 12 e–f und Taf. 15, 1) einer späten, besonders in Kaiseraugst (Kanton Aargau) häufigen Form[12] zur Befestigung des Saxriemens, ein ⊥-förmiger Beschlag (Taf. 4, 12 d) zum Anhängen einer Börse, falls er nicht zur Bronzegarnitur desselben Grabes (Taf. 4, 12 a–b) gehört. Wo nur ein Ösenbeschlag aus Bronze oder Eisen vorhanden ist (wie in den Gräbern 52, 62, 82, 149 und 151; Taf. 13, 10 b, Taf. 14, 2 d, Taf. 17, 3 c und 9 c) ist er, falls das Pendant nicht verloren sein sollte, am ehesten mit der Befestigung einer Börse (so in Grab 52) oder eines Messers in Verbindung zu bringen. Das dreieckige Bronzebeschläg mit fazettierten Rändern aus dem gestörten Grab 151 (Taf. 13, 10 b) ist von langobardischen Vorbildern wie Oberdorf (Abb. 6, 4) abhängig.

Die mit Zierat und Metallösen geschmückten reichen Gürtelgarnituren scheinen erst gegen Mitte des 7. Jahrhunderts aufzukommen. Sie sind jedenfalls auf alamannischem Gebiet erst für die zweite Hälfte des Jahrhunderts charakteristisch. Über ihre Herkunft läßt sich ohne Untersuchung der Verhältnisse bei Langobarden, Bajuwaren und Franken nichts aussagen. Einen Hinweis verdient, daß in den Spathagräbern 106, 108, 127 und 251 jeweils zwei Gürtelgarnituren mitgegeben wurden, die weder gleichzeitig getragen wurden, noch als besondere Wehrgehänge für Sax und Spatha anzusprechen sind, sondern die ganz einfach den Reichtum des Besitzers bezeugen.

DER SCHUHRIEMENBESATZ AUS BRONZE UND EISEN

Metallbeschläge von Schuhriemen kamen in 9 Bülacher Gräbern zutage, fünfmal in Frauengräbern, dreimal in Männergräbern und einmal in einem Kindergrab. Die kleinen Bronzeschnallen mit zugehörigen U-förmigen Riemenzungen im Männergrab 18 (Taf. 3, 19 a–d und Taf. 37, 20–25) lagen zwar nicht direkt an den Knöcheln, müssen aber doch zum Schuhwerk gehört haben. Sie werden durch ihre Beifunde in die erste Hälfte des 7. Jahrhunderts datiert. Die eisernen Schnallen, die auf den Fersenknochen im Männergrab 232 lagen, sind so zerstört, daß ihre ursprüngliche Form nicht mehr zu erkennen ist. In dem reichen Männergrab 251 (Mitte bis zweite Hälfte 7. Jahrhundert) fanden sich zwei einfache kleine Schnallen aus Eisen und Bronze an der linken Seite beider Fußknöchel (Taf. 4, 18 und Taf. 38, 20–21); sie bildeten den Schuhverschluß, während eine kleine bronzene Riemenzunge (Taf. 4, 17 und Taf. 38, 19) wie in Grab 86 (Taf. 20, 5d) das Ende des Riemens faßte, mit dem der Sporn am linken Schuh befestigt war. Demselben Zweck dienten wohl die kleinen Eisenschnallen, die am linken Fuß der Toten in Grab 7, 18 und 198 lagen.

Die Tragweise der Schuhschnallen bei den Frauen verdeutlicht der Befund in Grab 130 besonders gut. Zwei Bronzeschnallen mit profiliertem Beschläg (Taf. 4, 15–16) lagen mit dem Dorn nach außen quer auf den Fußknochen, können also nur an Verschlußriemen von Lederschuhen gesessen haben. Von den zugehörigen Riemenzungen ist nur eine (Taf. 4, 14) erhalten. In der Profilierung verwandte Bronzeschnallen

---

[11] Pasqui-Paribeni, 182, Abb. 30. – H. Stoll scheint durch ein altes Museumspräparat irregeführt, wenn er Bonn. Jahrb. 145, 1940, 153 f., mit Taf. 34, 2 annimmt, daß zwei derartige ⊥-förmige Riemenhalter quer zur Naht der Lederscheide am Unterteil des Saxes befestigt waren. Über die Tragbügel am Sax vgl. unten S. 62.

[12] 13 Vorkommen in den Gräbern 254, 292, 333, 426, 431, 462, 496, 523, 670, 1138, 1232, 1244, 1307. – Hailfingen: Stoll, Taf. 7, 11. – Vorkommen im frühen 8. Jahrhundert in Kreuzlingen-Egelshofen (Kt. Thurgau): Keller-Reinerth, Urgesch. d. Thurgaus (1925), 274, Abb. 55, 5–6. In der Schweiz ferner z. B. in Bümpliz (Kt. Bern), Grab 88 (Tschumi, 45, Abb. 7) und in Bassecourt (Kt. Bern) Grab 38 (Tschumi 159, Abb. 45 und Taf. 14, 11).

zu Grab 130 gibt es gerade in der Schweiz mehrfach,[13] ihre Zeitstellung ist Mitte bis zweite Hälfte 7. Jahrhundert. Ebenfalls aus einer einheimischen Werkstatt der zweiten Hälfte des 7. Jahrhunderts stammt die qualitätvolle reliefverzierte Garnitur aus Grab 125 (Taf. 5, 2), bestehend aus Schnallen, Gegenbeschlägen (eins verloren) und Riemenzungen, davon eine durch Niete geflickt. Die Musterung ist als degeneriertes Tierornament anzusprechen. Eine werkstattgleiche Garnitur findet sich in Oberbuchsiten (Kt. Solothurn) Grab 135 (Taf. 5, 1), eine verwandte in Trimbach (Kt. Solothurn) Grab 16 (Museum Solothurn). Die Teilung des Musters der Riemenzungen in ein quadratisches oberes und ein rechteckiges unteres Feld und die Verwendung gekerbter Linien als Fassung läßt sich an großen, ebenfalls zum Schuhwerk gehörenden Bronzeriemenzungen von Trimbach (je ein Paar große und kleine im Museum Solothurn), Seon (Kt. Aargau; Museum Aarau) und Lenzburg (Kt. Aargau; Museum Aarau) beobachten, kommt aber auch gelegentlich in Württemberg vor,[14] während die geläufigen württembergischen Schuhschnallen mit Tierornament sich von Bülach 125 stark unterscheiden und aus schwäbischen Werkstätten stammen. Eine einfache eiserne Riemenzunge (Taf. 17, 13) fand sich am linken Fuß der Frau in Grab 81, eine bronzene (Taf. 17, 14) am rechten Fuß des Mädchens in Grab 120. Schnallen wurden dabei nicht beobachtet. Die beiden tauschierten Schuhgarnituren der Frauengräber 116 und 285 (Taf. 5, 6–7) sind bereits oben Seite 41 besprochen. Sie gehören in die zweite Hälfte des 7. Jahrhunderts. Tauschierte Schuhgarnituren kommen anderwärts verschiedentlich in alamannischen Frauengräbern vor,[15] sind also keine ausgesprochene Besonderheit. Merkwürdiger ist schon die Tatsache, daß die eine in Grab 285 fehlende Schnalle in Grab 286 als Gürtelschließe angetroffen wurde (Taf. 5, 8). Bei der Beraubung des Grabes 285 muß die Schnalle mitentnommen und später der Toten in Grab 286 mitgegeben worden sein, ein beachtenswerter Hinweis auf Grabraub während der Belegung des Friedhofs. Auch das tauschierte Beschläg in Grab 102 (Taf. 5, 3 b) gehörte seiner Größe nach ursprünglich zu einer Schuhgarnitur und dürfte in zweiter Verwendung mitgegeben sein. Ähnlichen Verdacht erweckt eine kleine profilierte Bronzeschnalle (Taf. 5, 5 a) in dem sehr späten Frauengrab 95, auch wenn sie unterhalb der Gürtelschließe zwischen den Oberschenkeln gefunden wurde.

Man wird nicht umhin können, alle diese an den Knöcheln der Toten gefundenen kleinen Schnallen mit Beschlägen und Riemenzungen zum Lederschuhwerk zu rechnen, von dem sich naturgemäß sonst keine Spuren mehr erhalten haben. Die in Oberflacht (Württemberg) gefundenen Ledersandalen[16] waren, wie Veeck S. 22 mit Recht betont, nicht die einzige Schuhform der damaligen Zeit. Daneben muß es noch zusammengenähte Lederschuhe gegeben haben, die mit metallenen Schnallen, Beschlägen und Riemenzungen geschlossen werden konnten. Für festes Schuhwerk sprechen ferner die großen U-förmigen Sporen in den Gräbern 86 und 143 (Taf. 38, 23–24), die nur auf hohe und feste Schuhe aufgeschnallt zu denken sind. Die relativ geringe Zahl von Schuhgarnituren in Bülach besagt nicht, daß nicht auch in zahlreichen andern Gräbern Schuhzeug mitgegeben wurde, das in Ermangelung metallener Beschläge nicht einmal in Spuren auf uns kam. Kleine Schnallen und Riemenzungen, die in den Frauengräbern 941 und 1064 von Kaiseraugst am Knie oder in der Wadengegend gefunden wurden und die entsprechend zu Wadenbinden gehörten, liegen in Bülach nicht vor. Zwei Eisenriemenzungen (Taf. 17, 16), die in den Frauengräbern 152 bzw. 217 innen am rechten Knie lagen, rühren eher vom langen Ende des Gürtels her.

---

[13] Etwas größer: Bel-Air (Kt. Waadt), Mettmenstetten (Kt. Zürich), Örlingen (Kt. Zürich) Grab 6. Alle Landesmus. Zürich.
[14] Hailfingen: Stoll, Taf. 12, 13 und Taf. 16, 17–18. Ergenzingen und Wurmlingen: Veeck, Taf. 60 A, 6–7. Ferner Schleitheim (Kt. Schaffhausen): M. Wanner, das alam. Todtenfeld bei Schleitheim (1867), Taf. 7, 22 und ders., Nachträge (1869), Taf. 3, 5.
[15] Z. B. Kaiseraugst (Kt. Aargau) Gräber 760, 782 und 1056. Ferner Örlingen (Kt. Zürich) Gräber 7 und 20. Alle Landesmus. Zürich. Merishausen (Kt. Schaffhausen): Bad. Fundber. 14, 1938, Taf. 12, 1. Wurmlingen (Württ.): Veeck, Taf. M, 3. Hailfingen: Stoll, Taf. 28, 16–22.
[16] Veeck, Taf. 8, 4.

WAFFEN

SPATHEN UND WEHRGEHÄNGE

Die Spathen. Das zweischneidige Langschwert der Merowingerzeit, die Spatha, kommt in zehn Bülacher Männergräbern vor (Taf. 34 f.). Es wurde stets an der rechten Seite des Toten gefunden, nur einmal, in Grab 124, lag es an der linken Hüfte. Die Länge der einzelnen Schwerter schwankt zwischen 75 cm und 90 cm, die Breite der Klinge zwischen 4,2 cm und 6 cm. Sechs Schwerter besitzen Metallknauf und Parierstange, bei dreien hat sich vom Griff außer der Angel keine Spur mehr erhalten. Die Holzverschalung des Griffes ist nirgends mehr vorhanden,[1] im Gegensatz zur Holzscheide, von der fast immer einzelne Reste oder ganze Partien an der Klinge festgerostet sind. Anhaltspunkte dafür, daß die Holzscheiden noch mit einem Lederüberzug versehen waren (Stoll 29), ergab in Bülach nur die Scheide in Grab 17 (Taf. 34, 1). Form und Beschaffenheit der Klinge, eventuelle Damaszierung usw. lassen sich wegen der aufgerosteten Scheidenteile nicht feststellen; wesentliche Verschiedenheiten unter den Klingen scheinen nicht zu bestehen.

Die beiden ältesten Bülacher Spathen stammen aus den Gräbern 7 und 17 im Nordteil des Friedhofs. Sie werden durch ihre unten besprochenen Beschläge und Wehrgehänge in die Mitte bis zweite Hälfte des 6. Jahrhunderts (Grab 17), bzw. in die erste Hälfte des 7. Jahrhunderts (Grab 7) datiert. Das Schwert des Grabes 17 (Taf. 34, 1) – einzige Grabbeigabe – steckt in einer lederüberzogenen Holzscheide mit U-förmigem langen Bronzeortband. Das Ortband besteht aus einer Blechleiste, die aufgenietet ist und sich unten zu einer Lasche verbreitert. Die Scheide selbst, aus langfasrigem Holz gefertigt, ist an ihrem Oberteil mit zwei horizontalen Leisten verziert, im übrigen aber nicht so erhalten, daß sich noch weitere geschnitzte Verzierungen beobachten ließen. Die vier jetzt anhaftenden kleinen Silberbeschläge (Taf. 34, 1 und Taf. 39, 2-3) sitzen an ihrem ursprünglichen Ort. Kreuz und schildförmiges Beschläg zieren die Oberseite eines vertikal verlaufenden Stegs, durch den der schmale Halteriemen hindurchführte. Dieser Steg entspricht funktionell dem metallenen Stegpaar an den Spathen vom Typ Kleinhüningen[2]; das Schildbeschläg hängt mit gleichförmigen Nieten an Gürtelgarnituren zusammen,[2a] die im Fürstengrab von Planig (Rheinhessen) in der ersten Hälfte des 6. Jahrhunderts erstmals belegt sind.[2b]

Auch bei dem Schwert des Grabes 7 (Taf. 34, 2) sind Partien der Holzscheide erhalten. Der schmale eiserne Knauf ist an die Griffangel angeschmiedet und besitzt Gegenstücke aus dem 6. und frühen 7. Jahrhundert[3]. Die Spatha des Grabes 251 (Taf. 34, 3), deren Knauf aus organischem Stoff bestanden haben muß,

---

[1] Stoll schreibt zum Hailfinger Befund: «Der Griff bestand aus zwei über die Angel gelegten Holzschalen: aus den Resten an das Spatha aus Grab 573 war eine ähnliche dreiteilige Gliederung des Griffes zu erschließen, wie sie der Horngriff aus Cumberland zeigt (Brit. Mus. Guide to anglo-saxon Antiquities, 1923, Taf. 7)». Ähnlich sind die Griffe der Bülacher Spathen zu ergänzen.

[2] Ipek 12, 1938, 126 ff. und Taf. 52. Modell des Schwertes abgebildet Mainzer Zeitschr. 35, 1940, Taf. 6, A.

[2a] Lindenschmit, Handbuch, Taf. 1, 308–315.

[2b] Mainzer Zeitschr. 35, 1940, Taf. 4, Abb. 5, 2.

[3] Schretzheim: Mus. Dillingen a. Donau. – Krainburg: Mus. Laibach, Inv. 3677. – Nocera Umbra Grab 67: Thermenmus. Rom. – Herten (Oberbaden) Grab 1: Westdeutsche Zeitschr. 9, 1890, Taf. 9, 1. – Önsingen (Kt. Solothurn): Mus. Solothurn. Bourogne (Terr. de Belfort): Scheurer-Lablotier 9, Abb. 1, E. – Ein Stück aus der Mitte des 6. Jahrhunderts aus Kärlich (Rheinprovinz) bei H. Kühn, Die german. Bügelfibeln der Völkerwanderungszeit in der Rheinprovinz 2 (1940), Taf. 115, 1.

steckt in einer hervorragend erhaltenen Holzscheide. Sie ist auf der Schauseite mit drei parallelen Stegen geschmückt, die in der Längsrichtung auf weite Strecken zu verfolgen sind. An die kunstvoll verzierte Spathascheide von Kleinhüningen (Kt. Basel)[2] reicht das Bülacher Exemplar allerdings nicht heran. Grab 251 wird durch eine engzellig tauschierte Gürtelgarnitur in die Mitte bis zweite Hälfte des 7. Jahrhunderts datiert. Grab 108 enthält eine Spatha mit kleinem Eisenknauf und Resten der Holzscheide (Taf. 34, 4), nach der mitgefundenen Garnitur vom Typ Bülach (Taf. 19, 1) ebenfalls zweite Hälfte 7. Jahrhundert. Die Langschwerter der Gräber 77 und 289 (Taf. 34, 5–6) haben schmale bzw. dachförmige Eisenknäufe mit darunter sitzenden holzverschalten Griffplatten und eiserne Parierstangen, die mittels zweier Niete ebenfalls holzverschalt waren. In beiden Fällen haben sich Reste der Holzscheide erhalten, in Grab 289 mit aufgerosteten Teilen eines Gewebes. Die Datierung für 289 in die zweite Hälfte des 7. Jahrhunderts gibt eine Garnitur vom Typ Bülach (Taf. 19, 3); Grab 77 mit einer Eisengarnitur mit runder Beschlägplatte (Taf. 12, 11) dürfte etwas älter sein und in die Mitte des 7. Jahrhunderts gehören, wofür auch der gestreckte, noch nicht dachförmige Knauf (ähnlich dem Stück aus Grab 7, Taf. 34, 2) sprechen könnte. In die zweite Hälfte des Jahrhunderts gehört die Spatha aus Grab 124 (Taf. 34, 7), deren Holzscheide in ihrem Oberteil in Rinnen aus Eisenblech gefaßt ist. Das Schwert lag an der linken Seite des Toten und war die einzige Beigabe. Die Spatha des Grabes 127 (Taf. 34, 8) besitzt einen dreieckigen, messingtauschierten Knauf (Taf. 33, 2); Griffplatte und Parierstange sind ebenfalls strich- und kreuztauschiert. Tauschierte Griffe dieser Art sind im merowingischen Fundstoff Süd- und Westdeutschlands in der zweiten Hälfte des 7. Jahrhunderts nicht selten.[4] In die zweite Hälfte des Jahrhunderts gehören schließlich auch die Spathen der Gräber 106 (Taf. 35, 12) und 301 (Taf. 35, 10) mit Bronzeknäufen (Taf. 33, 1), zusammengefunden mit einer tauschierten Garnitur vom Typ Bülach (Taf. 18, 1) und einer profilierten silberplattierten Garnitur (Taf. 22, 5). Die Spatha des Grabes 106 (Taf. 33, 1) und diejenige aus dem Grab von Volketswil-Hegnau (Kt. Zürich) (Taf. 26, 3) stammen aus ein und derselben Waffenschmiede, wie auch die Gürtelgarnituren beider Gräber werkstattgleich sind. Die Knäufe sind aus einer dachförmigen, in der Aufsicht spitzovalen Bronzeblechhaube gebildet, die auf einer holzverkleideten Eisenplatte aufsitzt. Die Griffplatte und die ebenfalls holzverschalte Parierstange sind mit Strichgruppen in Messing ausgelegt. Unzweifelhaft ist die Waffenschmiede, die sowohl für Bülach wie für einen Ort am Greifensee arbeitete, irgendwo im Zürcher Gebiet zu suchen. Die von ihr gewählte Knaufform aus Bronze ist im späten 7. Jahrhundert Mode.[5] Der dachförmige, in der Aufsicht rechteckige Bronzeknauf in Grab 301 (Taf. 35, 10) ist noch häufiger.[6] Bei der Klinge dieses Schwertes sind die abgeschrägten Schneiden zu beachten.

Die Spathen des Bülacher Gräberfeldes sind alle recht gut datiert und bestätigen die bisher übliche Ansicht über die Entwicklung dieser Waffenform. Die reich entwickelten Typen mit großen Metallknäufen und Parierstangen und mit Tauschierung sind am jüngsten. Auch die relativ hohe Zahl später Spathen ist nicht verwunderlich.[7] Die Verteilung im Gräberfeld ergibt, daß die Gräber 7 und 17 mit den beiden älte-

---

[4] Als Beispiele seien genannt die münzdatierten Schwerter von Mannheim (Baden) und Wallerstädten (Rheinhessen) bei Werner, Taf. 25 B, 1 und 26, 1. Wallerstädten nach tauschierter Garnitur und Schildbuckel spätes 7. Jahrhundert, s. oben S. 40. Ferner ein württembergisches Stück, Lindenschmit, Handbuch 227, Abb. 135, und eines aus München-Giesing, Bayer. Vorgeschichtsbl. 13, 1936, Taf. 5, 3. Ferner Bourogne, Scheurer-Lablotier 10, Abb. 2.

[5] Vgl. E. Behmer, Das zweischneidige Schwert der german. Völkerwanderungszeit (1939), Taf. 59, 2 (Obrigheim/Pfalz zu Bülach, 106, Taf. 33, 1). Zum Knauf von Volketswil-Hegnau (Taf. 26, 3) vgl. den sehr ähnlichen tierornamentierten Knauf von Hailfingen Grab 21 (Stoll, Taf. 7, 1 = Behmer, Taf. 59, 5) und die verwandten Knäufe von Pfahlheim (Württ.) und Oberhausbergen (Elsaß) bei Behmer, Taf. 59, 4 und 6, ferner den Knauf von Ziertheim in Bayerisch-Schwaben bei J. Werner, Das alam. Fürstengrab von Wittislingen (1950), Taf. 20, 1.

[6] Vgl. z. B. Veeck, Taf. 69 A, 4.

[7] Vgl. Stoll, 28, und Werner, 69.

sten Stücken im Nordteil des Friedhofes liegen, die Gräber 251 und 289 am Ostrand, Grab 301 in einer kleinen Sondergruppe ganz im Nordwesten und alle übrigen im Friedhofsteil südlich der Straße (vgl. Plan 1). In den Gräbern 7, 17 und 124 waren die Spathen die einzige Grabbeigabe, in den Gräbern 77, 108 und 289 wurden sie mit einem Sax, in 106, 127 und 301 mit Sax und Lanze, in 251 mit einem Sporn zusammengefunden. In den letztgenannten sieben Gräbern waren stets Gürtelgarnituren mitgegeben, in den Gräbern 106, 108, 127, 251 und 289 sogar deren zwei. Da die «zweiten Gürtel» der Gräber 106, 108 und 127 Rückenplatten aufweisen, kann es sich bei ihnen nur um Leibgurte und nicht etwa um besondere Wehrgehänge handeln, was für die nun zu erörternde Tragweise der Spathen von Wichtigkeit ist.

Das Wehrgehänge. Wenn man bedenkt, daß die Spatha des Grabes 124 als einzige Grabbeigabe nur in einer Holzscheide neben den Toten gelegt wurde, dann drängt sich die Vermutung auf, daß das Wehrgehänge nicht beigegeben und folglich nicht fest mit der Schwertscheide verbunden war, daß also Schwert und Scheide bei Bedarf leicht aus dem Gehänge gelöst werden konnten. Das gilt auch für den Fall, dass ein ledernes, nicht erhaltenes Wehrgehänge zur Scheide gehört haben sollte. Bei der Frage, wie die Spatha getragen und wie sie etwa am Gürtel eingehängt war, muß man also von einer vollständigen Trennung von Scheide und Wehrgehänge ausgehen, jedenfalls für jene Spathaformen, die in Bülach vorliegen. Da man bisher keinerlei Vorstellung vom Aussehen des merowingischen Wehrgehänges hatte, soll hier anhand des Bülacher Befundes ein Rekonstruktionsversuch für die im 7. Jahrhundert üblichen Wehrgehänge gegeben werden, dessen Überprüfung am Material der Museen und bei neuen Ausgrabungen sehr erwünscht wäre.

In Grab 7 lagen bei der Spatha drei rechteckige Beschläge (Taf. 2, 20–22), zwei etwa in der Mitte des Schwertes an der Kante der Scheide und eins unter der Schwertspitze. Sie bestehen aus vergoldeter Bronze und tragen eine aufgenietete Silberplatte, die in Niello mit zwei gegenständigen, durch antithetische Masken getrennte Oranten verziert ist. Derartige niellierte Beschläge sind im langobardischen Italien besonders häufig[8], selbst die Adoranten kommen dort in einem Falle vor (Nocera Umbra Grab 74)[9]. Daneben gibt es einfach ausgeführte Stücke, vielfach mit Weißmetallüberzug als Imitation der Niellierung. Die ganze Gruppe ist von H. Zeiß in einer eigenen Abhandlung zusammengestellt worden,[10] der auf ihre gemein-

---

[8] Marzaglia (Prov. Modena) bei N. Aberg, Die Goten und Langobarden in Italien (1923), 112, Abb. 197 (mit Masken) und Abb. 198 (mit Tieren), Nocera Umbra Gräber 27, 32 (Aberg 112, Abb. 199), 48 (Pasqui-Paribeni 247e), 74 und 143 (Pasqui-Paribeni, Abb. 176). Die Stücke aus den Gräbern 27, 32, 48 und 74, abgebildet bei S. Lindqvist, Vendelkulturens alder och ursprung (1926), 43, Abb. 39–44. Ein Exemplar aus Cividale im Mus. Cividale. In gleicher Technik zwei vergoldete quadratische Bronzebeschläge vom Pferdegeschirr aus Nocera Umbra Grab 105 und 107 (Pasqui-Paribeni, Abb. 158), hierzu J. Werner, Der Fund von Ittenheim (1943), 32, Anm. 28. Ähnliche Beschläge aus Cividale im Mus. Cividale (Aberg, Goten und Langobarden, 111, Abb. 196). Anhalt für die Datierung in die erste Hälfte des 7. Jahrhunderts geben bei engen Beziehungen zum Gammertinger Fürstengrab die niellierten Silberleisten aus dem Münzgrab 54 von Eichloch (Rheinhessen) bei Werner, Taf. 21, 22–25 und eine Riemenzunge aus Soest (Westfalen), Grab 106, bei Werner, Taf. 17, 16. Hierzu mit Analogien Werner, 56, besonders wichtig drei Beschläge (davon zwei mit Masken) und eine kleine niellierte Maskenschnalle von Schretzheim (Bayerisch-Schwaben), Grab 127, bei S. Lindqvist, Vendelkulturen 42, Abb. 33–36. Zu diesen niellierten Arbeiten jetzt J. Werner in Acta Archaeologica 21, 1950, 52 ff. und Taf. 3 f.
[9] Pasqui-Paribeni, Abb. 117.
[10] H. Zeiß, Rechteckige Beschläge vom Typ Weihmörting, Grab 188, in Bayer. Vorgeschichtsbl. 12, 1934, 39–41. Zeiß nennt außer einigen italischen Stücken (vgl. Anm. 8) noch Vorkommen in Holzgerlingen, Ulm und Altenstadt (Württ.), Wallstadt (Baden), Schretzheim (Bayer.-Schwaben), Osthofen, Westhofen und Wöllstein (Rheinhessen), Charnay (Burgund), Longchamps (Dép. Aisne) und Noyelette (Dép. Pas-de-Calais). Nachzutragen noch: Gammertingen (Hohenzollern), Hohenzoll. Jahreshefte 7, 1940, Taf. 5 b, 1. – Oberwarngau (Oberbayern), Bayer. Vorgeschichtsbl. 13, 1936, 33. – Mainz-St. Alban (Rheinhessen) 1 Stück. Mainzer Zeitschr. 15/16, 1920/21, 74, Abb. 8, 11. – Remagen (Rheinprov.) 1 Stück. Mus. Remagen. – Trivières (Belgien) 3 Stück. Mus. Mariemont. – Franchimont (Belgien) 4 Stück. Mus. Namur. – Anderlecht (Belgien) 14 Stück. Mus. Brüssel. – Wanquetin (Pas-de-Calais) 2 Stück. Mus. Brüssel. – Joches (Aisne) 4 Stück Mus. St-Germain. – Arcy-Ste-Restitue (Aisne) 2 Stück Mus. St-Germain. – Monceau-le-Neuf (Aisne) 1 Stück bei J. Pilloy, Etudes sur d'anciens lieux de sépulture dans l'Aisne 3 (1899), Taf. 6, 2. – Schiffsgrab von Sutton Hoo bei Ipswich (England) 4 Stück aus Gold bei R. L. S. Bruce-Mitford, The Sutton Hoo Ship Burial (1947), Taf. 20, a–b.

germanische Verbreitung hinweist, aber über ihre Zweckbestimmung auch nichts weiter ermitteln konnte,
als daß sie zum Schwertgehänge gehören.[11] Ihre Zeitstellung ist überall die erste Hälfte des 7. Jahrhunderts;
die niellierten Exemplare wie die drei Bülacher sind mit Sicherheit Erzeugnisse langobardischer Werkstätten. Die Beschläge kommen zu zweit, zu dritt oder zu viert vor und haben an den Schmalseiten je 4 bis
5 Niete oder Bronzebügel mit zwei Nieten zur Befestigung auf einer Lederunterlage (Bügel wie in Bülach,
wo sie bei einem Exemplar verloren sind, noch in St-Sulpice Grab 168). Charakteristisch ist die stets
ausgehöhlte Rückseite, die den Beschlägen ein kastenartiges Aussehen verleiht (Taf. 2, 22). Auf der Schauseite erhebt sich der verzierte Mittelteil über die beiden Schmalseiten, die mit der Unterlage vernietet
waren, so daß darunter ein Hohlraum entstand. Soll diese Aus-

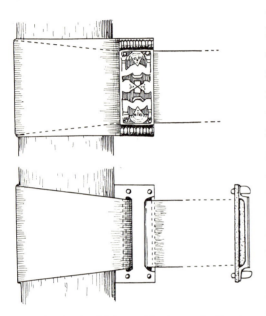

höhlung nach dem Festnieten auf einer Lederunterlage eine Bedeutung haben, so muß sie durch Schlitze auf beiden Längsseiten
zugänglich gewesen sein. Auch die überaus sichere Befestigung
mittels so vieler Nieten oder eines Bügels wird erst verständlich,
wenn man annimmt, daß ein Riemen von der Breite des kasten-
förmigen Mittelteils durch die angenommenen Schlitze hindurchgezogen wurde, ohne daß die stark beanspruchte Lederlasche
zwischen diesen Schlitzen ausreißen konnte. Es ergibt sich, wenn
man die Rekonstruktion für die Bülacher Stücke durchführt,
dann weiter, daß zwei von den 5,2 cm langen Beschlägen mittels
der Bügel an den Enden eines ebenso breiten Lederriemens befestigt waren. Unterhalb der Beschläge hatte der Riemen einen
4 cm langen schlitzartigen Einschnitt, durch den er, auf die
gleiche Breite verschmälert, hindurchgezogen werden konnte (vgl.
die Rekonstruktion Abb. 7). Es entstanden so an den Riemen-
enden zwei Schlaufen, die man durch Verschieben der am Leder
festgenieteten metallenen Endbeschläge beliebig erweitern oder

Abb. 7. Sitz der Riemenschlaufen an der Spatha
aus Grab 7. Rekonstruktion in 1 : 2.

verengern konnte. Wo diese beiden Schlaufen auf der Schwertscheide aufsaßen, läßt die Fundlage in Grab 7
vermuten. Wollte man das Schwert mit der Scheide aus dem Riemen lösen, so brauchte man nur die Beschläge
in Richtung vom Schwerte fortzuziehen, um so die Schlaufe zu vergrössern und das Wehrgehänge von der
Scheide zu trennen. Konstruktiv werden nur zwei Beschläge benötigt, so daß auch meist nur zwei Stücke
vorkommen. Ist, wie in Bülach, ein drittes vorhanden, so diente es als Zierde der obern Schlaufe, auf deren
Mitte es aufsaß. Wo vier Beschläge auftreten, wie in St-Sulpice Grab 168 oder Weihmörting Grab 188,
war auch die untere Schlaufe in der Mitte verziert. Der Riemen des Bülacher Wehrgehänges war bei
Austritt aus den Schlaufen etwa 3,7 cm breit. Das spricht nicht für zwei getrennte Riemen, die etwa am
Gürtel befestigt waren, besonders wenn man bedenkt, daß die Leibgurte um 600 und in der ersten Hälfte
des 7. Jahrhunderts nicht so breit waren wie in späterer Zeit. Es ist wohl sicher, daß das Wehrgehänge aus
einem einzigen, in unserem Falle 3,7 cm breiten Gurt bestand, *der über die Schulter gehängt wurde*. Die Rekonstruktion des Wehrgehänges Abb. 8 ist für einen Rechtshänder berechnet, der das Schwert auf der
linken Seite trug. Der Riemen führte dann folglich über die rechte Schulter. Beim Tragen des Schwertes
zogen sich die Schlaufen des Gehänges von selbst fest. Wollte man das Schwert mit Scheide aus dem Gehänge

---

[11] Vom Schweizer Boden: St-Sulpice (Kt. Waadt), Grab 168 (4 Stück), Revue Charlemagne 1, 1911, Taf. 26, 13 und 15
und Taf. 27, 4–5. – Kaiseraugst (Kt. Aargau), MAGZ 19, 2 (1875/7), Taf. 1², 21. – Bassecourt (Kt. Bern) 3 Stück. Tschumi,
Taf. 14, 10 und 17.

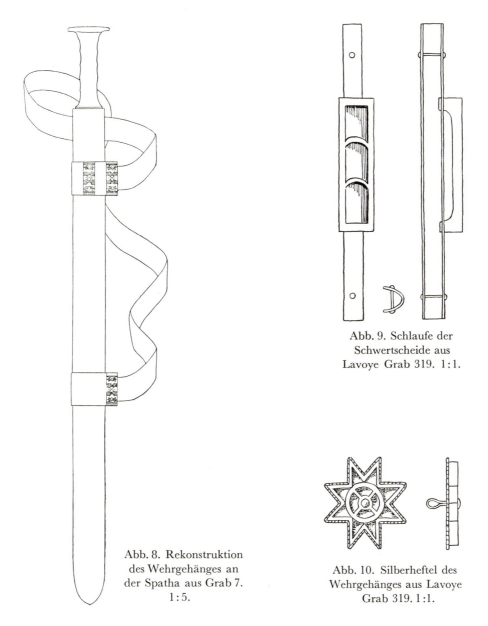

Abb. 9. Schlaufe der
Schwertscheide aus
Lavoye Grab 319. 1:1.

Abb. 8. Rekonstruktion
des Wehrgehänges an
der Spatha aus Grab 7.
1:5.

Abb. 10. Silberheftel des
Wehrgehänges aus Lavoye
Grab 319. 1:1.

lösen, so mußte man den Schultergurt ablegen. Zog man das blanke Schwert, dann blieb die Scheide fest in den Schlaufen des Gehänges.

Für die Spatha aus dem relativ frühen Grab 17 (Taf. 34, 1) ist auf Grund des Sitzes der kleinen Silberbeschläge an der Scheide (Taf. 39, 2-3) ebenfalls ein Schultergurt anzunehmen, dessen Befestigung am Schwert allerdings unklar bleibt und der wesentlich schmaler gewesen sein muß als der Schultergurt des Grabes 7. Den bisher ältesten Befund, der einen Schultergurt erschließen läßt, bietet das reiche Männergrab 319 von Lavoye (Dép. Meuse) aus dem Anfang des 6. Jahrhunderts[12]. Bei diesem Schwert führte der etwa 2,5 cm breite Schultergurt durch zwei am Randblech der Scheide aufsitzende almandinverzierte Metallaschen (Abb. 9) hindurch und wurde mit Hilfe zweier silberner, mit Almandinen ausgelegter Sterne (Abb. 10),

[12] G. Chenet in Préhistoire 4, 1936, 46, Abb. 7 (Fundlage 38, Abb. 2) und S. Reinach, Cat. ill. du Musée des ant. nat. St-Germain 2 (1921), 305, Abb. 173. – Für die Rekonstruktionszeichnung wurden die Abbildungen von G. Chenet und S. Reinach verwendet. Sie wird der Liebenswürdigkeit von H. W. Müller (München) verdankt.

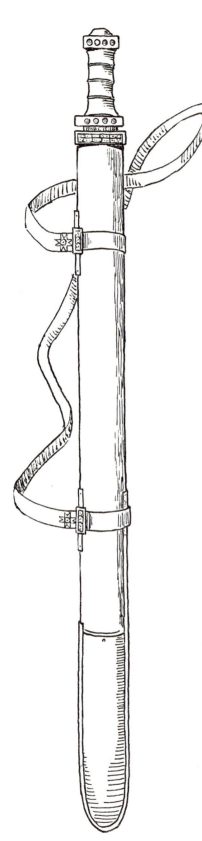

Abb. 11. Spatha aus Lavoye
Grab 319. (Rekonstruktion.)

die an entsprechender Stelle neben der Spathascheide gefunden wurden,
zur Schlaufe befestigt (Abb. 11). Die Spatha von Lavoye saß damit fest
am Schultergurt und konnte von diesem nur durch Abhefteln der beiden
Sterne – sie haben auf der Rückseite eine Öse (Abb. 10) – gelöst werden.
Es wäre nach diesem Befund möglich, daß die Bülacher Spatha aus Grab 17,
deren Silberbesatz noch ins 6. Jahrhundert gehört, ebenfalls fest mit dem
Schultergurt verbunden war. Trifft dies zu, dann wären die Schwertgehänge der ersten Hälfte des 7. Jahrhunderts mit verschiebbaren Schlaufen wie Bülach Grab 7 als eine technische Verbesserung anzusehen.

Im 6. und in der ersten Hälfte des 7. Jahrhunderts wurde die Spatha
also an einem Schultergurt getragen.[13] Bei der Seltenheit der konstruktiv
nicht unbedingt erforderlichen Metallverzierungen – Lederschlaufen erfüllen denselben Zweck – hat sich vom Wehrgehänge in den meisten Fällen
keine Spur mehr erhalten. Im skandinavischen Norden ist der Schultergurt für die Spatha durch bildliche Darstellungen auf einem Helm von
Vendel auch noch im späteren 7. Jahrhundert belegt.[14] Dagegen ist die
Form des Wehrgehänges bei den merowingischen Prunkspathen des späten
5. und frühen 6. Jahrhunderts noch nicht ausreichend geklärt.[15] Der Befund von Lavoye Grab 319 legt für die Schwerter auch dieser Zeit den
Gebrauch des Schultergurtes nahe. Die niellierten Rechteckbeschläge von
der Art Bülach Grab 7, welche der Verschiebbarkeit des Gurtes wegen
eine Verbesserung gegenüber dem fest angehefteten Gehänge vom Typ
Lavoye bedeuten, treten im germanischen Bereich am frühesten bei den
Langobarden in Italien auf und haben sich wohl von dorther in die Zone
nordwärts der Alpen ausgebreitet.

In Grab 7 lag außen neben dem Schwert eine große Millefioriperle mit
weißlichen, ausgelaugten Feldern und roten Sternen (Taf. 2, 24) ähnlich
dem Wirtel in Grab 1 (Taf. 2, 4) und gleich ihm das Erzeugnis einer oberitalienischen Glashütte der Zeit um 600 (siehe oben Seite 16). Die eine
Öffnung der Perle ist mit einer runden Silberplatte geschlossen, in die eine
Goldzelle mit Almandineinlage eingesetzt ist. Die Perle war als «Schlagbandknopf» an einem Lederriemen befestigt, der ins Innere der Perle zu
einer Öse hineinführte und dessen anderes Ende wohl unterhalb des Mund-
saums um die Scheide geschlungen war. Einen gleichen «Schlagbandknopf» in Form einer großen Bernsteinperle besaß, wie R. Laur-Belart

[13] Die Hinweise von G. Riek (Fundber. Schwaben NF. 5, 1928/30, 111) und diesem
folgend von H. Bott (Bayer. Vorgeschichtsbl. 13, 1936, 51) auf Schulterwehrgehänge
in Hailfingen halten einer Überprüfung nicht stand. Riek stützt sich auf eiserne Gürtelgarnituren mit Rückenplatte in den Gräbern 64 (mit Sax) und 75 (ohne Waffe) in Hailfingen. Hier liegen ebenso wenig Wehrgehänge für Spathen vor wie in Iffezheim (Baden)
Grab 2, auf das Bott verweist.

[14] H. Stolpe und T. J. Arne, Graffältet vid Vendel (1912), Taf. 41, 3–4 und E. Behmer,
Das zweischneidige Schwert der german. Völkerwanderungszeit (1939), 25.

[15] E. Behmer, a. a. O., Taf. 6–10 und R. Laur-Belart in Ipek 12, 1938, 126 ff.

als erster erkannte, die frühe Spatha von Kleinhüningen[16]. Die Knöpfe sind in der Zeit um 500 besonders beliebt[17]; Bülach Grab 7 liefert ein weiteres Beispiel dieser Sitte, die für die zweite Hälfte des 6. Jahrhunderts in Chaouilley (Dép. Meurthe-et-Moselle)[18] und für die zweite Hälfte des 7. Jahrhunderts in Ziertheim (Bayrisch-Schwaben)[19], damit also für die ganze Reihengräberzeit belegt ist. Vielleicht besitzen diese Perlen als Zeichen von Freundschaft und Bruderschaft dieselbe Bedeutung wie die Ringe der Ringknaufschwerter[20]. Da die Millefioriperle und die Orantenbeschläge in Bülach Grab 7 aus Italien stammen, ist das ganze Wehrgehänge langobardischer Import.

Es bleibt nun zu erörtern, wie das Wehrgehänge der Spatha im Zeitalter der großen tauschierten Gürtelgarnituren in der zweiten Hälfte des 7. Jahrhunderts aussah. Die nunmehr breit gewordenen Gürtel mit ihren großen und reichen Metallbeschlägen lassen die Frage aufwerfen, ob sich nicht auch bei den Wehrgehängen die Mode gewandelt habe. Nach der Lage im Grabe fanden sich auf den ersten Blick zugehörige Bestandteile eines Wehrgehänges nur in Grab 106. Es sind zwei rechteckige Bronzeleisten mit zwei Nieten an der einen und einem pyramidenförmigen Buckel auf der andern Seite (Taf. 18, 8–9). Dieser Buckel ist auf der Rückseite hohl und hat innen einen horizontal zum Beschläg verlaufenden, 6 mm langen Bronzesteg (Taf. 18, 9). Vergleichen wir diese beiden Leisten mit den niellierten Beschlägen des Grabes 7 (Taf. 2, 20–22), so ist beiden die vertiefte Rückseite gemeinsam, die im Falle der niellierten Beschläge als für den Durchzug eines Riemens notwendig erklärt wurde. Es liegt nahe, dieselbe Deutung auch für die Pyramidenbuckel zu geben. Dank des Steges kann man einen schmalen rundstabigen Riemen senkrecht zum Beschläg durch diese Buckel ziehen und wir erinnern uns, daß beim Wehrgehänge des Grabes 7 eine Lederlasche die Rolle des Bronzesteges spielte. Folglich liegt auch hier dasselbe Konstruktionsprinzip zur Bildung einer leicht zu öffnenden Schlaufe vor, das ja Vorbedingung ist, wenn man das Schwert ohne Mühe vom Gehänge lösen will. Im Gegensatz zu den Beschlägen des Grabes 7 mußte der Riemen, der hier Verwendung finden konnte, sehr schmal, wahrscheinlich sogar im Querschnitt rund sein und konnte nur vertikal durch die Pyramidenbeschläge gezogen werden. Hinsichtlich der Tragweise der Spatha ist also die Konstruktion anders, und der Schultergurt scheidet infolge der Schmalheit des Riemens aus. Denkt man sich nun die 2,1 cm breiten Bülacher Beschläge auf ebenso breite Riemen aus Kalbsleder genietet und diese als Schlaufen um die Schwertscheide gelegt, so braucht man nur dem anderen Riemenende die Gestalt einer rundstabigen Lederschnur zu geben, welche sich leicht, besonders wenn sie mit Talg eingefettet wird, durch den Pyramidenbuckel ziehen läßt, der dann als Klemme wirkt und zum Lösen der Riemen von der Scheide aufgezogen werden konnte (Abb. 12). Wie praktische Versuche in einer Basler Sattlerwerkstatt zeigten, ist das Auslaufen eines schmalen Rindslederriemens zu einer rundstabigen Schnur sehr leicht und mit primitiven Mitteln zu bewerkstelligen, indem der etwas angefeuchtete Riemen am einen Ende eingespannt wird, während das freie Ende mittels einer herumgewundenen Schnur aus *gleichem* Leder durch reibendes Hin- und Herziehen dieser Schnur sehr schnell einen runden Querschnitt erhält. Sind beide Schlaufen an der Schwertscheide nicht zu weit voneinander entfernt (bei der Rekonstruktion Abb. 12 ist eine Riemenbreite Abstand angenommen), so kann ein rundstabiger Lederriemen, zumal wenn er noch gewachst wird, in den so entstandenen Durchlässen der Schlaufen hin und her bewegt werden. Diese Konstruktion bietet gegen-

[16] Ipek 12, 1938, 132 und Taf. 52, 1–2.

[17] Vgl. ein siebenbürgisches Stück von Ermihályfálva (um 500) bei Werner, 31, Abb. 2, ferner zwei Spathen von Gültlingen (Württ.) (Veeck, Taf. 68 A, 2) und Flonheim (Rheinhessen) (A. u. h. V. 4, Taf. 66, 1), alles Bernsteinperlen. Eine Glasperle und ein Bergkristall dienten bei Spathen von Gültlingen und Entringen (Württ.) als Troddel (Veeck, Taf. 68 A, 3 und Taf. K, 7). Weitere Beispiele Mainzer Zeitschr. 28, 1933, 121 (Rommersheim, Kostheim, Schwabenheim in Rheinhessen).

[18] Mém. Soc. d'archéol. lorraine 54, 1904, Taf. 1, 11.

[19] J. Werner, Das alam. Fürstengrab von Wittislingen (1950), Taf. 20, 2.

[20] Vgl. K. Böhner in Bonn. Jahrb. 149, 1949, 164 ff.

über derjenigen des Gehänges aus Grab 7 (Abb. 7-8) verschiedene Vorteile. Sind beide Schlaufen in genügender Entfernung von Scheidenmündung und Parierstange angebracht, so liegen sie bei gestrafftem Tragriemen fest an der Scheide an. Wird der Tragriemen entspannt, dann ist es ein leichtes, die Schlaufen aufzuziehen und das Schwert mit der Scheide aus dem Gehänge zu nehmen. Diese Art des Wehrgehänges ist natürlich und sinnvoll, wenn die Spatha nicht an einem Schultergurt, sondern an einem *Leibgurt* getragen wird. Unklar bleibt dabei nur noch die Befestigung des rundstabigen Tragriemens am Leibgurt. Es ist anzunehmen, daß der Tragriemen sich in einiger Entfernung von den Schlaufen verbreiterte und mit einer Schnalle geschlossen wurde. Eine hierfür bestimmte Schnalle ist in Grab 106 vorhanden (Taf. 18, 3 und 5).

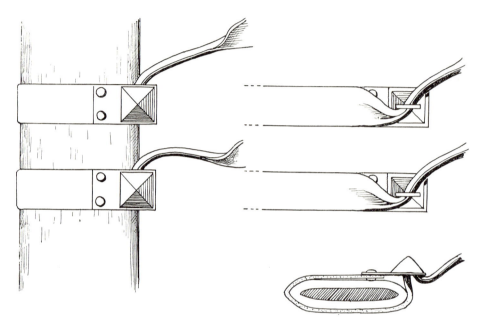

Abb. 12. Sitz der Riemenschlaufen an der Spatha aus Grab 106. Rekonstruktion in 1 : 2.

Sie zeigt, daß der Tragriemen sich wieder auf 2 cm verbreitert haben dürfte. So konnte das Schwert zugleich mit dem Tragriemen leicht vom Leibgurt abgeschnallt werden, ohne daß man es erst zusammen mit einem langen Schultergurt ablegen mußte. Es ist nur nicht auszumachen, ob der Tragriemen einfach unter dem Leibgurt hindurchgezogen wurde oder ob er noch anders, etwa durch eine Lederschlaufe, an ihm befestigt war. Von der Art dieser Verbindung hängt schwerpunktmäßig der genaue Sitz der Schlaufen an der Scheide ab, denn die Spatha wurde sicher mit dem Griff leicht nach vorn geneigt getragen. Die hier besprochene Art des Wehrgehänges erlaubte es jedenfalls, das Langschwert in den breiten Leibgurt eingehängt zu tragen und auf den umständlichen Schultergurt zu verzichten. Selbst ein Anhängen am Sattel war für einen Berittenen so möglich. Nach Ausweis der Funde ist diese Tragweise die jüngere und kommt nordwärts der Alpen nicht vor der Mitte des 7. Jahrhunderts auf. In der zweiten Hälfte des 7. Jahrhunderts ist das alte Wehrgehänge mit Schultergurt schon aus der Mode.

Durch die Überlegungen zum Wehrgehänge des Grabes 106 konnte eine sinngemäße Deutung der Bronzebeschläge mit Pyramidenbuckel gefunden werden. Sie sind im Fundstoff der zweiten Hälfte des 7. Jahrhunderts nicht allzu häufig. Eine erste Zusammenstellung gab H. Zeiß[21], ohne allerdings ihre Zweck-

[21] Germania 17, 1933, 208 ff. mit Abb. 3. – Schweizer Vorkommen: Bolligen-Papiermühle (Kt. Bern) Grab 24 (ein Paar): Tschumi, 103, Abb. Elgg (Kt. Zürich) Einzelfund: Landesmus. Zürich, Inv. 37370.

bestimmung klären zu können. Aus der Schweiz ist noch ein weiteres Paar aus Önsingen (Kt. Solothurn; Museum Solothurn) bekannt, das in der Verzierung vollkommen einem solchen von Bourogne (Terr. de Belfort) entspricht.[22] Zu beiden gehören noch quadratische Beschläge, die in der Rekonstruktion des Gehänges von Bourogne (Abb. 13) symmetrisch an den beiden Schlaufen angebracht sind. Gleiche Funktion wie die rechteckigen Beschläge von Bülach 106 und Bourogne hatten auch paarweise vorkommende pyramidenförmige Knöpfe aus Bronze oder auch aus Eisen mit Silbertauschierung[23]. Sie dienten als Schieber in einer gegenüber Bülach 106 vereinfachten Konstruktion. Die schmalen Tragriemen sind hier an dem die Basis der Pyramide bildenden Steg befestigt und werden in Schlaufenbildung wiederum als rundstabige Lederschnur hinter dem Steg im Innern der Knöpfe hindurchgeleitet (Abb. 14). Die Knöpfe wirken dann

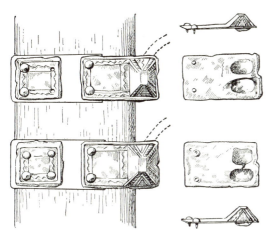

Abb. 13. Sitz der Riemenschlaufen an der Spatha
aus Bourogne Grab 5. Rekonstruktion in 1 : 2.
(Bronzeteile nach Scheurer-Lablotier.)

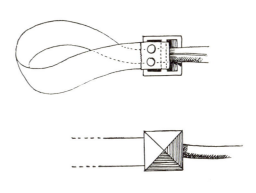

Abb. 14. Funktion der Pyramidenknöpfe
als Riemenschlaufen. Rekonstruktion in 1 : 2.

ebenfalls als Klemmen, die man verschieben kann, und stellen die vereinfachte Wiederholung des Schlaufenprinzips der Schultergurte dar, nur daß hier die Pyramidenknöpfe für kleine schmale Riemen an Stelle der breiten Rechteckbeschläge der Form Bülach Grab 7 treten. Die Befestigung am Leibgurt ist ähnlich zu denken wie bei Bülach Grab 106. Das komplizierte Wehrgehänge von der Art Bülach Grab 106 ist selten, die kleinen Pyramidenknöpfe sind auch nicht gerade häufig. Aber das an ihnen erkannte sehr einfache Wehrgehänge war zweifellos in der zweiten Hälfte des 7. Jahrhunderts das allgemein übliche. Es wurde gelegentlich auch für den Sax verwendet.[24] Wenn man an Stelle der Metallknöpfe Holz- oder Hornschieber setzt oder noch schlichter nur ein Öhr im Riemen zum Erstellen der Schlaufe, dann wird damit derselbe

---

[22] Scheurer-Lablotier, Taf. 5.

[23] Erste Zusammenstellung gab Lindenschmit, Handbuch 380 mit Abb. 413–416. – Aus Württemberg: Pfahlheim (ein Paar aus Bronze. Veeck, Taf. 64 B, 5), Hailfingen, Gräber 21 (3 Stück aus Bronze) und Ostfriedhof 1a (ein Paar tauschiert). Stoll, Taf. 7, 2 und 11, 2 und Gräber 19, 35 und Feldweg, Stoll 29. – Feuerbach, Grab 27 (1 tauschiert, 3 aus Bein), Paret, Taf. 17, 1 und 3. Aus Hohenzollern: Bingen, Grab 3 (ein Paar aus Bronze), Mannus 31, 1939, 131, Abb. 5, A. – Aus Frankreich: Bourogne (ein Paar aus Bronze), Scheurer-Lablotier, Taf. 11, B. Charnay (Burgund) Baudot, Taf. 10, 21 (Silber?) und 11, 32 (Bronze). Schweiz: Gümligen (Kt. Bern), Tschumi, 107 (ein Paar tauschiert). Elgg (Kt. Zürich), Grab 30 (ein Paar aus Bronze), Landesmus. Zürich. Elsaß: Bettweiler (ein Paar tauschiert), Anz. elsäss. Altkde. 25, 1934, Taf. 45, 16. – Angelsächsische Stücke mit engem Zellenwerk: z. B. Sarre (Kent), Grab 211, bei N. Aberg, The Anglo-Saxons in England (1926), 140, Abb. 269 und Sutton Hoo bei R. L. S. Bruce-Mitford, The Sutton Hoo Ship Burial (1947), Taf. 20, e–f.

[24] Z. B. Feuerbach, Grab 27, bei Paret, Taf. 17, 1 und 3.

Effekt erzielt.²⁵ Daß tatsächlich die Mehrzahl der Gehänge so einfach war, beweist der Befund in Bülach. Die auch für das unkomplizierteste Gehänge nötige Schnalle zum Zusammenschließen beider Tragriemenenden für die Befestigung am breiten Leibgurt ist außer in Grab 106 auch in den Gräbern 77, 127 (mit Gegenbeschläg), 251 und 289 in billiger eiserner Ausfertigung vorhanden (Taf. 12, 12. 15, 2. 18, 5–6). Und wenn sich in dem ungestörten und einwandfrei beobachteten Grab 124 als einzige Beigabe eine Spatha allein in ihrer Scheide fand, dann ist jetzt der Schluß erlaubt, daß sie vor der Grablegung vom Wehrgehänge gelöst worden war.

Außer der Deutung einiger bisher unverständlicher Zierstücke hat die Betrachtung der einschlägigen Bülacher Funde erste Kenntnisse über das Aussehen der merowingischen Wehrgehänge erbracht. Am wesentlichsten ist wohl die Feststellung, daß die Tragweise der Spatha im Verlauf des 7. Jahrhunderts einem grundlegenden Wandel unterworfen war: der breite Schultergurt, in dem das Schwert eingehängt war, machte einem kleinen Tragriemen Platz, der das Tragen der Spatha am Leibgurt ermöglichte.

SAXE MIT ZUBEHÖR

Den zehn Spathen stehen in Bülach 50 Saxe (einschneidige Hiebschwerter) gegenüber. Sie lagen fast immer an der rechten Seite des Toten, mit der Spitze nach unten. Als Ausnahme gilt die gleiche Lage an der linken Seite (Gräber 55 und 232). Eine Gruppe für sich bilden die vier Gräber 37, 41, 52 und 188 im Mittelteil des Friedhofs, in dem der Sax auf der linken (in Grab 52 auf der rechten) Seite mit der Spitze nach oben gefunden wurde (vgl. Plan 1).²⁶ Am häufigsten ist in Bülach die Form mit im Verhältnis zur Klinge sehr langer Griffangel (Taf. 36); sie kommt in 34 Gräbern vor, davon 17 mal mit tauschierten Gürtelgarnituren zusammen.²⁷ Von der Holzverschalung des Griffes haben sich vielfach Reste erhalten, von der Lederscheide dagegen sehr selten Spuren, mit Ausnahme des Metallbesatzes. Die Klinge ist, wenn überhaupt, mit einer bis fünf Blutrinnen verziert (Taf. 36). Die Saxe mit langer Griffangel sind die dominierende Form der zweiten Hälfte des 7. Jahrhunderts, neben der auch noch die elf mal in Bülach belegte Form mit kurzer Griffangel vorkommt (vgl. Taf. 35, 6–7)²⁸. Der Sax mit kurzer Griffangel ist der an sich ältere Typus; im Grab 268 für die erste Hälfte, im Grab 255 für die Mitte des 7. Jahrhunderts bezeugt, in Grab 301 aber auch für das Ende des Jahrhunderts nachgewiesen. Der Griff war bei dieser Form ebenfalls mit Holz verkleidet. Drei Saxe mit Eisenknauf aus den Gräbern 188, 232 und 259 stammen aus dem mittleren Teil des Friedhofs und dürften in die erste Hälfte des 7. Jahrhunderts gehören (Taf. 35, 1–3), während der Kurzsax mit Eisenknauf in Grab 18 (Taf. 37, 2), in die erste Hälfte des 7. Jahrhunderts datiert ist. Ein weiterer Kurzsax aus der ersten Hälfte des Jahrhunderts liegt in Grab 37 vor (Taf. 37, 1). Grab 41 enthält eine Sonderform mit sehr langer Klinge und kurzer Griffangel (Taf. 35, 4) und dürfte nach der mitgefundenen Lanzenspitze und der Lage im Grabe ebenfalls aus einem frühen Abschnitt des 7. Jahrhunderts stammen.

---

²⁵ Knöpfe aus Bein sind nordwärts der Alpen in Feuerbach Grab 27 belegt (vgl. Anm. 23 und 24). Auch in Italien sind diese Knöpfe sehr häufig, so dreimal aus Speckstein in den Gräbern 98, 105 und 163 von Nocera Umbra, zweimal aus Knochen in Nocera Umbra Grab 132 und 137, einmal aus Bronze in Nocera Umbra Grab 75, und tauschiert einmal in Nocera Umbra Grab 106, Civezzano b. Trient (F. Wieser, Das langobardische Fürstengrab von Civezzano, 1887, Taf. 5, 2), zweimal in Cividale (Mus. Cividale).

²⁶ Im bajuwarischen Gräberfeld von München-Giesing wurde bei insgesamt 25 Saxgräbern der Sax fünfmal mit der Spitze nach oben gefunden. Bayer. Vorgeschichtsbl. 13, 1936, 46.

²⁷ Gräber 55, 59, 65, 71, 86, 87, 90, 92, 96, 100, 106, 108, 143, 146, 147, 279, 289. Die Form mit langer Griffangel ferner in den Gräbern 76, 78, 88, 107, 109, 126, 127, 142, 145, 154, 158, 168, 223, 273, 277, 287, 290.

²⁸ 52, 62, 63, 77, 123, 195, 202, 255, 268, 269, 301.

Daß der Sax, in dem wir die herrschende Schwertform der jüngern Merowingerzeit sehen dürfen, am Gürtel getragen wurde, war bereits oben Seite 46 betont worden. Die Beobachtungen an den Gürtelgarnituren hatten zudem ergeben, daß er, je nachdem ob der Träger des Schwertes Links- oder Rechtshänder war, in zwei Ösen des Leibgurtes an der linken oder rechten Seite befestigt wurde (z. B. 59, 146, 269 links, 87 rechts). Als Behältnis diente stets eine Lederscheide, nur der frühe Sax des Grabes 37 (Taf. 37,1) steckte in einer Holzscheide. In drei Fällen, die wohl in die erste Hälfte und die Mitte (269) des 7. Jahrhunderts anzusetzen sind, besaßen die Scheiden eiserne Ortbänder (Gräber 37, 232 und 269; Taf. 37, 1 und Taf. 35, 2); das Ortband im Grabe 37 ist mit einem einfachen Strichmuster tauschiert. In Grab 202a, das ebenfalls noch in die erste Hälfte des Jahrhunderts fällt, fand sich ein einzelnes Ortband. Scheidenmundstücke aus Bronzeblech haben sich in vier Gräbern (vgl. Taf. 35, 7 und Taf. 36, 9), aus Eisenblech in zehn Gräbern erhalten (vgl. Taf. 36, 2, 4, 6, 8 und 11).[29] Eine rinnenförmige Fassung des Scheidenoberteils aus Eisenblech liegt aus Grab 168 vor. Eine Reihe Lederscheiden, besonders aus Gräbern mit tauschierten Gürtelgarnituren, waren an der Seite der Scheide mit kleinen, zu einer Reihe angeordneten Bronzestiften zusammengefügt (vgl. Taf. 17, 8 b–c) und mit vier bis sechs (meist fünf) großen Bronzeknöpfen verziert. Scheiden dieser Art wurden in 20 Gräbern gefunden,[30] solche mit Knöpfen allein in acht weiteren Gräbern[31]. Hierbei besaßen 25 Scheiden unterhalb des Mundsaumes auf ihrer Rückseite noch eine Tasche zur Aufnahme des Eisenmessers[32]. Die großen Zierknöpfe mit rückseitigem Niet, die für einen besonders festen Verschluß der Scheide sorgten, bestehen in 25 Gräbern aus Bronze[33] und in drei Gräbern (77, 78 und 168) aus Eisen. Ihr dreizehnmaliges Vorkommen zusammen mit tauschierten Garnituren[33] zeigt ihre späte Zeitstellung und ihr Vorherrschen in reichen Gräbern. Einfache flache Knöpfe (Taf. 5, 10) gibt es in den Gräbern 77, 154 und 287 (mit eingeschlagenen Punkten); in dem späten Grab 279 sind es große schachtelförmige mit einem Kerbdraht an der Basis (Taf. 24, 2 a–b), in acht Gräbern sind die Zierflächen der Knöpfe von drei Löchern durchbrochen (vgl. Taf. 5, 11–13, Taf. 19, 2 und Taf. 20, 4),[34] neun Knopfgarnituren sind mit Flechtband oder Tierornament verziert (Taf. 18, 7 a–c, Taf. 19, 5 a–c, Taf. 20, 2 a–c und 6 a–c, Taf. 21,5, Taf. 22, 2 und 4, Taf. 24, 6 a–d und Taf. 25, 2 a–e),[35] drei sind einfach reliefverziert (Taf. 5, 14 a–c, Taf. 17, 8 a–e = Taf. 5, 9 und Taf. 21, 3 a–d),[36] zwei sind kugelig bzw. schildförmig (Gräber 88 und 143; Taf. 17, 10 a–e und Taf. 23, 5). Unter den tierornamentierten Knöpfen finden sich Stücke recht guter Qualität wie die Tierkopfwirbel und Fußwirbel in Grab 86 und 100 (Taf. 20, 6 a–e und Taf. 25, 2 a–e) und die Tiergeschlinge in den Gräbern 59, 90 und 96 (Taf. 19, 5 a–c, Taf. 20, 2 a–e und Taf. 24, 6 a–d). Es ist auffällig, daß in Grab 96 die Musterung aller Knöpfe verschieden ist und daß auch in den Gräbern 59 und 90 verschieden gemusterte Knöpfe vorkommen. Ein einzelner Knopf mit Tierornament von der Scheide eines Messers liegt aus Grab 110 vor (Taf. 22, 4). Neben den tauschierten Gürtelgarnituren beweisen gerade die auf alamannischem Gebiet weit verbreiteten bronzenen Saxknöpfe mit Tierornament, daß nordwärts der Alpen die Blütezeit von Salins Stil II in die zweite Hälfte des 7. Jahrhunderts fällt.

[29] Aus Bronzeblech: Gräber 109, 123, 232, 273. Aus Eisenblech: Gräber 65, 88, 96, 106, 108, 127, 142, 145, 154, 287.

[30] Gräber 59, 65, 71, 86, 87, 90, 92, 96, 100, 107, 108, 123, 126, 143, 147, 154, 168, 273, 279, 289 (nur Bronzestifte).

[31] Gräber 77 (Eisen), 78 (Eisen), 88, 106, 142, 158, 269, 290.

[32] Besonders klarer Befund in Grab 88. In folgenden Gräbern wurde das Messer an dieser Stelle unter dem Sax gefunden: 59, 62, 71, 86 (?), 88, 92, 96, 100, 106, 108, 123, 126, 127, 142, 143, 146 (auf Sax), 147, 154, 158, 168, 202, 277, 279, 289, 290.

[33] (T) = zusammen mit tauschierter Garnitur: 59 (T), 65 (T), 71 (T), 86 (T), 87 (T), 88, 90 (T), 92, 96 (T), 100 (T), 106 (T), 107, 108 (T), 123, 126, 142, 143 (T), 147 (T), 154, 158, 269, 273, 279 (T), 287, 290.

[34] Gräber 71, 107, 108, 123, 142, 147, 273, 290.

[35] Gräber 59, 86, 87, 90, 92, 96, 100, 106, 158.

[36] Gräber 65, 126, 269.

Vielfach sind je zwei Knöpfe durch eine leicht gebogene Eisenlasche miteinander verbunden (neun Gräber)[37], durch die das Tragband des Saxes gezogen wurde (Taf. 5, 9 und 16 und Taf. 18, 7 c). Besonders gut verdeutlichen das zwei eiserne Knopfpaare aus Grab 78 (Taf. 17, 2 a–b), deren Bügel auf der Rückseite der Scheiden Ösen zum Durchziehen des Tragriemens bilden und die in entsprechender Lage im Grabe gefunden wurden, das eine unterhalb der Scheidenmündung, das andere am Unterteil der Scheide. Von einer Saxscheide, die ohne eingesteckte Waffe in Grab 102 angetroffen wurde, rühren zwei gleich gut erhaltene Bügel her (Taf. 5, 4 a–b). Eiserne Ösen, die nicht mit Bronze- oder Eisenknöpfen besetzt sind, sonst aber die gleiche Funktion ausübten, stammen aus sechs Gräbern[38], je eine Öse mit und ohne Knöpfen, zu Messerscheiden gehörig, aus Grab 114 und 149. Knöpfe, Tragösen und die Reihe der kleinen Bronzestifte, welche das Leder zusammenhielten, saßen also an jener Seite der Lederscheide, die der Schneide des Saxes zugekehrt war. Der Sax wurde folglich, wie das auch ein Grabstein von Niederdollendorf (Rheinprovinz)[39] verdeutlicht, mit dem Griff schräg nach vorn und mit dem Rücken nach unten hängend getragen. Da niemals besondere kleine Schnallen gefunden wurden, bleibt unklar, wie die beiden Tragriemen, an denen die Scheide hing und die mit ihrem einen Ende in den Ösen des Leibgurtes, mit dem anderen in den Ösen der Scheide befestigt waren, gelöst werden konnten. Denn es ist ausgeschlossen, daß der Sax nur zusammen mit dem Leibgurt abgelegt werden konnte. Die einmal in Andernach (Rheinprovinz) beobachtete Befestigungsart mit einer kleinen Schnalle ist auf alamannischem Gebiet bisher nirgends belegt.[40]

LANZENSPITZEN

Lanzenspitzen wurden in elf Bülacher Gräbern gefunden. Das durch andere langobardische Importgegenstände ausgezeichnete Grab 18 aus der ersten Hälfte des 7. Jahrhunderts enthielt genau 40 cm über dem Schädel liegend ein Speereisen mit Tülle und an der Spitze vierkantigem, sehr schmalem Blatt (Taf. 37, 3), das in Marthalen und Elgg (Kt. Zürich) je zwei Analogien besitzt.[41] In den Gräbern 32 und 41, ebenfalls aus der ersten Hälfte des 7. Jahrhunderts, kamen am rechten Fuß bzw. an der linken Schulter des Toten lange Weidenblattlanzenspitzen mit Grat zutage (Taf. 37, 30 und Taf. 35, 5). Bei dem einen Exemplar ist die Tülle geschlitzt (Taf. 35, 5), bei dem andern zum Einzapfen des Schaftes mit einem Niet durchbohrt (Taf. 37, 30). Die Form ist auch in der zweiten Hälfte des 6. Jahrhunderts geläufig.[42] Verwandt ist eine kleine Lanzenspitze aus Grab 16 (Taf. 37, 29), die zusammen mit einem kurzen Spieß (Taf. 37, 28) gefunden wurde und in das späte 6. oder in das frühe 7. Jahrhundert gehören dürfte. Für die zweite Hälfte des 7. Jahrhunderts liegen kurze Lanzenspitzen mit rhombisch verbreitertem Blatt aus den gut datierten Gräbern 106 und 127 vor (Taf. 35, 13–14), während zu Ende des Jahrhunderts dieselbe Form in größerer Ausführung mit flachem Blatt üblich wurde (Taf. 35, 9 und 15),[43] in Bülach ebenfalls gut datiert durch

---

[37] Gräber 78, 92, 106, 126, 142, 143, 154, 158, 290. Vgl. Pfahlheim (Württ.) Veeck, Taf. 64 A, 1.
[38] Gräber 71, 77, 100, 168, 277, 279.
[39] Bonn. Jahrb. 107, 1901, Taf. 10 = W. A. von Jenny, Die Kunst der Germanen im frühen Mittelalter (1940), Taf. 103. Germania 28, 1944/50, 63 ff. (K. Böhner).
[40] Bonn. Jahrb. 145, 1940, 153 f. mit Taf. 34, 3 (H. Stoll). Daß die ⌐ förmigen Ösen auf Taf. 34, 2 zum Leibgurt und nicht, wie Stoll vermutete, zur Saxscheide gehören, wurde oben S. 49 bereits erörtert.
[41] Landesmus. Zürich. Entfernt verwandt auch zwei Stücke aus Hailfingen bei Stoll, Taf. 32, 2–3.
[42] Vgl. das münzdatierte Grab 245 von Mengen (Baden), Germania 23, 1939, 124, Abb. 1. Ferner Stücke von Hailfingen bei Stoll, Taf. 32, 10–11.
[43] Außer dem münzdatierten Grab 4 von Pfahlheim (Württ.) bei Werner, Taf. 29 A, 3, vgl. Stoll, Taf. 32, 16 und Veeck, Taf. 72 B, 1 und 3 und 73 A, 1.

lange schmale und profilierte Gürtelgarnituren in den Gräbern 279 und 301. Nach Lage im Grabe am rechten Fuß bzw. neben dem Spathagriff müssen die Schäfte der Lanzen in den Gräbern 106, 127 und 279 bei der Grablegung zerbrochen worden sein. Die Lanzenspitze aus Grab 301 (Taf. 35, 9) ist am Tüllenansatz mit zwei Winkeln und auf dem Blatt mit drei Furchen verziert, was bei dieser Spätform gelegentlich auch sonst zu beobachten ist.[44] Unterhalb des rechten Fußes und oberhalb der linken Schulter des Toten fanden sich in den Gräbern 62 und 71 zwei Lanzenspitzen mit langer Tülle und kurzem, gedrungenem und schmalem Blatt (Taf. 35, 16–17), in Grab 71 durch eine Garnitur vom Typ Bülach in die zweite Hälfte des 7. Jahrhunderts datiert. Die Form ist bei den Alamannen dieser Zeit stark verbreitet.[45] Ein seltenes Stück ist dagegen die Flügellanze Taf. 35, 11, die auf der rechten Schulter des Toten in Grab 290 lag. Da sie sich nach den Knöpfen des mitgefundenen Saxes zeitlich in die zweite Hälfte des 7. Jahrhunderts einordnen läßt, ist sie ein gut datierter Vorläufer der karolingischen Flügellanzen. Das schmale Blatt mit Rippe und die fazettierte Tülle rücken das Bülacher Stück an ein solches von Ursins (Kt. Waadt) heran,[46] nur sind bei diesem die beiden Flügel angeschmiedet, während sie bei der Bülacher Lanze und bei einer sehr ähnlichen von Bessungen (Hessen)[47] lose sind und den Abschluß der Eisenverkleidung des oberen Schaftendes darstellen. Unzweifelhaft haben wir in den Flügellanzen von Bülach, Bessungen, Ursins und ihren von Tschumi zusammengestellten Verwandten von Sévery, Charnay und Bassecourt[48] Nachahmungen der langobardischen Flügellanzen aus der zweiten Hälfte des 7. Jahrhunderts vor uns, von denen in Castel Trosino Grab F ein dem Bülacher sehr ähnliches Exemplar vorliegt.[49] Mit ihnen setzt nordwärts der Alpen die Entwicklung zur Flügellanze der Karolingerzeit ein.

PFEIL UND BOGEN

Grab 18 enthielt Reste vom Beingriff[50] eines zusammengesetzten Bogens östlicher Form (Taf. 37, 17), wie er besonders bei den seit 568 in Ungarn ansässigen Awaren üblich war. Bei den Alamannen ist sonst nur der einfache D-förmige Bogen bezeugt.[51] Der Bülacher Bogen ist also auf jeden Fall fremdes Gut und stellt sich damit zu den beiden einzigen bisher bekannten zusammengesetzten Bögen im merowingischen Kulturgebiet, den Bögen von Stuttgart-Cannstatt[52] und Eichloch (Rheinhessen) Grab 54.[53] In dem Cannstätter Grab und in dem Münzgrab von Eichloch, das in die erste Hälfte des 7. Jahrhunderts datiert ist, haben sich die für den östlichen Reflexbogen so charakteristischen beinernen Endversteifungen[54] erhalten. Nun ist es unwahrscheinlich, daß die drei Bögen von Bülach, Cannstatt und Eichloch direkt aus Ungarn stammen. Es läßt sich nämlich nachweisen, daß die Langobarden den zusammengesetzten Bogen zugleich

---

[44] Zazenhausen und Sindelfingen (Württ.) bei Veeck, Taf. 73 A, 1 und 71 B, 7.

[45] Vgl. Veeck, Taf. 71 A, 4; 72 B, 6; 73 A, 2, 7, 8; Stoll, Taf. 32, 9 und 14.

[46] Tschumi, 166, Abb. 51.

[47] Lindenschmit, Zentralmuseum, Taf. 13, 14.

[48] Tschumi, 166 f., mit Abb. 51. Vgl. auch Bourogne bei Scheurer-Lablotier, 29, Abb. 14.

[49] Nocera Umbra Gräber 6 und 32 (Pasqui-Paribeni 180, Abb. 26), Castel Trosino Grab F (Mengarelli 198, Abb. 35), Testona (Calandra, Taf. 1, 22).

[50] F. Blanc berichtet im Grabungsprotokoll vom 20. 10. 1920: «A l'extérieur du fémur gauche les restes de la partie médiale d'un arc sous formes de restes de cuir avec rivets de bronze; deux fragments d'os de la ,prise' ou poignée de l'arc et les fragments de feuille d'argent recouvrant deux boutons de plomb qui ornaient la partie centrale de l'arc.»

[51] Oberflacht (Württ.): Veeck, Taf. 6 B.

[52] Veeck, Taf. 9 A, 2 a–c und Paret, Taf. 19, 10–12. Zur Datierung vgl. Werner, 56, Anm. 5.

[53] Werner, Taf. 21, 8.

[54] Vgl. J. Werner in Eurasia Septentrionalis Antiqua (Helsinki) 7, 1932, 35 ff.

mit den dreikantigen Pfeilspitzen von den Awaren übernommen haben und so liegt es näher, die spärlichen Vorkommen nordwärts der Alpen, wie ich das bereits früher vermutete[55], auf langobardische Vermittlung zurückzuführen. Die langobardischen Importgegenstände des Bülacher Grabes und die italischen Beziehungen von Eichloch Grab 54[56] erheben diese Annahme zur Gewißheit. In Nocera Umbra Grab 86 haben sich ebenfalls Beinversteifungen eines Bogens erhalten.[57]

Mit dem östlichen Reflexbogen zusammen pflegen eiserne dreikantige *Pfeilspitzen* aufzutreten, die nordwärts der Alpen außer gelegentlich bei den Bajuwaren[58] – wo sie auf direkten awarischen Einfluß zurückzuführen sind – noch je einmal in Sprendlingen (Rheinhessen) Grab 26, Sirnau (Württemberg) Grab 18[59], Elgg (Kt. Zürich) Grab 116 (Landesmuseum Zürich) und zu viert im Fürstengrab von Gammertingen (Hohenzollern)[60] für die erste Hälfte des 7. Jahrhunderts belegt sind. Von den zwölf Pfeilspitzen des Bülacher Grabes 18 gehören zwei zu dieser dreikantigen awarischen Form (Taf. 37, 4–5). Aber auch bei ihnen ist langobardische Herkunft sicher, denn in Italien ist die Form in Nocera Umbra (sieben Gräber), Castel Trosino (drei Gräber), Krainburg und Bresaz in Istrien zahlreich vertreten.[61] Da auch die fünf Bolzen (Taf. 37, 6, 8–10 und 15) und die querschneidige Spitze (Taf. 37, 7) des Bülacher Grabes nach dem Süden weisen,[62] besteht der begründete Verdacht, daß der ganze Satz Pfeile mit dem Bogen langobardischen Ursprungs ist.

Vorherrschend sind in Bülach blattförmige Pfeilspitzen mit Tülle. Das Blatt kann rhombisch oder oval, schmal oder breit sein, ohne daß diese Unterschiede zeitbedingt wären. Die Form ist mit 37 Exemplaren in 21 Gräbern vertreten.[63] Für das ganze 7. Jahrhundert liegen datierte Funde vor.[64] Sonderformen stellen Spitzen mit dreieckigem, abgesetztem Blatt (Taf. 38, 11 und 16) aus dem späten 7. Jahrhundert in den Gräbern 102 und 126 und Bolzen mit Tülle in sechs Gräbern[65] dar. Eine dreizackige Pfeilspitze in Grab 71 (Taf. 38, 7) ist ein Unikum und gehört in die zweite Hälfte des 7. Jahrhunderts. Neben den blattförmigen kommen in erheblicher Anzahl noch geflügelte Pfeilspitzen mit glattem oder tordiertem Schaft vor (Taf. 38, 1, 8–9, 14–15), in Grab 143 allein elf Exemplare. Diese Form ist mit 19 Stück in neun Gräbern vertreten.[66] Sie ist für das ganze 7. Jahrhundert bezeugt und kommt dreimal zusammen mit den blattförmigen Spitzen vor (Gräber 37, 100 und 123). Wenn man von den langobardischen Sonderformen in Grab 18 absieht, halten sich die Bülacher Pfeilspitzen in Form und Menge im Rahmen des auch in anderen alamannischen Gräberfeldern Üblichen.[67]

[55] Werner, 56, Anm. 5.

[56] Werner, 55 f.

[57] Pasqui-Paribeni, 284, c–d, n.

[58] Werner, 56, Anm. 1.

[59] Sprendlingen: Westdeutsche Zeitschr. 14, 1895, Taf. 21, 3. Sirnau: Fundber. Schwaben NF. 9, 1935/38, Taf. 39, 3, 1.

[60] Gröbbels, Taf. 8, 7.

[61] Castel Trosino (Mengarelli passim), Gräber 36 (4 Stück), 90 (12 Stück), 119 (9 Stück). Nocera Umbra (Pasqui-Paribeni passim), Gräber 49 (1 Stück), 78 (6 Stück), 98 (2 Stück), 115 (1 Stück), 123 (1 Stück), 137 (9 Stück), 147 (1 Stück). Krainburg: 1 Stück Mus. Laibach. Bresaz bei Pinguente: 8 Stück, Mus. Triest.

[62] Zur querschneidigen Pfeilspitze ist ein Exemplar aus Nocera Umbra Grab 49 zu vergleichen (Thermenmus. Rom).

[63] Gräber 37, 71 (2), 82, 100 (3), 102, 110 (2), 123, 126, 129 (4), 192 (2), 193 (2), 198, 203, 223 (2), 232 (4), 250, 255 (3), 259, 275, 277, 290.

[64] Erste Hälfte 7. Jahrhundert: Gräber 37 und 192; Mitte 7. Jahrhundert: 232, 255, 275; zweite Hälfte 7. Jahrhundert: 71, 100, 102, 110, 126.

[65] Gräber 41, 123, 127, 129, 250, 273.

[66] Gräber 37, 59, 82, 87 (2), 100, 109, 123 (2), 129, 143 (11). – Vgl. das Reitergrab von Tannheim (Württ.) mit neun derartigen Pfeilen, Fundber. Schwaben NF. 9, 1935/38, Taf. 40, 3.

[67] Vgl. Hailfingen: Stoll, Taf. 32, 17–31; Feuerbach: Paret, Taf. 10 und 13 f.; Bourogne: Scheurer-Lablotier, Taf. 34. Ferner Veeck, Taf. 74 B.

SCHILDBUCKEL

Reste vom Schild wurden nur in zwei Bülacher Gräbern beobachtet. Am Fußende des Grabes 18 stand mit dem Buckel nach außen ein Holzschild (gewölbter Rundschild?),[68] von dem sich der eiserne Buckel (Taf. 37, 27 a) und die 36 cm lange, leicht nach innen gebogene Schildfessel (Taf. 37, 27 b) erhalten haben. Der Buckel war mit fünf flachen vergoldeten Bronzenieten am Schild befestigt. Er ist gewölbt, mit niedrigem Kragen, und besitzt einen Endknopf. Die Form ist im späten 6. und in der ersten Hälfte des 7. Jahrhunderts geläufig.[69] Der Schildbuckel aus Grab 301 (Taf. 37, 31), durch die mitgefundene profilierte Gürtelgarnitur in das späte 7. Jahrhundert datiert, ist dagegen kegelförmig und hat einen schräg ansteigenden, hohen Kragen. Er gehört zu jenen späten hohen Formen, welche unmittelbar auf gewisse langobardische Prachtbuckel zurückgehen[70] und die Vorläufer der Zuckerhutform des 8. Jahrhunderts sind.[71] Nordwärts der Alpen sind sie z. B. aus Dietersheim (Rheinhessen)[72] und in einigen Exemplaren aus dem alamannischen Süddeutschland bekannt.[73] In der Schweiz liegen weitere Buckel aus Önsingen (Kt. Solothurn, Museum Solothurn), Oberbuchsiten (Kt. Solothurn) Grab 62, Beringen (Kt. Schaffhausen) Grab 2 und aus dem späten Kriegergrab von Birrhard (Kt. Aargau) vor.[74] Die Datierung der Form in die zweite Hälfte und das späte 7. Jahrhundert sichern das Münzgrab 14 von Hintschingen (Baden)[73] und die Gräber Hailfingen-Ostfriedhof Grab 1a[73], Bingen (Hohenzollern) Grab 3[73], Birrhard und Bülach Grab 301.

ÄXTE UND SPOREN

Die einzige in Bülach gefundene *Streitaxt* (Taf. 38, 4) ist in Grab 235 durch eine Potinschnalle (Taf. 3, 26) in das späte 6. oder frühe 7. Jahrhundert datiert. Die Form mit geschweiftem Rücken und langer Schneide ist selten, es handelt sich um eine Weiterentwicklung der Franziska, wie sie ähnlich noch aus Hailfingen Grab 194 bekannt ist.[75]

Eiserne *Sporen* wurden in drei Bülacher Gräbern angetroffen, die alle in die zweite Hälfte des 7. Jahrhunderts gehören. Sie wurden stets an der linken Ferse des Toten gefunden. Der lange Sporn aus Grab 86 (Taf. 38, 23) ist aus einem breiten Eisenband geschmiedet, das an den Enden zu Halteösen umgelegt ist. Die kreisförmigen Ausbuchtungen der Stege sind charakteristisch. Die Form ist in Bronze bei den Lango-

---

[68] Ein aufrecht stehender Schild auch in Hailfingen Grab 475: Stoll, 33 und Taf. 3, A.

[69] In Hailfingen Gräber 397 und 424 bei Stoll, Taf. 33, 5 und 10, 8. Ferner z. B. Herten (Oberbaden), Grab 1 (Westdeutsche Zeitschr. 9, 1890, Taf. 9, 13) und Charnay (Baudot, Taf. 1, 3).

[70] Vgl. z. B. Milzanello bei Aberg, Goten und Langobarden in Italien (1923), 95, Abb. 150, und das Gisulfgrab in Cividale bei Lindenschmit, Handbuch 79, Abb. 6, G. In Nocera Umbra Gräber 125 und 134 durch bronzene gleicharmige Fibeln ins späte 7. Jahrhundert datiert (Pasqui-Paribeni passim). Den Zusammenhang erkannte H. Bott in Bayer. Vorgeschichtsbl. 13, 1936, 54.

[71] Vgl. jetzt H. Zeiß in Reinecke-Festschr. (1950), 173 ff.

[72] Lindenschmit, Handbuch, 247, Abb. 185.

[73] Münzgrab 14 von Hintschingen (Baden): Werner, Taf. 31, 9a. Öhningen (Baden): Wagner, 1, Abb. 21. Gammertingen (Hohenzollern): Gröbbels, Taf. 16a. Murr (Württ.): Veeck, Taf. 75 B, 6. Hailfingen-Ostfriedhof, Grab 1a: Stoll, Taf. 11, 20. Bingen (Hohenzollern), Grab 3: Mannus 31, 1939, 134, Abb. 9, A.

[74] Oberbuchsiten: Tatarinoff, 68, Abb. 7. Beringen Grab 2: ASA NF. 13, 1911, 25, Abb. 4, 2 (zusammengefunden mit Silberkreuz). Birrhard: Mus. Aarau. ASA NF. 40, 1938, 107, zusammengefunden mit der späten silberplattierten Gürtelgarnitur mit profiliertem Umriß, Abb. 25. Ferner Örlingen (Kt. Zürich), Grab 51, Jonen (Kt. Aargau), Grab 5 und Windisch (Kt. Aargau), alles Landesmus. Zürich.

[75] Stoll, Taf. 33, 9. Vorformen z. B. aus Charnay (Baudot, Taf. 3, 18), Bendorf (Rheinprovinz) (Lindenschmit, Zentralmuseum, Taf. 14, 4) und Port (Kt. Bern) (Tschumi, 151, Abb. 46, 7).

barden[76] und Alamannen[77], aus Eisen unverziert in Bourogne bei Belfort[78] und tauschiert mehrfach in Süddeutschland und im Rheinland belegt[79] und ist, nach den tauschierten Exemplaren zu urteilen, für die zweite Hälfte des 7. Jahrhunderts typisch. Die beiden bandförmigen bzw. stabförmigen Sporen der Gräber 251 und 143 (Taf. 38, 22 und 24) vertreten den gleichzeitigen einfacheren Typus, der ebenfalls in Bronze[80] und Eisen[81] vorzukommen pflegt. Er findet sich auch in dem Kriegergrab von Birrhard (Kt. Aargau)[82].

Die großen Eisensporen setzen, wie oben Seite 50 betont wurde, festes hohes Schuhwerk voraus. Der Sporn war mit einem Riemen am linken Schuh festgeschnallt. In den Gräbern 86 und 251 fanden sich hierzu kleine bronzene Riemenzungen (Taf. 38, 19), in Grab 143 eine eiserne mit Hülse und aufgesetztem Eisenknopf (Taf. 38, 25). In Grab 18 lag außer einem Paar bronzener Schuhschnallen und Riemenzungen noch eine kleine Eisenschnalle mit ovalem silberplattiertem Beschläg (Taf. 3, 20 und Taf. 37, 21) am linken Fuß, die nur zu einem Spornriemen gehört haben kann. Ähnlich sind auch die kleinen Eisenschnallen zu deuten, die in dem gleichzeitigen Grab 7 und in Grab 198 an der linken Ferse des Toten gefunden wurden. In diesen drei Gräbern hat man auf die Beigabe des Sporns selbst verzichtet.

[76] Zwei vergoldete Exemplare im Gisulfgrab in Cividale (Lindenschmit, Handbuch, 79, Abb. 6, A) und ein weiteres Stück im Museum Cividale.

[77] Kornwestheim und Göppingen (Württ.) bei Veeck, Taf. 67 A, 1 und 3. Bourogne (Terr. de Belfort) bei Scheurer-Lablotier, Taf. 50, A. Kaiseraugst (Kt. Aargau) in MAGZ 19, 2 (1875/77), Taf. 1², 21. Baden (Kt. Aargau) in Ur-Schweiz 7, 1943, 70, Abb. 45.

[78] Scheurer-Lablotier, Taf. 41, A. Schretzheim Grab 345: P. Zenetti, Vor- und Frühgeschichte des Kreises Dillingen (1939), Abb. 146.

[79] Münzgrab 14 von Hintschingen (Baden): Werner, Taf. 33 A, 25. Ötlingen (Württ.): Werner, 60, Anm. 8. Pfahlheim (Württ.) Grab 3: Veeck, Taf. 67 A, 8. Land Baden: Lindenschmit, Handbuch, 285, Abb. 222. Östrich (Rheingau): Lindenschmit, Zentralmuseum, Taf. 14, 14. Straßburg: Anz. f. elsäss. Altkde. 25, 1934, 258, Abb. 72. Castel Trosino Grab T: Mengarelli, Taf. 5, 2 und 9, 1.

[80] Z. B. Veeck, Taf. 67 B, 1–3.

[81] Z. B. Stoll, Taf. 7, 5 und Paret, Taf. 8, 1–2.

[82] ASA NF. 40, 1938, 107.

ZEITBESTIMMUNG UND BEOBACHTUNGEN ÜBER DIE BELEGUNG DER GRÄBERFELDER

LISTE DER DATIERBAREN GRÄBER

Bei der Bearbeitung der «Münzdatierten austrasischen Grabfunde» ergab sich, daß die dort behandelten Grabinventare nicht schärfer als auf ein halbes Jahrhundert datiert werden konnten (Werner 4). Die gleichen Voraussetzungen gelten auch für die Zusammenstellung der datierbaren Gräber jedes einzelnen Reihengräberfriedhofs, denn ihre Datierungskriterien müssen allein aus den Beigaben gewonnen werden. Die Lage der Gräber innerhalb des Friedhofs kann für Datierungszwecke erst in zweiter Linie herangezogen werden, da Schlüsse in dieser Hinsicht erst aus der Verteilung der in sich datierten Gräber zu erwarten sind. Es wird daher im Folgenden zunächst eine Liste jener Gräber gegeben, deren Beigaben in den drei vorhergehenden Kapiteln schärfer datiert werden konnten. Der Liste entspricht der Plan 2, in dem die datierten Gräber durch besondere Signaturen hervorgehoben sind. In der Liste werden die zeitbestimmenden Beigaben in der Reihenfolge ihres Datierungswertes mit Tafelangabe aufgeführt. Nach der Grabnummer folgt die Angabe, ob Männer- (M), Frauen- (F) oder Kinder- (K) Grab, dann die mit dem Plan 2 übereinstimmende Signatur, wobei unterschieden sind: ▤ Mitte bis zweite Hälfte 6. Jahrhundert, ▨ um 600, ▦ erste Hälfte 7. Jahrhundert, ▧ um 650, ■ zweite Hälfte 7. Jahrhundert. Bei den Gräbern der Zeit um 600 bzw. 650 bleibt es unentschieden, ob sie vor oder nach diesen Daten liegen.

Grab 1 F (D 3) ▦ Millefioriwirtel, Taf. 2, 4.

,,   4 F (E 3/4) ▦ Goldblechanhänger, Taf. 1, 11–12; Sieblöffel, Taf. 1, 17; Perlen, Taf. 1, 14.

,,   7 M (E 4) ▦ Beschläge des Wehrgehänges, Taf. 2, 20–22; Millefiori-Troddel, Taf. 2, 24.

,,   8 F (E 3) ▤ «gotische» Schnalle, Taf. 3, 15.

,,   9 F (E 3) ▤ Scheibenfibel, Taf. 1, 7; Glaswirtel, Taf. 2, 5.

,, 14 F (E/F 3) ▤ Fischfibeln, Taf. 1, 3–4; tauschierte Schnalle, Taf. 1, 5.

,, 15 F (E 4) ▤ Bügelfibeln, Taf. 1, 1–2.

,, 16 M (E 3) ▨ Lanzenspitze, Taf. 37, 29.

,, 17 M (E 3) ▤ Spatha, Taf. 34, 1.

,, 18 M (E 3) ▦ Silberschnalle, Taf. 3, 21; Bogenversteifungen, Taf. 37, 16–17; dreikantige Pfeilspitzen, Taf. 37, 4–5; Stengelgläser, Abb. 3, 2–3.

,, 21   (F 2) ▦ Bronzeschnalle, Taf. 4, 2.

,, 25   (E 3) ▨ Potinschnalle, Taf. 3, 8.

,, 27 M (E 3) ▦ Bronzeschnalle, Taf. 3, 9; silbernes Ortband, Taf. 3, 11.

,, 29   (F 3) ▤ Bronzeschnalle, Taf. 3, 12.

,, 30 M (E 4) ▨ Bronzepinzette, Taf. 2, 12.

,, 32 M (E/F 3) ▦ Silberschnalle mit Beschlägen, Taf. 3, 25; Lanzenspitze, Taf. 37, 30.

,, 34 K (F 3) ▦ silberner Körbchenohrring, Taf. 2, 1; Bronzeanhänger, Taf. 2, 3.

,, 37 M (E/F 5) ▦ tauschierte Schnalle, Taf. 5, 15; Sax, Taf. 37, 1; (Sax Spitze nach oben).

,, 41 M (E 5/6) ▦ Sax, Taf. 35, 4; Lanzenspitze, Taf. 35, 5; (Sax, Spitze nach oben).

,, 43 F (E 6) ▨ Knochenwirtel, Taf. 2, 10.

,, 52 M (E 6) ▦ Sax, Spitze nach oben.

,, 53 M (D/E 6) ▦ Eisenschnalle, Taf. 13, 7.

,, 55 M (G 2) ■ tauschierte Schnalle, Typ Bülach, Taf. 18, 12.

,, 59 M (D 6) ■ tauschierte Garnitur, Typ Bülach, Taf. 19, 4; Saxknöpfe mit Tierornament, Taf. 19, 5.

,, 65 M (G 7) ■ tauschierte Garnitur, Typ Bülach, Taf. 21, 2.

,, 71 M (E/F 8) ■ tauschierte Garnitur, Typ Bülach, Taf. 20, 3.

Grab 75 M (F 7) ▨ Bronzeschnalle mit Weißmetallüberzug, Taf. 4, 10.

„ 76 M (F 7) ▬ eiserne Garnitur, Imitation des Typs Bülach, Taf. 14, 3.

„ 78 M (G 8) ▬ lange, schmale Eisengarnitur, Taf. 17, 1.

„ 82 M (F 8) ▬ eiserne Schnalle, Imitation einer tauschierten, profilierten Schnalle, Taf. 17, 3a.

„ 84   (G 8) ▬ lange, schmale Eisenschnalle, Taf. 17, 5.

„ 86 M (F 8) ▬ tauschierte Garnitur, Taf. 20, 5; Saxknöpfe mit Tierornament, Taf. 20, 6; Sporn, Taf. 38, 23.

„ 87 M (G 8) ▬ tauschierte Garnitur, Typ Bülach, Taf. 22, 1.

„ 88 M (F 8) ▬ schildförmige Saxknöpfe, Taf. 17, 10 a–e.

„ 90 M (F 8) ▬ tauschierte Garnitur, Typ Bülach, Taf. 20, 1; Saxknöpfe mit Tierornament, Taf. 20, 2.

„ 92 M (G 8) ▬ tauschierte Garnitur, Typ Bülach, Taf. 21, 4; Saxknöpfe mit Tierornament, Taf. 21, 5.

„ 95 F (G 8) ▬ tauschiertes Zierstück einer Garnitur, Typ Bern-Solothurn, Taf. 5, 5b.

„ 96 M (F 8) ▬ tauschierte, profilierte Garnitur, Taf. 24, 5; Saxknöpfe mit Tierornament, Taf. 24, 6.

„ 100 M (G 7) ▬ tauschierte Garnitur, Taf. 25, 1; Saxknöpfe mit Tierornament, Taf. 25, 2.

„ 101 F (F 8) ▬ große Bronzeohrringe, Taf. 6, 1–2.

„ 102 M (G 7) ▬ tauschierte Schnalle, Taf. 5, 3; Pfeilspitze, Taf. 38, 11.

„ 106 M (E 8) ▬ tauschierte Garnitur, Typ Bülach, Taf. 18, 1; tauschierter Spathagriff, Taf. 33, 1.

„ 108 M (E 7) ▬ tauschierte Garnitur, Typ Bülach, Taf. 19, 1; tauschierte Rückenplatte, Taf. 19, 1d.

„ 110 M (F 7) ▬ tauschierte Garnitur, Typ Bülach, Taf. 22, 3; Saxknopf mit Tierornament, Taf. 22, 4.

„ 114 M (E 8) ▬ tauschiertes Gegenbeschläg, Taf. 5, 17.

„ 116 F (F 8) ▬ tauschierte Schuhgarnitur, Taf. 5, 6.

„ 123 M (F/G 8) ▬ bronzene Gürtelgarnitur, Taf. 4, 11.

„ 125 F (E 8) ▬ bronzene Schuhgarnitur, Taf. 5, 2; große Bronzeohrringe, Taf. 3, 17–18.

„ 126 M E 8/9) ▬ trapezförmige Garnitur, Imitation des Typs Bern-Solothurn, Taf. 17, 7; Pfeilspitze, Taf. 38, 16.

„ 127 M (F/G 7/8) ▬ tauschierter Spathagriff, Taf. 33, 2.

„ 130 F (E 7) ▬ bronzene Schuhgarnitur, Taf. 4, 15–16; große Bronzeohrringe, Taf. 3, 13–14, Ringfibel, Taf. 1, 18.

„ 131 F (E 7) ▬ kleine Bronzeohrringe mit Würfeln, Taf. 3, 3–4.

„ 143 M (F 9) ▬ tauschierte, profilierte Garnitur, Taf. 23, 4; Sporn, Taf. 38, 24.

„ 146 M (E/F 9) ▬ tauschierte, profilierte Garnitur, Taf. 23, 1.

„ 147 M (F 9) ▬ tauschierte Garnitur, Typ Bern-Solothurn, Taf. 24, 3.

„ 149 M (F 9) ▬ eiserne, lange, schmale Garnitur, Taf. 17, 9.

„ 153 M (D 8) ▬ tauschierte, profilierte Garnitur, Taf. 23, 3.

„ 154 M (D 8) ▬ eiserne, lange, schmale Garnitur, Taf. 17, 11.

„ 160 F (E 9) ▬ große Bronzeohrringe, Taf. 3, 1–2.

„ 161 F (E 8) ▬ große Bronzeohrringe (vgl. Katalog).

„ 167 M (D 8) ▬ tauschierte Garnitur, Typ Bern-Solothurn, Taf. 24, 4; wabentauschierte Riemenzunge, Taf. 24, 4c.

„ 170 F (D 7) ▬ große Bronzeohrringe, Taf. 3, 23–24.

„ 173 M (D 7) ▬ tauschierte, profilierte Garnitur, Taf. 23, 2.

„ 174 F (C 7) ▬ große Bronzeohrringe, Taf. 3, 6–7.

„ 176   (F 5) ▨ Potinschnalle, Taf. 4, 1.

„ 178   (F 5) ▤ Tongefäß mit eingeglättetem Gittermuster, Taf. 8, 20.

„ 179 F (F 5) ▤ Scheibenfibel, Taf. 1, 8.

„ 180   (F 6) ▦ Bronzeschnalle, Taf. 4, 4.

„ 188 M (F/G 5) ▦ Sax mit Metallknauf, Taf. 35, 1 (Sax Spitze nach oben).

„ 189 K (F/G 5) ▦ schildförmiger Beschlag, Taf. 4, 20.

„ 192 M (G 5/6) ▨ Bronzeschnalle, Taf. 3, 16.

„ 193   (G 5) ▦ Bronzeschnalle, Taf. 4, 5.

„ 201 M (G 5) ▦ Bronzeschnalle, Taf. 3, 22.

„ 202aM (G 5) ▦ Saxortband (untere Bestattung), (vgl. Katalog).

„ 211   (H 6) ▨ Bronzeschnalle, Taf. 4, 3.

„ 214 M (D 6) ▬ tauschiertes Beschläg, Typ Bülach, Taf. 18, 11.

„ 217 F (C/D 4) ▬ tauschiertes, profiliertes Beschläg, Taf. 25, 3.

„ 230 F (G 5) ▦ silberner Fingerring, Taf. 1, 9.

„ 231 F (G 5) ▦ gestempeltes Bronzebeschläg, Taf. 4, 23.

„ 232 M (H 4) ▦ Sax mit Metallknauf, Taf. 35, 2 (Sax Spitze nach oben).

„ 233 M (G/H 4) ▦ Schilddorn, Taf. 4, 7.

„ 235 M (G 4) ▨ Potinschnalle, Taf. 3, 26; Streitaxt, Taf. 38, 4 (auf Plan 2 falsche Signatur).

„ 246   (H/J 4) ▦ eisernes Taschenbeschläg, Taf. 9, 22.

„ 249 F (H/J 4) ▦ Almandinscheibenfibel, Taf. 1, 10.

„ 251 M (J 5) ▬ tauschierte, engzellige Garnitur, Taf. 21, 1.

„ 255 M (H 4) ▨ Rasiermesser, Taf. 9, 5.

Grab 259 M (J 4) ▨▨ Sax mit Metallknauf, Taf. 35, 3.

„ 262 M (J 5) ▉ eiserne Garnitur, Imitation von Tauschiermustern, Taf. 15, 7.

„ 268 M (J 4) ▤▤ bronzene Schilddornschnalle, Taf. 4, 6.

„ 275 M (G/H 4) ▨▨ Rasiermesser, Taf. 9, 1.

„ 276 M (J 3) ▉ eiserne Gürtelschnalle, Imitation einer tauschierten, profilierten Schnalle,.

„ 279 M (K 4) ▉ tauschierte Garnitur, Typ Bern-Solothurn, Taf. 24, 1; Lanzenspitze, Taf. 35, 15.

„ 285 F (J 3) ▉ tauschierte Schuhgarnitur, Taf. 5, 7.

„ 286 F (K 3) ▉ tauschierte Schnalle, Taf. 5, 8.

„ 289 M (K 3) ▉ tauschierte Garnitur, Typ Bülach, Taf. 19, 3.

„ 290 M (K 3) ▉ eiserne Flügellanze, Taf. 35, 11.

„ 301 M (C 1) ▉ tauschierte, profilierte Garnitur, Taf. 22, 5; Lanzenspitze, Taf. 35, 9; Schildbuckel, Taf. 37, 31.

96 Gräber (61 M, 24 F, 1 K, 10 unbestimmt) lassen sich also schärfer datieren, das sind rund ein Drittel der in Bülach aufgedeckten Bestattungen. Von ihnen gehören sieben in die Mitte bis zweite Hälfte des 6. Jahrhunderts, sechs in die Zeit um 600, 27 in die erste Hälfte des 7. Jahrhunderts, vier in die Zeit um 650 und 52 in die zweite Hälfte des 7. Jahrhunderts.

BEOBACHTUNGEN ZUR VERTEILUNG DER DATIERTEN GRÄBER UND ZUM GANG DER BELEGUNG (vgl. Plan 2)

Die Verbreitung der datierten Gräber innerhalb des Friedhofs ist sehr aufschlußreich. Wenn wir in Bülach zwischen einer Nordwestgruppe (8 Gräber um Grab 301), einer Nordgruppe nördlich des Neubaus Keller, einer davon durch einen freien Kiesstreifen getrennten Mittelgruppe und der Südgruppe südlich der Straße unterscheiden, zeigt sich, daß die ältesten Gräber in der Nordgruppe und im Nordteil der Mittelgruppe liegen. In der Nordgruppe (44 Gräber) ist mit Ausnahme des abseits liegenden Grabes 55 kein Grab jünger als die erste Hälfte des 7. Jahrhunderts. In der Mittelgruppe liegt die Masse der Gräber aus der ersten Hälfte des 7. Jahrhunderts, nur an ihrem Ost- und Westrand finden sich Gräber aus der zweiten Hälfte des 7. Jahrhunderts. Das Gros der späten Gräber bildet die Südgruppe südlich der Straße, wo kein Grab älter als 650 sein dürfte. Aus diesem Überblick ergibt sich, daß die Belegung um 550 in der Nordgruppe ihren Ausgang nahm und sich noch im 6. Jahrhundert jenseits der freien Kieszone weiter ausdehnte, bis in der zweiten Hälfte des 7. Jahrhunderts die Ränder der Mittelgruppe in Ost und West erreicht und gleichzeitig die 114 Gräber südlich der Straße angelegt wurden. In der zweiten Hälfte des 7. Jahrhunderts wurde auch noch die kleine Nordwestgruppe um Grab 301 angelegt und vereinzelt östlich der Nordgruppe bestattet (Grab 55). Dieser Befund spricht eindeutig für eine fortschreitende Belegung während des etwa 150jährigen Bestehens des Friedhofs. Die Anlage einzelner, lange benutzter Grabbezirke für Sippen oder Familien ist also für Bülach auszuschließen und dafür spricht auch, daß Grabüberschneidungen oder mehrfache Benutzung derselben Grabgrube nur in geringer Anzahl beobachtet wurden. Die Belegung schreitet vielmehr kontinuierlich von Norden nach Süden und zu den Rändern fort, wo manche Gräber wie Grab 167 (mit wabentauschierter Riemenzunge, Taf. 24, 4c) oder die fast beigabenlosen Gräber der Südecke bereits in die ersten Jahrzehnte des 8. Jahrhunderts fallen könnten. Im frühen 8. Jahrhundert wurde der Friedhof dann allerdings aufgelassen. Die Erdhügel der einzelnen Gräber waren während der Dauer der Belegung kenntlich, wodurch man gegenseitige Störungen vermied, den Grabräubern des 7. und 8. Jahrhunderts allerdings Vorschub geleistet wurde. Da der Abstand der Gräber voneinander sehr verschieden ist und auch die Richtungen stark variieren, ging das Fortschreiten der Belegung nicht streng in Reihen vor sich, sondern die neuen Gräber wurden mehr oder weniger willkürlich näher oder entfernter an die alten angeschlossen. Von einem eigentlichen Reihengräberfeld im Sinne moderner Friedhöfe kann man also weder in Bülach noch bei den sonst bisher gut ausgegrabenen alamannischen Friedhöfen sprechen.

Auf die Schwierigkeiten, die sich der Datierung der älteren Gräber entgegenstellen, sei hier noch besonders eingegangen. Die Gräber 8, 14 und 15 enthalten Schmuckstücke, die, bereits vor 550 angefertigt, infolge ihrer starken Abnutzung aber wohl erst um diesen Zeitpunkt ins Grab gelangt sein dürften. Die älteste Generation der in Bülach Bestatteten gehört also der Zeit vor 550 an und verstarb um die Mitte und in der zweiten Hälfte des 6. Jahrhunderts. Da in der Nordgruppe, in der sich diese ältesten Bestattungen finden, zahlreiche Gräber ausgeraubt sind, ist dieser Personenkreis zahlenmäßig nicht zu erfassen, mehr als zwei Dutzend Erwachsene dürften es aber nicht gewesen sein. Bis zum Jahre 600 ist in Bülach mit kaum mehr als 30 Beisetzungen zu rechnen.

Der langobardische Import, dem für die anschließenden Gräber großer zeitbestimmender Wert zukommt, wird hier in Anlehnung an die Ergebnisse der «Münzdatierten austrasischen Grabfunde» erst in die Zeit nach 600 gesetzt und die entsprechenden Gräber damit in die erste Hälfte des 7. Jahrhunderts eingereiht. Es handelt sich um folgende Importgegenstände:

Grab   1: Millefioriwirtel Taf. 2, 4.
  „   4: Goldblechanhänger Taf. 1, 11–12 und Perlen Taf. 1, 14.
  „   7: Beschläge des Wehrgehänges Taf. 2, 20–22; Schlagbandknopf Taf. 2, 23.
  „   18: Silberschnalle Taf. 3, 2; Reflexbogen Taf. 37, 11; Pfeile Taf. 37, 4–5; Stengelgläser Abb. 3, 2–3,
           vielleicht der Schildbuckel Taf. 37, 27, und die Lanze Taf. 37, 3.
  „   34: vielleicht der silberne Körbchenohrring Taf. 2, 1.
  „   37: vielleicht die tauschierte Schnalle Taf. 5, 15.
  „   230: silberner Fingerring Taf. 1, 9.
  „   108: tauschierte Rückenplatte Taf. 19, 1d (zweite Hälfte 7. Jahrhundert).

Zumindest bei den Fundstücken der Gräber 1, 4, 7 und 18 ließe sich theoretisch auch eine frühere Zeitstellung vertreten, wenn man in Betracht zieht, daß diese Gegenstände zwar aus italischen Werkstätten, aber nicht unbedingt aus langobardischer Vermittlung herrühren müssen. Da zwischen 539 und 563 fränkische Truppen, unter ihnen wohl auch Alamannen, in Oberitalien standen und die Bündner Alpenpässe mit ihren Verbindungen zum Oberrhein laufend benutzt wurden,[1] scheint auf den ersten Blick eine Frühdatierung gerade in Hinsicht auf die «italische» Ausstattung des Jünglings in Grab 18, der nichts spezifisch Germanisch-Langobardisches anhaftet, und auf das «italische» Wehrgehänge in Grab 7 nicht unberechtigt. Dagegen spricht, daß die Einfuhrstücke auch dieser Gräber innerhalb eines immer wieder datierbaren Importstroms nordwärts der Alpen auftreten und in Italien selbst bisher nur in den langobardischen Nekropolen bezeugt sind. Man müßte sonst z. B. annehmen, daß der Reflexbogen in Grab 18 und das Schwertgehänge mit den Adorantenbildern in Grab 7 byzantinischen oder gar ostgotischen Ursprungs wären, wofür bisher jeglicher Anhalt fehlt. Da südlich wie nördlich der Alpen alle Analogien zu den betreffenden Bülacher Funden in die Langobardenzeit gehören und alamannisch-langobardische Handelsbeziehungen auf Grund der Geschichte der Alpenstraßen erst nach 591 in dem Ausmaß möglich waren, daß sie archäologisch durch einen Importstrom faßbar sind, wird man also an der Datierung in die erste Hälfte des 7. Jahrhunderts festhalten müssen. Das rein «langobardische» Inventar des Grabes 18 ist aber damit noch nicht befriedigend erklärt. Wenn auch die langobardischen Importgegenstände der andern Gräber dafür sprechen, daß der in Grab 18 Bestattete ein Einheimischer war, ganz auszuschließen ist die Möglichkeit nicht, in ihm einen fremden Zuwanderer zu sehen. Hier scheinen jedenfalls die Grenzen der durch die Archäologie gegebenen Erkenntnismöglichkeiten erreicht zu sein. Das etwa gleichzeitige Fürstengrab von Ittenheim im Elsaß enthält in ähnlicher Weise eine Überzahl aus dem Süden stammender Beigaben, und dennoch war der Bestattete ein Alamanne[2].

[1] Werner, 25 ff.
[2] J. Werner, Der Fund von Ittenheim. Ein alamannisches Fürstengrab des 7. Jahrhunderts im Elsaß (Straßburg 1943).

Auffällig ist die Spärlichkeit der Waffen in dem der ersten Hälfte des 7. Jahrhunderts angehörenden mittleren Friedhofsteil, wo bezeichnenderweise die Saxe in den vier Gräbern 37, 41, 52 und 188 mit der Spitze nach oben beigegeben sind (vgl. Plan 1), im Gegensatz zum Südteil des Friedhofs und zu den Gräbern am West- und Ostrand.

Für die Zeit nach 650 bieten neben vereinzelten Waffenformen die Tauschierungen das wichtigste Datierungskriterium. Nach ihrer Verteilung im Gräberfeld hat es den Anschein, als ob die Garnituren vom Bülacher Typus und die einzelne engzellig tauschierte Garnitur in Grab 251 etwas älter wären als die profilierten Garnituren und diejenigen vom Typ Bern-Solothurn. Es ist hier wohl außer einem Werkstättenunterschied auch der Ablauf einer modischen Entwicklung zu fassen, die für die Gesamtheit der Gürtelschließen im folgenden Kapitel dargestellt wird.

Da die Streuung der Gräber in allen Teilen des Friedhofs unregelmäßig und recht weitmaschig ist, bleibt schließlich zu untersuchen, ob nicht doch gelegentlich nebeneinander liegende Bestattungen von Ehepaaren festgestellt werden können. Bei dem Doppelgrab 243/244 ist der Befund eindeutig. Die Toten sind Arm in Arm beigesetzt, sind also gleichzeitig einem Unglücksfall oder einer Krankheit erlegen. Im übrigen kann höchstens Reichtum und Zeitstellung der Beigaben und Tiefe und Richtung der Grabgruben einen Hinweis auf Familienzusammengehörigkeit geben. Infolge der fortschreitenden Belegung des Friedhofs können dabei die entsprechenden Männer- und Frauengräber neben- oder hintereinander liegen. Unsere Zusammenstellung ist natürlich nur als ein Versuch zu werten. Sie umfaßt 24 Gräberpaare, bei denen die Deutung, daß hier Mann und Frau bestattet sind, wahrscheinlich ist. Es sind in der Übersicht nur Grabnummer, Geschlecht und Tiefe der Grabgrube gegeben. Eine Überprüfung wird der anthropologische Befund erlauben.

Nordgruppe:	4 F (120)	und	7 M (110)	–	14 F (125)	und	32 M (115)
Mittelgruppe:	177 (60)	und	194 M (60)	–	217 F (100)	,,	218 M (100)
	56 F (90)	,,	59 M (130)	–	234 F (105)	,,	235 M (140)
	249 F (160)	,,	269 M (130)	–	265 F (165)	,,	250 M (160)
	278 F (130)	,,	279 M (115)	–	284 F (120)	,,	291 M (120)
Südgruppe:	174 F (75)	und	173 M (70)	–	169 F (80)	,,	106 M (80)
	130 F (90)	,,	108 M (125)	–	70 F (90)	,,	71 M (115)
	121 (90)	,,	124 M (90)	–	125 F (70)	,,	114 M (80)
	116 F (95)	,,	86 M (100)	–	97 F (115)	,,	96 M (110)
	101 F (90)	,,	109 M (115)	–	103 F (100)	,,	127 M (105)
	79 F (125)	,,	78 M (120)	–	81 F (80)	,,	100 M (80)
	98 F (100)	,,	102 M (105)	–	84 (100)	,,	87 M (110)

Bei einer Gesamtzahl von rund 300 Gräbern stehen etwa 150 Bestattungen der Zeit vor 650 einer gleichen Zahl für die zweite Hälfte des 7. Jahrhunderts gegenüber. Rechnet man für die Belegungszeit von 150 Jahren mit fünf Generationen, so entfallen auf drei bzw. knapp zwei Generationen je 150 Gräber. Schon diese sehr grobe Rechnung ergibt eine erstaunliche Zunahme der Bestattungen in der Spätzeit, die wohl noch krasser in Erscheinung träte, wenn die an den Südteil des Friedhofs anschließenden Gräber, die noch unaufgedeckt unter der Straße liegen, hinzukämen. Leider erlaubt die Zahl der beraubten Gräber in der Nord- und Mittelgruppe nicht, das Verhältnis der Bestattungen aus der zweiten Hälfte des 6. Jahrhunderts zu denen der ersten Hälfte des 7. Jahrhunderts abzuschätzen. Das Ergebnis wäre wohl noch eindeutiger und würde ergeben, daß aus den sechs bis acht Familien, die um die Mitte des 6. Jahrhunderts auf den zum Gräberfeld gehörenden Höfen saßen, mehr als hundert Jahre später 60 bis 80 Familien geworden sind, eine Beobachtung, wie sie ähnlich bisher noch jedes ganz aufgedeckte frühmittelalterliche Reihengräberfeld erbrachte und auf die im Schlußabschnitt zurückzukommen ist.

ZU DEN MÄNNERGRÄBERN IM SÜDTEIL DES FRIEDHOFS

Die Beigabe von Waffen und einer besonders reichen Grabausstattung neben waffenlosen und beigaben-
armen Bestattungen läßt die Männergräber besonders geeignet erscheinen, um an ihnen Anhaltspunkte für
eine soziale Differenzierung der Bevölkerung zu gewinnen. W. Veeck hat als erster derartige Versuche an
württembergischen Reihengräberfeldern unternommen.[1] Diese Versuche hat H. Stoll in seiner Untersuchung über das Gräberfeld von Hailfingen im oberen Gäu weiter ausgebaut.[2] Er unterscheidet zwischen
vollbewaffneten Hofbauern, nur mit dem Sax bewaffneten Kleinbauern und ärmlich ausgestatteten, unbe-
waffneten Hörigen. Während des 7. Jahrhunderts steige die Zahl der Kleinbauern wegen der raschen
Bevölkerungszunahme und der Absperrung der alamannischen Auswanderung, derzufolge die jüngeren
Bauernsöhne in ihrer eigenen Markung angesiedelt werden mußten. «Gegen Ende des 7. Jahrhunderts
werden die sozialen Unterschiede besonders durch die Reitergräber betont; wenige schwerbewaffnete
Herren liegen zwischen Reihen leichtbewaffneter Kleinbauern und Höriger begraben. . . . . Man erkennt
im Aufbau der alamannischen Gräberfelder Hailfingens wohl die Unterschiede verschiedener Bevölkerungs-
schichten, aber die Grenzen sind in der während des 7. Jahrhunderts stark angewachsenen Bevölkerung
doch recht fließend. Da hier nicht sippenweise, in mehrere Generationen umfassenden Gräbergruppen bestattet wurde, ist nicht eindeutig festzustellen, ob die vielen vollbewaffneten Bauern des 7. Jahrhunderts
alle von den wenigen bewaffneten Männern, die im 6. Jahrhundert hier beigesetzt wurden, abstammen.
Noch schwieriger sind die zahlreichen leichtbewaffneten Kleinbauern in bestimmte Geschlechterfolgen ein-
zureihen. Die ganz verschieden reiche Ausstattung der Gräber dieser Leichtbewaffneten deutet an, daß es
sich hierbei weniger um Standes- als vielmehr um Besitzunterschiede handelt. . . . . Andererseits nehmen in
dieser späten Zeit (Ende des 7. Jahrhunderts) manche Hofbauern keine Waffen mehr mit ins Grab. . . . Die
sozialen Verhältnisse sind daher am Ende des 7. Jahrhunderts nicht mehr ohne weiteres aus den Beigaben
erkennbar.»

Es bleibt zu untersuchen, welche Folgerungen die Fundverhältnisse in Bülach für diese Fragen zu ziehen
erlauben. Wie im Hauptfriedhof von Hailfingen, so ist auch in Bülach, wie oben dargelegt wurde (S. 69),
nicht sippenweise Beisetzung in mehrere Generationen umfassenden Gräbergruppen, sondern eine fortschreitende Belegung des Friedhofs festgestellt. Da die Zerstörungen des nördlich der Straße gelegenen
Friedhofteils zu erheblich sind, um am gesamten Gräberfeld einwandfreie statistische Untersuchungen vorzunehmen, sollen sich unsere Beobachtungen auf die samt und sonders der zweiten Hälfte des 7. Jahrhunderts angehörenden Gräber südlich der Straße beschränken. Scheidet man die abseits gelegenen Gräber
104, 135 und 136 ebenfalls noch aus, so handelt es sich um 111 Bestattungen, von denen sechs gestört oder
beraubt sind. Sicher zu bestimmen sind 45 Männergräber, 32 Frauengräber (davon 4 reich ausgestattete)
und 9 Kindergräber. Von den restlichen 25 Gräbern sind 20 beigabenlos oder nur mit einer einfachen
Eisenschnalle oder einem Messer ausgestattet, während sich bei 5 Gräbern das Geschlecht nach den Beigaben nicht bestimmen läßt. Bei einem Verhältnis von 45 Männer- zu 32 Frauengräbern ist unter den 25
unbestimmbaren Gräbern etwa ein Dutzend sicher weiblich. Da man auch das zweite Dutzend gleichmäßig
auf beide Geschlechter verteilen muß, bleiben noch 6, maximal 10 Männergräber übrig, die zu den 45
sicher erkannten hinzu zu rechnen wären. Diese sicheren 45 Männergräber, die sich auf etwa zwei Generationen verteilen, enthalten als hauptsächliche Beigaben Waffen (vgl. Plan 1) und eiserne Gürtelgarnituren
(vgl. Plan 3).

[1] Veeck, 129 ff. und Fundber. Schwaben NF. 3, 1926, 158 (Holzgerlingen).
[2] Stoll, 40 f.

34 Gräber sind Waffengräber, 30 davon, also zwei Drittel der Gesamtzahl, sind im engeren Sinne Schwertgräber (mit Sax oder Spatha), während nur 11 keine Waffen enthalten. Spathen kommen fünfmal vor in den Gräbern 77, 106, 108, 124 und 127, Lanzenspitzen viermal in den Gräbern 62, 71, 106 und 127, eiserne Sporen zweimal in den Gräbern 86 und 143, Saxe 29mal und Pfeilspitzen 13mal, davon allein ohne andere Waffen viermal. Die Kombination Spatha, Sax, Lanze findet sich in zwei Fällen (106 und 127), Spatha und Sax in zwei Fällen (77 und 108), Sax und Lanze in zwei Fällen (62 und 71), die Spatha allein einmal, der Sax allein 16mal, Sax mit Sporn und Pfeilspitzen zweimal (86 und 143), Sax mit Pfeilspitzen fünfmal (87, 100, 109, 123, 126). Differenzierung nach dem Lebensalter könnte nur der anthropologische Befund ergeben.

Die 45 Männergräber enthalten außerdem 19 tauschierte und 17 nicht tauschierte eiserne Gürtelgarnituren, vier große Eisenschnallen mit Beschläg und zwei kleine Eisenschnallen ohne Beschläg, während nur drei Gräber keine Gürtelschließe aufweisen, unter ihnen merkwürdigerweise das Spathagrab 124. Über das gemeinsame Vorkommen der einzelnen Typen unterrichtet die nachfolgende Tabelle:

Tauschierte Garnitur mit Spatha, Sax und Lanze	106	1 mal
Nicht tauschierte Garnitur mit Spatha, Sax und Lanze (und Pfeil)	127	1 mal
Tauschierte Garnitur mit Spatha und Sax	108	1 mal
Nicht tauschierte Garnitur mit Spatha und Sax	77	1 mal
Tauschierte Garnitur mit Sax und Lanze (und Pfeil)	71	1 mal
Nicht tauschierte Garnitur mit Sax und Lanze	62	1 mal
Tauschierte Garnitur mit Sax, Sporn und Pfeil	86 und 143	2 mal
Tauschierte Garnitur mit Sax und Pfeil	87, 100	2 mal
Nicht tauschierte Garnitur mit Sax und Pfeil	109, 123, 126	3 mal
Tauschierte Garnitur mit Sax	65, 90, 92, 96, 146, 147	6 mal
Nicht tauschierte Garnitur mit Sax	63, 76, 78, 88, 107, 154, 158	7 mal
Tauschierte Garnitur mit Pfeil	102, 110	2 mal
Nicht tauschierte Garnitur mit Pfeil	82	1 mal
Tauschierte Garnitur ohne Waffen	114, 153, 167, 173	4 mal
Nicht tauschierte Garnitur ohne Waffen	105, 140, 149	3 mal
Große Eisenschnalle mit Beschläge mit Sax	145	1 mal
Große Eisenschnalle mit Beschläge ohne Waffen	141, 151, 163	3 mal
Kleine Eisenschnalle mit Sax	142	1 mal
Kleine Eisenschnalle ohne Waffen	122	1 mal
Bestattungen ohne Gürtelschließe mit Waffen	124 (Spatha)	
	168 (Sax)	
	129 (Pfeil)	3 mal

Aus dieser Tabelle ergibt sich zunächst einmal, daß die großen eisernen Garnituren, ob tauschiert oder unverziert, nicht notwendig mit der Bewaffnung verbunden sind, sondern die zur Männertracht des 7. Jahrhunderts gehörige Gürtelgarnitur darstellen, denn sie wurden in sieben Fällen in waffenlosen Gräbern angetroffen. Dieser Tatbestand läßt aber auch die eindeutige Folgerung zu, daß Beigabenreichtum und Waffenbeigabe zweierlei sind, da vier reich tauschierte Gürtelgarnituren ohne Waffen und eine Spatha ohne jede Gürtelschließe gefunden wurden. Das recht gleichmäßige gemeinsame Vorkommen der einzelnen Waffenformen zusammen mit tauschierten wie unverzierten Gürtelgarnituren lehrt, daß beide Arten Gürtelgarnituren sich gleicher Beliebtheit erfreuten und auf Reichtum oder soziale Stellung ihres Besitzers keine verschiedenartigen Rückschlüsse zulassen. Merkwürdig, aber nicht zu erklären ist die Tatsache, daß von den sechs waffenreichen Gräbern am Beginn der Tabelle, die nach Stoll den Hofbauern des 7. Jahrhunderts zuzuweisen wären, die drei mit tauschierten Garnituren als eine westliche, die mit unverzierten Garnituren als eine östliche Gruppe beisammen liegen. Dieser Befund verbietet, hier etwa die Folge zweier Generationen dreier Hofbauerngeschlechter erblicken zu wollen, denn in der Nähe der beiden Gräbergruppen finden sich auch Beisetzungen mit unverzierten bzw. tauschierten Garnituren, und wenn auch die tauschierte Art nach der Lage der Gräber im Friedhof immer die jüngste, in die zweite Hälfte des 7. Jahrhunderts gehörende ist, so gibt es doch genügend Fälle, die beweisen, daß die unverzierten Garnituren zur gleichen Zeit getragen wurden wie die verzierten (s. oben S. 27). Außerdem enthalten die an Waffen reichsten Gräber beider Gruppen, 106 und 127, gleichartig messingtauschierte Spathen, und das Grab 108 neben einer tauschierten auch eine unverzierte Garnitur. Die Gräber 106, 108 und 71 mit Garnituren vom Typ Bülach, zudem noch «alt» hinsichtlich der Tauschierungen, können also sehr wohl gleichzeitig mit den Gräbern 62, 77 und 127 sein. Sollen wir alle 6 Gräber und dazu das Grab 124 mit einer Spatha als einziger Beigabe Hofbauern der zweiten Hälfte des 7. Jahrhunderts zuschreiben? Dann könnte man die nachfolgende Generation in den spätesten Gräbern mit profilierten tauschierten Garnituren suchen, wobei der älteren Generation in 106, 108, 71 und 124 die jüngere in 173, 153, 167 (alle ohne Waffen, 167 um 700) und 146 (mit Sax) gegenüberstände. Den Gräbern 62, 77 und 127 würden in diesem Falle 143 (mit Sax, Pfeilen und Sporn), 147 (mit Sax) und 96 (mit Sax) entsprechen. Man sieht, der Befund läßt sich mit einiger Phantasie als Generationenfolge von sieben Hofbauerngeschlechtern zwischen 650 und 700 deuten. Lehnt man jede Spekulation in dieser Richtung aber ab, mißt man der Waffenbeigabe, besonders der Spatha und Lanze, keine besondere Bedeutung bei, dann bleibt die Feststellung einer recht beträchtlichen Totengabe an Waffen bei den zwei Generationen der zweiten Hälfte des 7. Jahrhunderts, denen man die 45 Männergräber im Südteil des Bülacher Friedhofs zuweisen muß. Durch 34 Waffengräber werden 34 freie Bauern bezeugt. Aber auch die Träger der neun tauschierten oder unverzierten großen Gürtelgarnituren, die ohne Waffen beigesetzt waren, können keine Hörigen gewesen sein. Nimmt man 50 Männergräber (davon 45 gesichert) auf die 111 Gräber dieses Friedhofteils an, dann sind 43 der darin Bestatteten auf Grund der Beigaben als Freigeborene anzusprechen. Für Hörige scheint in dieser Gemeinschaft kaum Platz zu bleiben, es sei denn, man vermutet, daß auch der Hörige bewaffnet beigesetzt wurde. Näher liegt es aber doch wohl, auch im Knecht, wo er überhaupt vorhanden war, den waffenfähigen freien Mann zu sehen und das Hörigkeitsverhältnis des Mittelalters noch nicht ins 7. Jahrhundert zu projizieren, in dem die führenden Familien, der spätere niedere Adel, sich erst langsam von der Masse des Volkes abzuheben beginnen. Die sehr starke Vermehrung der Bevölkerung seit dem späten 6. Jahrhundert, die auch für Bülach festgestellt wurde (S. 71), ließ die Kinderzahl der bäuerlichen Familien derart anwachsen, daß im 7. Jahrhundert die überwiegende Mehrzahl der in den alamannischen Reihengräberfeldern Bestatteten frei geboren gewesen sein muß.

Will man einen gültigen Schluß aus diesen Betrachtungen ziehen, so lehrt der Befund in Bülach, daß die Beigaben eine schärfere Aufgliederung unter den Freien des 7. Jahrhunderts nicht erkennen lassen. Selbst wenn sich nach der Bewaffnung im Südteil des Bülacher Friedhofs sieben Hofbauerngeschlechter aussondern lassen, so ist der Abstand zu den übrigen freien Bauern für uns höchstens an der etwas reicheren Bewaffnung der einen Generation wahrnehmbar. Solange sich aber nicht eindeutig beweisen läßt, daß bei den Alamannen des 7. Jahrhunderts Spatha und Lanze als Grabbeigabe *nur* Hofbauern als den alleinigen Trägern dieser Waffen mitgegeben wurden, erscheinen alle weitergehenden Schlüsse zumindest als verfrüht. So bleibt das Bild einer Dorfgemeinschaft gleichberechtigter freier Bauern, denen als Zeichen ihrer Freiheit in den meisten Fällen – nicht regelmäßig – ihre Waffe mit ins Grab folgte, kennzeichnend für die Alamannen in der Nordschweiz und im angrenzenden Süddeutschland.

ERGEBNISSE

ERGEBNISSE FÜR TRACHT UND BEWAFFNUNG

Über Aussehen und Schnitt der alamannischen Kleidung haben wir mangels gut erhaltener Textilfunde keine rechte Vorstellung. Der Mann trug eine leinene Bluse und vielfach Hosen aus dickem Kordstoff (Stoll 23); Felljacken und Mäntel waren ebenfalls üblich. Über die Kleidung der Frau, die wohl hauptsächlich aus Leinen- und Schafwoll-Stoffen bestand, ist noch weniger bekannt. Alle Textilien wurden im Hause gewebt, wo Spinnen und Weben zu den Aufgaben der Frau gehörten. Was sich in den Gräbern erhalten hat, ist mehr oder weniger nur Trachtzubehör, dazu beim Manne die Waffen und bei der Frau der Schmuck. Gegenüber andern alamannischen Gräberfeldern bietet Bülach den Vorteil, für die Männertracht die Entwicklung des Gürtels mit seinen metallenen Schließen und Beschlägen besonders gut verfolgen zu können; denn die Überreste des Leibgurtes gehören gerade in den Männergräbern zu den häufigsten Fundstücken. Die einzelnen Arten der Schnallen und Beschläge sind in Kapitel III ausführlich beschrieben und untersucht, so daß sich etwa folgendes Gesamtbild ergibt: Im 6. und in der ersten Hälfte des 7. Jahrhunderts ist ein schmaler Ledergürtel üblich, der mit einer einfachen Eisen-, Bronze- oder Potinschnalle, selten einmal mit einer Silberschnalle geschlossen wurde. Schnallenbeschläge oder sonstiger Gürtelbesatz sind nicht bekannt, außer daß gelegentlich das um die Schnalle gelegte Riemenende mit drei schildförmigen Bronze- oder Silbernieten zusammengeheftet wurde. Die Verbreitung dieser schmalen Gürtel ist auf dem Plan 3 gut zu ersehen; sie finden sich nur in der Nord- und Mittelgruppe des Friedhofs. Bereits vor der Mitte des 7. Jahrhunderts beginnen sich neben den schmalen breitere Ledergürtel mit großen Eisenschnallen, Gegenbeschlägen und Rückenplatten einzubürgern. Ihr Auftreten hängt mit dem Aufkommen des einschneidigen Hiebschwertes (Saxes) zusammen, wie H. Stoll (S. 22) mit Recht vermutet. Um diese schwere Eisenwaffe am Leibgurt eingehängt tragen zu können, waren breite, feste Ledergürtel notwendig. Von der Mitte des 7. Jahrhunderts ab sind die breiten Gürtel dann alleinherrschend. Ihr Besatz besteht stets aus großen Eisenschnallen, Gegenbeschlägen und Rückenplatten, Garnituren aus Bronze sind selten. Besonders kostbare Garnituren sind silber- oder messingtauschiert oder plattiert und mit Tierornament im Stil II oder Flechtbändern ausgeschmückt. Die Verbreitung der unverzierten und der tauschierten Gürtelgarnituren, die sämtlich in die Zeit nach 650 fallen, zeigt wiederum der Plan 3. Über das Aussehen der breiten, mit Metallösen und Zierbeschlägen geschmückten Gürtel unterrichten die Rekonstruktionen Abb. 6. Gegen Ende des 7. Jahrhunderts werden die Schnallen und Beschläge wieder schmaler und langgestreckt und um 700 und im frühen 8. Jahrhundert erfreuen sich extravagant lange Schnallen und Riemenzungen besonderer Beliebtheit. An der einen Seite des Gürtels wurde in der zweiten Hälfte des 7. Jahrhunderts der Sax, seltener an einem kurzen Wehrgehänge die Spatha, an der andern Seite vielfach eine U-förmige Lederbörse getragen. Zur Männertracht gehören ferner feste Lederschuhe, die gelegentlich mittels kleiner Metallschnallen verschlossen wurden. Der Berittene trug nach germanischer Sitte einen Eisen- oder Bronzesporn an der linken Ferse. Der Mann hatte stets ein Eisenmesser bei sich, das in der Spätzeit in einem Futteral der ledernen Saxscheide steckte; ferner besaß er ein Feuerzeug, bestehend aus Feuerstahl, Feuerstein und Zunder.

Eiserne Rasiermesser bürgerten sich in der ersten Hälfte des 7. Jahrhunderts ein, von der Mitte des Jahrhunderts ab enthielt fast jedes reiche Bülacher Männergrab ein solches Messer, das, in das leinene Rasiertuch eingewickelt, beigegeben wurde. Die Bartmode des 7. Jahrhunderts war verschieden, man rasierte sich oder trug einen Vollbart, wie er sich dank günstiger Umstände in Lörrach-Stetten (Oberbaden) erhalten hat.

Unter den Waffen waren die auch zur Jagd dienenden Lanzen, Pfeile und Bögen während der ganzen Belegungszeit des Bülacher Friedhofs gebräuchlich. An den Lanzenspitzen ist eine gewisse Entwicklung festzustellen, die zu den karolingischen Flügellanzen hinführt. Das zweischneidige Langschwert der Merowingerzeit, die Spatha, liegt aus zwei Gräbern des frühen 7. Jahrhunderts und achtmal aus der zweiten Hälfte des 7. Jahrhunderts vor. Große Metallknäufe und Parierstangen sowie Tauschierung des Knaufs werden erst nach 650 üblich. Auf Grund der verschiedenen Arten des Wehrgehänges läßt sich nachweisen, daß im 6. und in der ersten Hälfte des 7. Jahrhunderts die Spatha an einem Schultergurt und später am Leibgurt angehängt getragen wurde (vgl. Rekonstruktionen des Wehrgehänges Abb. 8–14). Die jüngere Form des Wehrgehänges, das am Gürtel oder am Sattel befestigt werden konnte, verbreitete sich um die Jahrhundertmitte rasch bei allen kontinentalen Germanenstämmen. Ebenso hat die zweite sehr viel häufigere Schwertform, der Sax mit langem Griff und mit knopfbesetzter Lederscheide, in dieser Zeit eine allgemeine Verbreitung. Eine einheitliche Tragweise der Hiebwaffen auf der einen oder andern Körperseite ist nicht anzunehmen. Vielmehr muß man mit individuellen Verschiedenheiten rechnen, je nachdem der einzelne Besitzer Rechts- oder Linkshänder war.

Die Frau trug in der Frühzeit zum Kleide schmale Stoff- oder Ledergürtel, erst während der ersten Hälfte des 7. Jahrhunderts kamen in Anlehnung an die Männermode breitere Gürtel mit großen Eisenschnallen auf. Diese breiteren Gürtel besaßen aber, selbst wenn sie aus Leder waren, zumindest auf alamannischem Gebiet, keine Gegenbeschläge oder Rückenplatten und ihre Schnallen waren niemals tauschiert, sondern einfach und schmucklos. An der linken Seite des Gürtels hing in der Regel an einer Kette oder einem Band eine runde Leder- oder Stofftasche, die oft mit einer durchbrochenen Bronzescheibe besetzt war. In ihr wurden außer Kleinigkeiten auch Schlüssel und Beinkämme aufbewahrt. Reiche Frauen trugen besonders in der zweiten Hälfte des 7. Jahrhunderts Lederschuhe, die mit kunstvollen tauschierten oder bronzenen Riemengarnituren ausgestattet waren. Wadenbinden wurden in Bülach dagegen nicht beobachtet. Messer finden sich häufig, Scheren gelegentlich. Der sonst verbreitete bronzene Haarpfeil wurde in Bülach nicht mit ins Grab gegeben, was aber nicht ausschließt, daß er getragen wurde. Beim Schmuck sind Halsketten aus Glasperlen am häufigsten, dann bronzene Ohrringe, die in der zweiten Hälfte des 7. Jahrhunderts besonders groß und drahtförmig werden und die paarweise oder einzeln getragen wurden. Der Verschluß des Gewandes mit Fibeln aus Edelmetall ist nur für die zweite Hälfte des 6. und gelegentlich für die erste Hälfte des 7. Jahrhunderts belegt. Es ist nicht zu entscheiden, ob die Fibeln in der zweiten Hälfte des 7. Jahrhunderts in Bülach langsam aus der Mode kamen oder ob man sie ihres hohen Wertes wegen nicht mehr mit ins Grab gab. Die Frauengräber der Spätzeit wirken vergleichsweise ärmer als die entsprechenden Männergräber.

Wenn man an Hand des auf uns gekommenen Materials überhaupt wagt, Modeströmungen und den Zeitgeschmack während der hundertfünfzigjährigen Belegung des Bülacher Friedhofs zu analysieren, so muß man sich dabei im wesentlichen auf die Entwicklung des Gürtelschmuckes, der Bewaffnung und der Ohrringe stützen. Danach werden im Verlauf des 7. Jahrhunderts immer größere und reichere Formen üblich, die um 700 in besonders langen und schmalen Gürtelbesätzen und besonders großen Ohrringen ihr letztes für uns in den Grabfunden faßbares Entwicklungsstadium erreichen. Bei den tauschierten Gürtelgarnituren scheint die Mode von den breiten Garnituren des Typus Bülach zu den schmalen des Typus

Bern-Solothurn und zu den profilierten Garnituren fortzuschreiten. Zwischen der Verbreitung des Typus Bülach und desjenigen der großen «burgundischen» Garnituren vom Typus Zeiß B zeichnet sich überdies eine örtliche Trennungslinie der Tracht ab, die vielleicht mehr als die Begrenzung der Absatzgebiete verschiedener Werkstätten darstellt (Karte Abb. 4). Das Übergreifen der langen schmalen und der profilierten Garnituren in das nordöstliche Randgebiet der «burgundischen» Garnituren (vgl. Karte Abb. 5) warnt aber davor, auf Grund dieses Indiziums allein die Stammesgrenze der Burgunder und Alamannen schärfer bestimmen zu wollen. Im Grenzgebiet braucht die Art der Gürtelzier nicht an den Stamm gebunden zu sein.

Bei den Waffen und Glasperlen ist eine gewisse Standardisierung nicht zu verkennen. Hier beherrschten einige große Werkstätten den Markt und bestimmten den Geschmack ohne Rücksicht auf Stammesgrenzen.

In der Ornamentik erscheint die zweite Hälfte des 7. Jahrhunderts als die Blütezeit des Flechtbandes und des Tierornaments im Stil II, die beide auf langobardischen Anregungen der ersten Hälfte des Jahrhunderts fußen und in den Ateliers für tauschierte Gürtelgarnituren, Saxscheidenbesatz und bronzene Schuhgarnituren zu einer besondern Höhe ausgebildet wurden. Gerade die profilierten Gürtelgarnituren und die Saxknöpfe zeigen, daß die Ateliers des mittlern und unteren Aaregebietes Vorzügliches in der Tierornamentik leisteten, die in dieser Zeit in allen germanischen Stammesgebieten die Formensprache der einheimischen Kunstübung war.

ERGEBNISSE FÜR DIE SIEDLUNGS- UND KULTURGESCHICHTE

Das Gräberfeld von Bülach spiegelt wie alle vollständig ausgegrabenen alamannischen Reihengräberfelder den rapiden Anstieg der örtlichen Bevölkerung im 7. Jahrhundert wider. Die sechs bis acht Familien, die in der ersten Hälfte des 6. Jahrhunderts die zugehörige Siedlung bewohnten, haben sich am Ende des 7. Jahrhunderts verzehnfacht, was ungefähr den Beobachtungen Stolls für das württembergische Hailfingen entspricht.[1] Die zweite Hälfte des 7. Jahrhunderts ist in Süddeutschland ganz allgemein die Zeit des beginnenden Landausbaus, neben dem in der Schweiz ein Vordringen aus dem Mittelland in die Innerschweiz einhergeht. Die Einengung des alamannischen Siedlungsraumes nach der Einbeziehung des Stammes ins fränkische Reich und die lange Periode des Friedens sind wohl in erster Linie dafür verantwortlich, daß die Bevölkerung sich derart vermehrte und die Siedlung sich so erstaunlich verdichtete. Nach dem Befund von Bülach zu urteilen, führte die Bevölkerungsvermehrung im frühen Mittelalter, die nur derjenigen nach dem dreißigjährigen Krieg vergleichbar ist, bei den Alamannen noch nicht zu einer nennenswerten sozialen Differenzierung. Die Masse der bäuerlichen Bevölkerung war auch im 7. Jahrhundert freigeboren und unterschied sich wohl nach Reichtum und Besitz, aber nicht durch verschiedene rechtliche Stellung (vgl. S. 74). Der Acker- und Weideboden reichte aus, um die kinderreichen Familien der freien Bauern zu ernähren. Das Stadium, bei dem nach der damaligen Art der Bodenbewirtschaftung ein Absinken einzelner Familien ins Hörigenverhältnis einsetzen konnte, war in der Nordschweiz zur Zeit der Reihengräberfelder noch nicht erreicht. Daß sich dieser Vorgang hier nie in der gleichen Schärfe wie in Süddeutschland vollzog, wo dem Landausbau gewisse natürliche Grenzen gesetzt waren, dafür sorgten die noch unbesiedelten Gebirgsgegenden, die auf lange Zeit hinaus jeden Bevölkerungsüberschuß aufnehmen konnten. Die Wirtschaftsform, bei der eine solche Ausweitung des besiedelten Raumes vor sich ging und die neben dem Ansteigen der Einwohnerzahlen auch einen großen wirtschaftlichen Aufschwung bewirkte, war eine rein bäuerliche. Die

---

[1] Stoll, 42 f.

Mehrung des Reichtums können wir bei den Reihengräberfunden des 7. Jahrhunderts an den Beigaben deutlich ablesen.

Ob zum Gräberfeld von Bülach ein geschlossenes Dorf am Ufer der Glatt oder mehrere Hofgruppen gehörten, ist nicht zu entscheiden. Bisher sind noch nirgends auf alamannischem Gebiet einwandfreie Siedlungsreste der Reihengräberzeit untersucht worden, und unsere Vorstellungen von Art und Aussehen der damaligen Siedlungen sind dementsprechend lückenhaft. Ebenso wenig vermag man auf Grund der nordschweizerischen Friedhöfe, die – mit Ausnahme der am Basler Rheinknie gelegenen – erst kurz vor der Mitte des 6. Jahrhunderts einsetzten, dazu Stellung nehmen, wann und woher die Siedler kamen, die diese Friedhöfe und die zugehörigen Siedlungen anlegten. Bestanden manche der Dörfer schon vor 500 und sind uns die ältern Gräber noch unbekannt, weil sie an anderer Stelle lagen? Und wie sahen die Dörfer selbst aus? Holz- und Fachwerkbauten mit gesonderten Stallungen und Scheuern sind anzunehmen, der Haustierbestand entsprach dem heutigen, unter den Nutzpflanzen nahmen Dinkel und Gerste den ersten Platz ein. Obstbau und Bienenzucht wurden gepflegt und die Jagd auch auf Großwild wie Bären und Wildschweine war neben dem Fischfang eine wichtige Hilfsquelle der Ernährung. Die Rohstoffe für die Kleidung, Wolle, Leinen und Tierfelle, wurden in der eigenen Wirtschaft gewonnen und im Hause verarbeitet, wo Spinnen und Weben zu den Aufgaben der Frau gehörten. Darüber hinaus geben aber gerade die Reihengräberfunde eine Reihe wertvoller Hinweise, daß außerhalb der bäuerlichen Wirtschaft gewisse *Gewerbe* selbständig ausgeübt wurden. Dank der günstigen Erhaltungsbedingungen im württembergischen Friedhof von Oberflacht ist bei den Alamannen ein entwickeltes *Drechslergewerbe* überliefert, das Holzgefäße, Teller, Fässer, gedrechselte Möbel, Leuchter und sicher auch die Gegenstände aus Knochen, wie Kämme und Spinnwirtel, erzeugte.[2] Jede größere Siedlung, also auch Bülach, dürfte einen Drechsler besessen haben, wenn auch keine Holzgegenstände in den Gräbern erhalten geblieben sind. Das Lederschuhzeug, das vielfältige Riemenwerk des Pferdegeschirrs und Zaumzeugs, Leib- und Schwertgurte, Ledertaschen für Frauen und Männer und die sicher üblichen ledernen Hosen und Wämse, bei denen ein Gerben und Bearbeiten erforderlich war, dürften schwerlich alle auf den Bauernhöfen selbst gefertigt worden sein, so daß man mit dem Bestehen von *Sattlereien* rechnen muß. Jedes große Dorf besaß ferner seinen *Waffenschmied*, der neben den eigentlichen Waffen die Eisengeräte wie Messer, Scheren, Ahlen, Bohrer und Beile, aber auch die eisernen landwirtschaftlichen Geräte wie Pflüge, Hacken, Schaufeln usw. herstellte und reparierte. *Töpfereien* waren dagegen nicht in allen Siedlungen vorhanden, sondern waren an günstige Tonvorkommen gebunden. Besonders gute Ware wie das gedrehte Gefäß mit eingeglätteten Mustern, Taf. 8, 20, wurden durch den Handel über weite Gebiete vertrieben (vgl. S. 21).

Auch *Werkstätten für Schmuck und Trachtzubehör* aus Bronze und Edelmetall und für die tauschierten Gürtelgarnituren gab es nur in wenigen größeren Siedlungen. Das Gewerbe wurde nicht durch wandernde Kunsthandwerker ausgeübt, sondern in ortsgebundenen Ateliers, die alle technischen Vorrichtungen besaßen und in denen ein oder mehrere Meister mit ihren Gesellen tätig waren. Das geht aus der Gleichartigkeit vieler tauschierter Gürtelgarnituren, bronzener Zierscheiben, bronzener Schuhgarnituren usw. zumindest für das 7. Jahrhundert klar hervor. Während in den westlichen Gebieten des Merowingerreiches in dieser Zeit die Münzmeister aus den Ateliers der Städte in die ländlichen Bezirke wanderten und in den Dörfern das ihnen von der Bevölkerung gelieferte Gold zu Münzen prägten, wurde der Schmuck, zu dessen Anfertigung mehr als nur ein Prägestempel und eine Feinwaage gebraucht wurde, in großen Werkstätten hergestellt. Auch hier mag der Käufer gelegentlich den Rohstoff beigesteuert haben, der im Verlauf des 7. Jahrhunderts mit der Erschöpfung der Metallbestände aus römischer Zeit immer spärlicher wurde. Edelmetall und Bronze

[2] Veeck, 15 ff.

wurden seltener, und der im 7. Jahrhundert eintretende Grabraub ist eine sichtbare Folgeerscheinung dieser Metallarmut. Die Lokalisierung der Schmuckwerkstätten und die Erfassung ihrer Absatzgebiete gehören zu den reizvollsten Aufgaben der frühmittelalterlichen Archäologie und versprechen besonders für Fibeln und tauschierte Gürtelgarnituren gewisse Erfolge. Es ist sicher, daß Ateliers, die tauschierte Gegenstände anfertigten, auch Schmuck aus Bronze und Edelmetall, ja selbst besonders qualitätvolle Waffen erzeugten. Die Spathen Bülach 106 und Volketswil-Hegnau (Taf. 33, 1 und Taf. 26, 3) sind z. B. messingtauschiert, besitzen Bronzeknäufe und stammen mit dem zugehörigen bronzebeschlagenen Wehrgehänge bestimmt aus einer Werkstatt. Bronzearbeiten, Tauschierungen und Waffen wurden also gleichzeitig in einem Atelier hergestellt. Je mehr gleichartiges Material an Schmuck und Trachtzubehör durch verfeinerte Untersuchung in den verschiedenen Reihengräberfeldern festgestellt wird, desto mehr verdichtet sich das Netz der großen Werkstätten, die ganze Landstriche belieferten. Für die tauschierten Gürtelgarnituren konnten in dieser Arbeit gewisse Ateliers an der mittleren Aare und in der Nordschweiz ausgesondert werden (vgl. S. 41 ff.). Eine entsprechende Durcharbeitung des süddeutschen Fundstoffs würde für bronzene Gürtelgarnituren und Schuhschnallen zu ähnlichen Ergebnissen führen. Die großen Glashütten für Perlen schließlich, die außerhalb des alamannischen Gebietes wohl am Niederrhein gelegen haben, stellten im 7. Jahrhundert fabrikmäßig Massenware her. In der Spätzeit ist zweifellos ein gewisser Zug zur Standardisierung der Waffen-, Schmuck- und Geräteformen zu beobachten, der nur durch die Konzentrierung der Fabrikation in Großwerkstätten verständlich wird.

Das Bestehen großer Ateliers mit ausgedehnten Absatzgebieten setzt den Vertrieb der Erzeugnisse durch den *Handel* voraus. Handel mit Schmuckgegenständen ist im frühen Mittelalter für die ganze Reihengräberzeit nachzuweisen. Am leichtesten fallen die Zeugnisse für den Fernhandel ins Auge. So konnten an Hand von Bügelfibeln für die erste Hälfte des 7. Jahrhunderts Verbindungen vom merowingischen Kulturgebiet über Thüringen bis nach Ostpreußen nachgewiesen werden, die den Bernsteinhandel zur Samlandküste als Anlaß haben.[3] Wenn Bernsteinperlen in Bülach selten sind, in den Gräberfeldern an der mittleren Aare dagegen in stattlicher Zahl auftreten,[4] dann ist hieraus zu folgern, daß sie im Austausch gegen die dort angefertigten tauschierten Gürtelgarnituren aus Süddeutschland vermittelt wurden. Ein Komplex für sich stellen die Handelsbeziehungen zum langobardischen Italien dar, die für die künstlerische Entwicklung des 7. Jahrhunderts in der Zone nordwärts der Alpen von ausschlaggebender Bedeutung wurden.[5] Ihnen voraus gehen die Verbindungen zu den Ostgoten, die in der Nordschweiz im Gräberfeld Zürich-Bäckerstraße und vielleicht in Bülach Grab 8 belegt sind (vgl. S. 23). Die langobardischen Importgegenstände des Bülacher Gräberfeldes, Perlen, Fingerringe, Schnallen, Waffen, Schwertgehänge und Gläser, sind fast alle in die erste Hälfte des 7. Jahrhunderts zu setzen (vgl. S. 70). In den Rahmen der langobardischen Beziehungen gehören auch die bei den Alamannen so beliebten Tigerschnecken (Cypraea Tigris),[6] einmal in Bülach vertreten (Taf. 8, 8), die von den Küsten des indischen Ozeans über Italien, wo sie in den langobardischen Nekropolen recht häufig sind, ins Land kamen, oder die indischen Almandine, der gesuchteste Halbedelstein der Völkerwanderungszeit. Selbst Gewürznelken verirrten sich über Italien oder Marseille ins Alamannenland und haben sich in einer goldenen Kapsel im Gräberfeld von Horburg im Elsaß erhalten.[7] Es

---

[3] Germania 17, 1933, 277 ff. und 21, 1937, 190 (J. Werner).

[4] Oberbuchsiten (Kt. Solothurn) Gräber 36, 94, 137, 139 und 140 besonders viele und große Bernsteinperlen, desgleichen Biberist-Hohdorf, Balsthal-Thal und Seewen (Mus. Solothurn) und Egerkingen (Mus. Olten). Ferner Erlach (Kt. Bern) Grab 11: Tschumi, 80, Abb. 21.

[5] Werner, 41 ff. Neuerdings auch H. Bott, Germania 23, 1939, 43 ff.

[6] Vgl. hierzu H. Bott in Bayer. Vorgeschichtsbl. 13, 1936, 68 mit Anm. 131.

[7] Vgl. zuletzt J. Werner, Das alamannische Fürstengrab von Wittislingen (1950), 44 f.

nimmt nicht wunder, daß gerade in Bülach, das an einer wichtigen Straße vom Zürichsee nach Schaffhausen liegt, viel über die Bündner Alpenpässe gelangtes langobardisches Einfuhrgut gefunden wurde. In die erste Hälfte des 7. Jahrhunderts fallen aber auch Beziehungen zum Mittel- und Niederrhein, wie die mittelrheinische Almandinscheibenfibel mit Runeninschrift von Bülach Grab 249 (Taf. 1, 10), ein mittelrheinisches Bügelfibelpaar von Zürich-Bäckerstraße Grab 25[8] und die niederrheinischen Gläser aus Bülach (Abb. 3, 4) zeigen. Sie dürften über Württemberg oder die oberrheinische Tiefebene in die Nordschweiz gelangt sein. In der zweiten Hälfte des 7. Jahrhunderts sind es neben den Perlen aus den großen rheinischen Glashütten, welche die italienische Konkurrenz aus dem Felde schlagen, vor allen Dingen die tauschierten Gürtelgarnituren, deren weite Verbreitung für den verzweigten Handel Zeugnis ablegt. Nach Italien weist in Bülach nur eine tauschierte Rückenplatte (Taf. 19, 1d; vgl. S. 41), während anderwärts in der Schweiz verschiedentlich ganze langobardische Garnituren belegt sind (vgl. S. 41). Die eigentliche Domäne des langobardischen Exports in der zweiten Hälfte des 7. Jahrhunderts ist aber das alamannische und bajuwarische Süddeutschland, das in der Hauptsache auf der alten Via Claudia Augusta, über Graubünden und über die Brennerstraße beliefert wurde. In der Schweiz lag an der mittleren Aare selbst ein wichtiges Fabrikationszentrum für tauschierte Arbeiten, das seinerseits ins Oberrheintal, an den Bodensee und nach Württemberg exportierte. Die Zusammenhänge, die zwischen der Nordschweiz und dem alamannischen Gebiet östlich des Schwarzwaldes bestanden, waren recht eng, wenn man nach den Zierscheiben (S. 15), Brakteaten (S. 15), bronzenen Schuhgarnituren (S. 50) dun Tongefäßen (S. 21), urteilt, und verdienten eine Untersuchung auf breiterer Grundlage. Dagegen sind die Zeugnisse für Handelsbeziehungen nach der burgundischen Westschweiz bisher recht spärlich. Ein wichtiger Handelsweg führte von der Nordschweiz über die ostalamannischen Gaue nördlich des Bodensees zu den Bajuwaren. Ihm folgten die Garnituren vom Typus Bülach aus Gundelfingen (Bayrisch-Schwaben) und München-Giesing (vgl. S. 31 f.), die kleinen schweizerischen profilierten Garnituren (vgl. S. 36) und schließlich eine aus dem Lande zwischen Aare und Saane stammende tauschierte Schnalle in Reichenhall (vgl. S. 34). Sie ist im Zuge des *Salzhandels* an diesen wichtigen Platz gelangt, der im 7. Jahrhundert durch die Salzgewinnung zu ähnlichem Reichtum gelangte wie 1500 Jahre zuvor das oberösterreichische Hallstatt. Das dortige Gräberfeld mit seinen zahlreichen langobardischen Tauschierarbeiten beweist, daß die Salzquellen von Reichenhall schon vor ihrer ersten urkundlichen Erwähnung im 8. Jahrhundert eine bedeutende Rolle spielten[9] und zweifellos auch zur Versorgung alamannischer Gebiete mit Salz beitrugen. Der Handel in den östlichen Teilen des Merowingerreiches bedarf dringend einer neuen zusammenfassenden Darstellung auf Grund der Reihengräberfunde, denn das einzelne Gräberfeld erlaubt nur immer wieder eine ausschnittweise Betrachtung.

Der Händler, der die in- und ausländischen Schmucksachen, Bronzegefäße, Waffen usw. vertrieb, die Alpenpässe überquerte oder auch nur in seiner engern Heimat für die Verbreitung der Erzeugnisse einheimischer Ateliers sorgte, gehört zum Bild dieser aus den Schriftquellen so wenig bekannten Reihengräberzeit notwendig hinzu. Er wird die kleinen Märkte, die Messen und Heeresmusterungen regelmäßig aufgesucht und dort seine Ware gegen altes Edelmetall oder andere Produkte abgesetzt haben, um mit dem Erlös und den so gewonnenen Rohstoffen bei den Kunsthandwerkern neue Ware einzutauschen. Der Sänger, der die Heldenlieder der Wanderzeit auf der Laute begleitete,[10] der Runenkundige, der die Inschrift der Bülacher Scheibenfibel ritzte, der Heilpraktiker, der für seine Patienten Bruchbänder herstellte, sie alle zusammen zeigen uns, daß vielfältige Gewerbe und Künste in der bäuerlichen Gesellschaft des

---

[8] ASA NF. 2, 1900, Taf. 12, 9.

[9] Bayer. Vorgeschichtsbl. 12, 1934, 27 (H. Zeiß).

[10] In Oberflacht (Württ.) haben sich zwei Lauten erhalten, Veeck, 20 und Taf. A, 4. Eine weitere wurde in einem Grabe des 7. Jahrhunderts unter St. Severin in Köln gefunden (Ipek, 15/16, 1941/42, Taf. 56).

7. Jahrhunderts geübt wurden. Die Meister in den führenden Metallwerkstätten des Landes beherrschten die gemeingermanische Tierornamentik so virtuos, daß sie sich in dieser Formensprache bei den Langobarden im Süden und den Germanenstämmen des Nordens gleichermaßen verständlich machen konnten. Langsam fand in dieser Gesellschaft auch das Christentum Eingang, für das sich im Bülacher Material zwar keine direkten Belege finden, das sich aber nach anderen Zeugnissen im 7. Jahrhundert bei den führenden Familien des Landes durchsetzte. Der Fundstoff der Reihengräberfelder hat sich in den letzten Dezennien derart vermehrt, daß die Zeit für eine kulturgeschichtliche Schilderung der Epoche von der Archäologie her gekommen ist. Wenn die Gräberfelder von Kleinhüningen und Bernerring (Kt. Basel), von Mengen im Breisgau und von Schretzheim in Bayerisch-Schwaben veröffentlicht sein werden, wird eine solche Zusammenfassung ein lebendiges Bild frühalamannischer Kulturzustände entwerfen können, das im Rahmen der Veröffentlichung eines einzelnen Friedhofs wie Bülach nicht gegeben werden kann. Einen Schritt auf dem Wege zu diesem Ziel soll die erschöpfende Vorlage der Bülacher Funde bedeuten.

GRÄBERKATALOG

VORBEMERKUNG

Die Zeichnungen im Katalogteil wurden im Institut für Ur- und Frühgeschichte der Schweiz in Basel von Max Kindhauser † nach photographischen Vorlagen ausgeführt, welche den Inventarbänden des Zürcher Landesmuseums beigegeben waren. Sie haben als anspruchslose Skizzen nur den Zweck, eine Vorstellung von den geschlossenen Grabinventaren zu vermitteln. Die Beschreibung des Befundes der einzelnen Gräber beruht auf den Angaben von F. Blanc, die Beschreibung der Objekte auf Autopsie. Die Massangaben wurden vom Landesmuseum freundlicherweise überprüft und ergänzt. Eine Wiedergabe der zahlreichen Grabungsaufnahmen von 1919–1928 liess sich weder im Original noch in der Umzeichnung durchführen, so dass die knappe Beschreibung das Bild ersetzen muss.

ABKÜRZUNGEN

br.	=	bronzen
Eisenschnalle	=	Eisenschnalle mit Beschläg
gr.	=	groß
kl.	=	klein
l.	=	links
r.	=	rechts
Schnalle	=	Eisenschnalle ohne Beschläg
Sk.	=	Skelett

Die im Katalog aufgeführten Fundstücke des Reihengräberfeldes von Bülach werden im Schweizerischen Landesmuseum Zürich unter folgenden Inventarnummern aufbewahrt:

Grab 1–71: 27321–27564; Grab 72–174: 28572–29119; Grab 175–220: 29282–29387; Grab 222–227: 29907–29916; Grab 231–300: 30774–34115; Grab 301: 32457–32464.

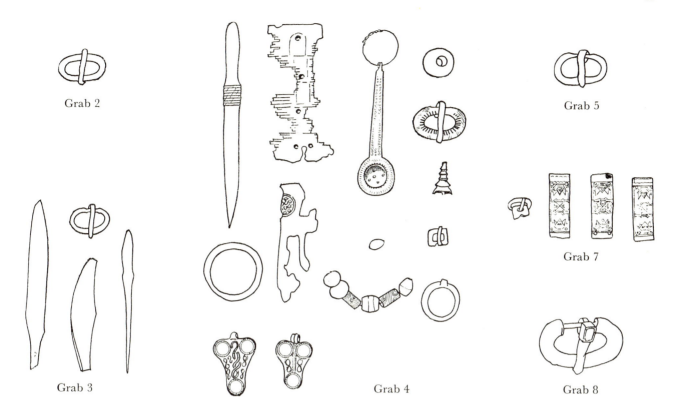

Grab 2

Grab 3

Grab 4

Grab 5

Grab 7

Grab 8

GRÄBERVERZEICHNIS

Grab 1 (D 3).   F. 0,55 tief. Oberteil gestört. Gr. *Millefioriwirtel* (Taf. 2, 4), im Wechsel dunkelgrün mit weißem Stern und rotgerandeten Augen mit blauer Mitte auf schmutzigweißem Untergrund, 3,9 : 2,2 cm. (Zeichnung fehlt.)

Grab 2 (F 3).   0,55 tief. Beidseits des Schädels 3–4 Steine, desgleichen am Fußende. *Schnalle* 2,3 cm.

Grab 3 (F 4).   M. *Schnalle, Messer, Feuerstahl* (Taf. 9, 14), stiftförmige *Ahle* (Privatbesitz in Bülach).

Grab 4 (E 3/4).   F. 1,20 tief. Sk. schlecht erhalten. Am Hals 6 *Perlen* (2 rotweiß geädterte Zylinder mit gelbem Rand, 1 Millefiori mit grünen Augen zwischen ziegelrot, 1 weiß undurchsichtig, 1 dunkelblau, 1 doppelkonische aus Bronze, Taf. 1, 14), 1 *Amethystperle*, 2 gebuckelte, filigranverzierte *Goldblechanhänger*, 2,3 bzw. 2,5 cm (Taf. 1, 11–12). Im Becken tauschierte *Schnalle*, 4,3 cm (Taf. 1, 16). Außen neben dem l. Becken untereinander 2 *Eisenringe*, 3,3 bzw. 4,8 cm. Zwischen den Unterschenkeln in Lederresten *Messer* mit 1,6 cm br. Stichblatt aus hellem Gold, 16,3 cm (Taf. 10, 1) und silberner *Sieblöffel*, 10,7 cm l., 2,8 cm Dm. (Taf. 1, 17). Am l. Knie *Kamm* (Taf. 8, 11), 11,0 cm, daneben *Spinnwirtel* aus Ton (Taf. 8, 12), darunter br. röm. *Aucissafibel* ohne Nadel, 2,9 cm (Taf. 1, 15), darunter kl. quadratische *Br.-Schnalle*, 1,4 cm (Taf. 1, 13).

Grab 5 (D/E 3).   0,90 tief. Über dem ganzen Körper Lage faustgroßer Steine. Sk. gut erhalten. Am l. Ellbogen innen *Schnalle*, 2,4 cm.

Grab 6 (D 4).   Völlig gestört bis auf Schädel. Beigabenlos.

Grab 7 (E 4).   M. 1,10 tief. Markierung durch umlaufende Reihe faustgroßer Steine. Grabmitte durch Beraubung gestört. Auf r. Seite *Spatha*, L. 88,8 cm, Br. 5,8 cm (Taf. 34, 2), r. Arm auf dem Griff. Auf Spathamitte zwei aufeinandergelegte, rechteckige, niellierte Beschläge, an der Spitze ein dritter, 5,2 cm (Taf. 2, 20–22). Neben Spatha außen *Millefioriknopf* mit Goldsilberauflage und Almandinzelle, Millefiori weißlich mit roten Sternen, 3,4 : 1,1 cm (Taf. 2, 24). Am l. Fuß kl. *Schnalle* mit Lasche, 2,0 cm (Taf. 2, 23). (Zeichnung von Spatha und Millefioriknopf fehlt.)

Grab 8 (E 3).   0,90 tief. Sk. ziemlich gut. Im r. Becken br. *Schnalle* mit quadratischer, vertiefter Dorneinlage, 7,1 cm (Taf. 3, 15), mit Stoffspuren.

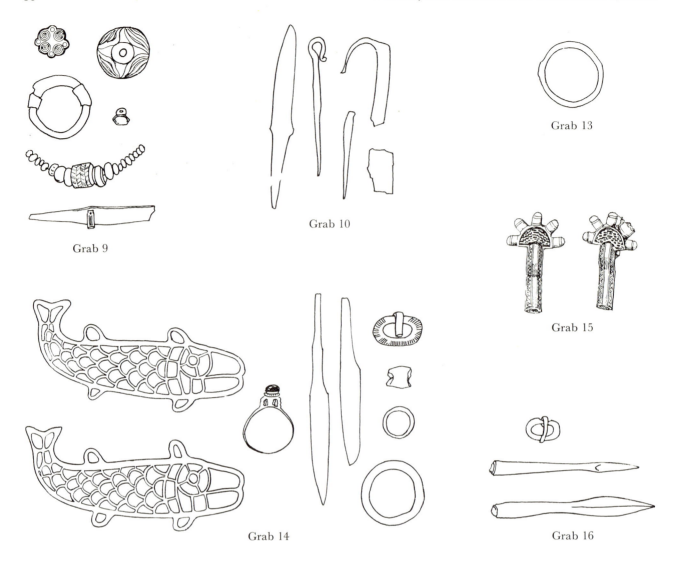

Grab 9

Grab 10

Grab 13

Grab 15

Grab 14

Grab 16

Grab 9 (E 3).   F. 0,90 tief. Sk. schlecht. Grabboden mit Kieseln und runden Steinen ausgelegt. Unter dem Kinn silberver-goldete *Scheibenfibel*, 2,7 cm Dm. (Taf. 1, 7), mit eiserner Nadel. Auf Brust gelbe, rote und grüne *Glasperlen*, eine große, gelbrot gemusterte Trommelperle (Taf. 2, 7). Am r. Ellbogen *Bronzeknopf* (Taf. 2, 6), im Becken zerbrochenes *Messer*, 10,5 cm, mit silbernem Scheidenmundstück (Taf. 10,2), daneben weißgemusterter, grüner *Glaswirtel*, 4,3 cm (Taf. 2, 5). Im Grab *Eisenring* (Taf. 7, 6).

Grab 10 (E 3).   M. 0,70 tief. Sk. bis auf Schädel gut. Am Fuß gr. Stein. Am l. Ellbogen *Messer*, 14,9 cm, *Ösenahle*, 11,1 cm, *Spitzahle*, 7,3 cm, *Feuerstahl* und flaches *Bleistück* (Gew. 17 g).

Grab 11 (F 3).   0,85 tief. Sk. schlecht. R. vom Schädel Stein. Beigabenlos.

Grab 12 (E/F 3).   Zerstört. Beigabenlos.

Grab 13 (E 4).   F. 0,60 tief. Sk. gut. Zwischen Oberschenkeln *Eisenring*, 5,4 cm.

Grab 14 (E/F 3).   F. 1,25 tief. Sk. schlecht. Darunter Spuren einer Bretterlage? Oberhalb des l. Beckens übereinander liegend ein Paar silbervergoldeter *Fischfibeln*, 9 cm (Taf. 1, 3. 4), im Becken tauschierte *Schnalle*, 3,9 cm (Taf. 1, 5). An l. Hand *Goldfingerring*, 2 cm Dm. (Taf. 1, 6), darunter *Bronzering*, 5,2 cm (Taf. 7, 3), weiter abwärts kl. *Eisenring*, 2,6 cm (Taf. 7, 5), darunter 2 *Messer*, 13,5 bzw. 17,0 cm, eines mit langer, das andere mit kurzer Griffangel. Ein durchbohrtes *Knochenstück* zwischen den Ringen (Taf. 7, 4).

Grab 15 (E 4).   F. 0,65 tief. Sk. mäßig. Oberhalb des Beckens silbervergoldetes Paar *Fünfknopffibeln*, 8,1 : 4,8 cm (Taf. 1, 1–2).

Grab 16 (E 3).   M. 1,25 tief, gestört. An r. Schulter zwei kurze *Lanzenspitzen*, 12,3 bzw. 14,0 cm (Taf. 37, 28–29), darunter kl. *Schnalle*, 1,0 cm.

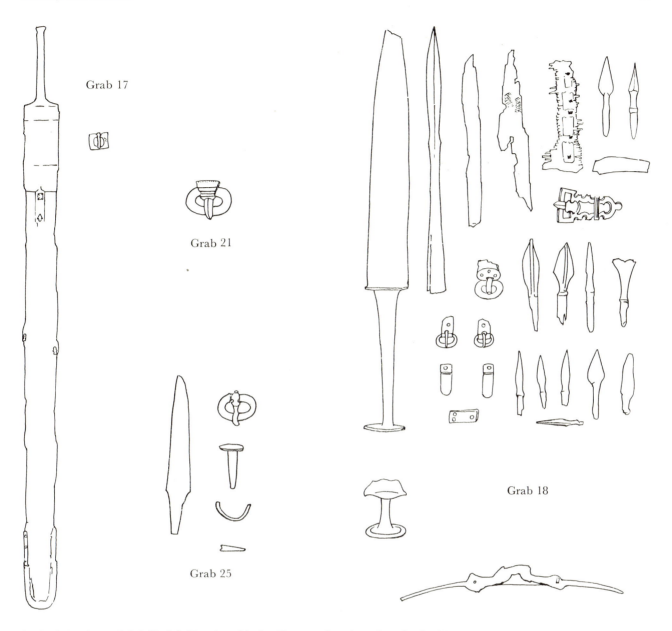

Grab 17

Grab 21

Grab 25

Grab 18

Grab 17 (E 3).   M. 1,25 tief. Sk. sehr schlecht. Unter r. Arm knauflose *Spatha*, 90,0 cm lang, 6,0 cm breit (Taf. 34,1), mit Spuren der Holzscheide, vier aufgelegten kreuz- und schildförmigen Silberbeschlägen (Taf. 39, 2-3) und br. Ortband. Zwischen den Ellbogen kl., quadratische *Silberschnalle*, 1,4 cm (Taf. 4, 19).

Grab 18 (E 3).   M. 1,05 tief. Sk. sehr schlecht. Kl. Knochen. 1,35 m lang. Am Fußende große Steine. Über dem Becken *Silberschnalle*, 5,8 : 2,9 cm (Taf. 3, 21 und 37, 20). Neben r. Oberschenkel *Kurzsax* mit Knauf, 32,2 cm (Taf. 37, 2). Neben l. Oberschenkel Reste vom Griffstück eines zusammengesetzten *Bogens* in Form von zwei Knochenstücken, 1,3 bzw. 1,4 cm (Taf. 37, 16–17), Lederspuren mit kl. Bronzestiften und Resten von Silberblech, das zwei Bleiknöpfe bedeckte. Am Fußende ein *Schild*, der 36 cm lange Eisengriff (Taf. 37, 27b) quergestellt, das Innere des Schildes dem Toten zugewandt, der eiserne *Knopfschildbuckel*, 7,7 cm Dm, 8,3 cm hoch (Taf. 37, 27a), nach außen gekehrt. Am l. Fuß zwei grünliche *Stengelgläser*, 7,6 cm (Textabb. 3, 2–3). Am r. Fuß zwölf *Pfeilspitzen*, davon 3 blattförmige, zwei dreikantige der avarischen Form, eine querschneidige, der Rest vierkantige kl. Bolzen (Taf. 37, 4–15) und Reste eines *Messers* (Taf. 37, 19). An den Füßen zwei kl. br. *Schuhschnallen*, 2,5 bzw. 2,3 cm, mit Riemenzungen, 2,6 bzw. 2,7 cm (Taf. 3, 19; 37, 22–26). Am l. Fuß kl. *Schnalle* mit silberverkleidetem, ovalem Beschlag, 3,1 cm (Taf. 3, 20; 37, 21). Rechts der Füße *Doppelkamm*, 8,8 cm (Taf. 37, 18). Über dem Skelett, 40 cm über dem Grabboden, genau über dem Schädel *Lanzenspitze*, 21,0 cm (Taf. 37, 3), mit der Spitze nach Westen. (Zeichnungen von einem Glas und dem Schidbuckel fehlen.)

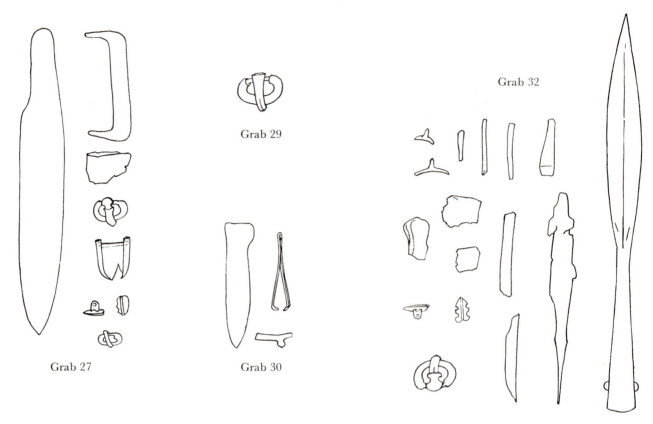

Grab 32

Grab 29

Grab 27   Grab 30

Grab 19 (E 3/4).	0,70 tief. Sk. gut. Beigabenlos.
Grab 20 (F 3).	K. 0,80 tief. Sk. schlecht. Beigabenlos.
Grab 21 (F 2).	0,65 tief. Sk. schlecht. Mit den Schultern zwischen gr. Steine gebettet. Auf Brust neben r. Ellbogen *Bronze-schnalle*, 3,6 cm (Taf. 4, 2), mit br. Dornbasis. (Zeichnung oben S. 87.)
Grab 22.	?
Grab 23 (F 3).	0,80 tief. Sk. schlecht. Oberkörper zwischen gr. Steine gebettet. Beigabenlos.
Grab 24 (D 3).	M. 1,20 tief. Ausgeraubt, nur Schädel und l. Arm erhalten, Knochen verstreut, Unterkiefer in Kniegegend. Vom reichen Inventar kl. Bronzeplättchen und Spuren einer Sax- oder Spathascheide.
Grab 25 (E 3).	1,00 tief. Sk. gut. Im r. Becken *Potinschnalle* mit altem abgenutztem Bronzedorn, 3,2 cm (Taf. 3, 8). Zwischen Becken und l. Unterarm *Messer*, 12,7 cm, Spitze kopfwärts, dabei *Eisennagel* und zwei Bronzereste. (Zeichnung oben S. 87.)
Grab 26 (E 3).	K. 0,80 tief. Sk. schlecht. Beigabenlos.
Grab 27 (E 3).	M. 0,90 tief. Sk. gut. R. unter Schädel *Messer*, 24,5 cm, mit silbernem *Ortband*, 3,3 cm (Taf. 3, 11), darüber br. *Gürtelschnalle*, 2,8 cm (Taf. 3, 9a). Neben und unter dem Messer U-förmiger *Feuerstahl* (Taf. 7, 21), daneben drei *Bronzeknöpfe* des Gürtels (Taf. 3, 9 b. c) und *Feuerstein*. Unter dem Messer kl. *Bronzeschnalle* mit Eisendorn, 2,0 cm (Taf. 3, 10).
Grab 28 (F 3).	K. 0,85 tief. Beigabenlos.
Grab 29 (F 3).	0,90 tief. Sk. ziemlich gut. Neben r. Fuß gr. Stein. Unterhalb des l. Beckens *Bronzeschnalle*, 3,5 cm (Taf. 3, 12).
Grab 30 (E 4).	M. 0,85 tief. Unterteil durch Grab 13 gestört. Auf Becken *Bronzepinzette*, 6,1 cm (Taf. 2, 12), *Messer*, 10,0 cm, unter dem Becken Eisenstück.
Grab 31 (D 4).	1,35 tief. Ganz zerstört, nur vereinzelte Knochenreste, ausgeraubt.
Grab 32 (E/F 3).	M. 1,15 tief. Sk. schlecht. Oberteil ausgeraubt, Arme und Schädel in der Westecke des Grabes, Handknochen im Becken, von dort ab erhalten. Unterschenkel von drei gr. Steinen umgeben. In der Ecke der Störung zwei Bruchstücke eines *Ortbandes* und Spuren einer Holzscheide, ferner eine *Tonscherbe* und ein *Goldfaden*. Zwischen Stein und r. Unterschenkel *Lanzenspitze*, 31,2 cm (Taf. 37, 30), Spitze nach Osten. Oberhalb des Beckens auf einem Haufen *Messer*, 17,0 cm, Rest eines *Feuerstahls*, 4,6 cm, *Feuerstein*, Eisenreste, ein zweiter *Feuerstein* unterhalb des Beckens. Über l. Becken *silberne Gürtelschnalle*, 3,2 cm, mit zwei schildförmigen, silbernen *Gürtelbeschlägen*, 2,2 cm (Taf. 3, 25), Lage wie Taf. 3.

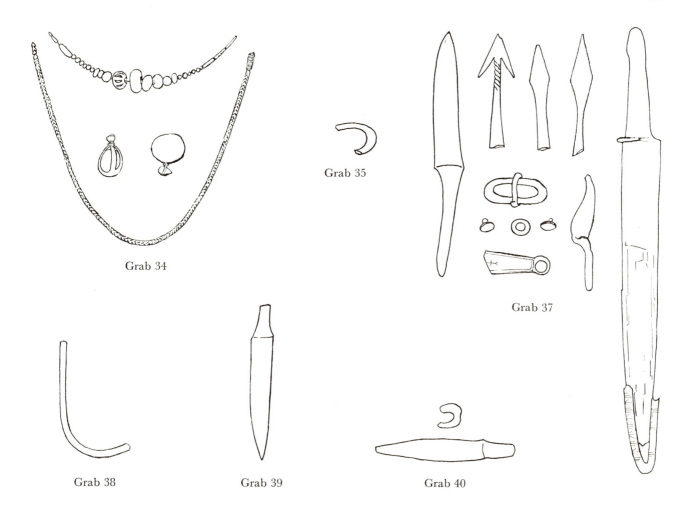

Grab 34

Grab 35

Grab 37

Grab 38

Grab 39

Grab 40

Grab 33 (F 2).	0,70 tief. Sk. ziemlich gut. Beigabenlos.
Grab 34 (F 3).	K. 0,90 tief. Sk. schlecht. Um den Schädel sind unregelmäßig kl. Steine gelegt. Am Hals und auf der Brust *Perlenkette* und geflochtene, vierkantige *Silberkette*, 38,6 cm lang, 0,4 cm Querschnitt mit geripptem, tonnenförmigem Verschlußstück (Taf. 2, 2). An l. Schläfe silberner *Körbchenohrring*, 2,8 cm (Taf. 2, 1). Zwischen den Oberschenkeln einige *Glas-* und *Bernsteinperlen* und ein *Anhänger* aus Bonerz (Gew. 12 g) in Silberfassung, 3,5 cm (Taf. 2, 3). An den Füßen konisches *Glasgefäß*, 6,2 cm Dm. (Textabb. 3, 1. Zeichnung des Glasgefäßes fehlt.)
Grab 35 (F 6).	0,65 tief. Im Becken Fragment einer *Schnalle*.
Grab 36 (E 6).	0,30 tief. Sk. schlecht. Beigabenlos.
Grab 37 (E/F 5).	M. 0,90 tief. Neben r. Ellbogen zwei *Pfeilspitzen*, Spitzen nach Westen, eine rhombisch-blattförmig, die andere geflügelt mit tordiertem Schaft, 9,0 bzw. 9,7 cm (Taf. 38, 1. 3). *Sax* mit tauschiertem Ortband und Resten der Holzscheide, 35,7 cm (Taf. 37, 1), Griff im l. Becken, Spitze auf l. Oberarm, Ortband an l. Schulter. Neben dem Griff *Bronzeknopf*, ein weiterer in l. Handgegend. Über dem Becken Reste einer *messing-tauschierten Schnalle*, 5,5 cm (Taf. 5, 15), und geschweiftes *Rasiermesser*, 9,5 cm (Taf. 9, 2). Zwischen Wirbelsäule und l. Ellbogen *Messer*, 19,5 cm, oberhalb davon kl. *Bronzering*, 1,2 cm. Im r. Becken blattförmige Pfeilspitze, 8,4 cm (Taf. 38, 2).
Grab 38 (F 3).	M. 0,60 tief. Gestört bis auf Unterschenkel und r. Oberschenkel, das übrige verstreut. Neben Oberschenkel *Bronzefassung* einer Tasche, 9,5 cm.
Grab 39 (E 5).	0,80 tief. Gestört bis auf Unterschenkel. Am r. Knie *Messer*, 12,5 cm.
Grab 40 (F 6).	0,40 tief. Sk. schlecht. Teilweise gestört (rezent), Hände im Becken. Im l. Becken *Messer*, 11,7 cm, innerhalb des r. Ellbogens Reste einer *Schnalle*.

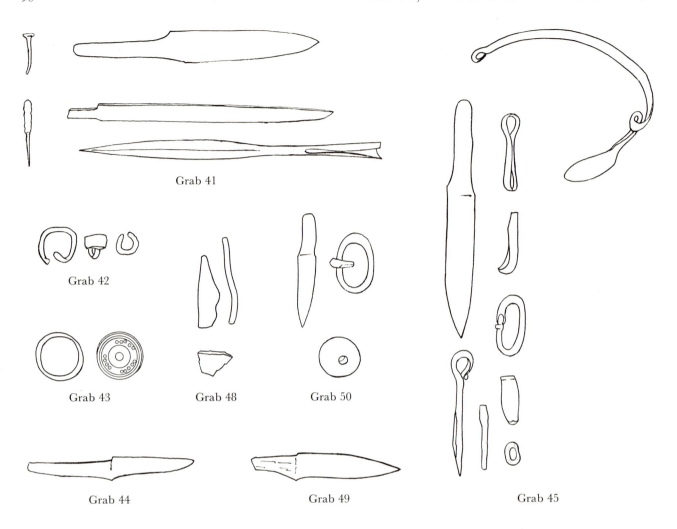

Grab 41

Grab 42

Grab 43   Grab 48   Grab 50

Grab 44   Grab 49   Grab 45

Grab 41 (E 5/6).   M. 0,75 tief. Oberteil teilweise gestört. 20 cm neben l. Schulter *Lanzenspitze*, 48,0 cm (Taf. 35, 5), Spitze nach Westen. Neben l. Knie *Langsax*, 42,3 cm (Taf. 35, 4), mit Spitze nach Westen. Daneben innen in gleicher Richtung *Messer*, 22,0 cm, und dreikantiger *Bolzen*, 5,5 cm. Über dem Knie *Nagel*.

Grab 42 (E 6).   K. 0,25 tief. Ganz gestört (rezent). In Gegend des l. Ellbogens drei kleine, zusammengebogene *Eisenstifte*.

Grab 43 (E 6).   F. 0,60 tief. Sk. sehr schlecht. In Gegend des l. Oberschenkels *Eisenring*, 3,9 cm, darunter *Knochenwirtel*, 3,7 cm (Taf. 2, 10).

Grab 44 (E 5).   0,55 tief. Stark gestört. In der Gegend der Schenkel stark abgenütztes *Messer*, 13,9 cm (Taf. 10, 3).

Grab 45 (E 6).   M. 0,80 tief. Sk. ziemlich gut. Unter r. Ellbogen ein Mörtelklumpen, l. Hand im Becken. Auf l. Becken-schaufel in einem Haufen *Messer*, 19,3 cm (Taf. 10, 4), *Ösenahle*, 11,1 cm (Taf. 11, 9), eiserne *Pinzette*, 8,1 cm (Taf. 9, 4), drei *Eisenstücke* (zwei hakenförmig), darunter kl. *Bronzeschnalle*, 1,9 cm. Innen neben r. Ellbogen *Schnalle*, 5 cm. Auf r. Fuß liegt eisernes *Bruchband*, 21,5 cm (Taf. 11, 16).

Grab 46 (F 5).   0,95 tief. Sk. schlecht. Beigabenlos.

Grab 47 (F 6).   1,10 tief. Sk. schlecht. Beigabenlos.

Grab 48 (F 5).   1,00 tief. Gestört, Schädel und Unterschenkel fehlen. Innen am l. Ellbogen zwei *Eisenstücke*. Am r. Ober-schenkel außen unförmiges *Bronzestück*.

Grab 49 (F 5).   1,30 tief. Sk. schlecht, l. Hand im Becken, darunter *Messer*, 12,5 cm.

Grab 50 (D 6).   F. 0,80 tief, l. Hand im Becken. Im Becken *Schnalle*, 4,9 cm. Unter l. Oberschenkelgelenk *Messer*, 9,2 cm. Neben l. Oberschenkel außen *Tonwirtel*, 3,4 cm Dm. (Taf. 8, 2).

Grab 51 (D 6).   0,60 tief. Völlig zerstört, nur Schädel erhalten.

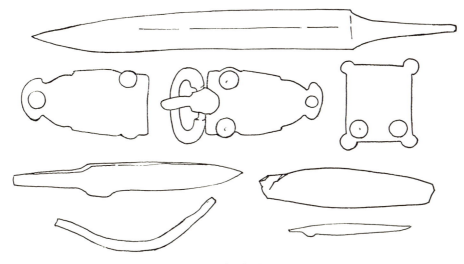

Grab 52

Grab 53

Grab 55

Grab 56

Grab 52 (E 6).   M. 0,70 tief. Sk. schlecht. Hände im Becken. *Eisenschnalle*, 12,5 cm (Taf. 14, 1 a), auf r. Oberschenkel, darauf
                    Sax, 33,3 cm, mit Spitze zum Schädel. Neben l. Oberschenkel eisernes *Gegenbeschläg*, 10,3 cm (Taf. 14, 16),
                    zwischen den Oberschenkeln eiserne *Rückenplatte*, 7,2 cm (Taf. 14, 1 c), darunter *Messer*, 18,5 cm, *Wetzstein*,
                    14,6 cm, darauf *Ahle*, 10,2 cm, und Reste der *Tasche*, in der Messer, Wetzstein und Ahle lagen.

Grab 53 (D/E 6).   0,70 tief. Bis auf Schädel und l. Arm ganz gestört. Im Auswurf gr. *Eisenschnalle*, 14,5 cm (Taf. 13, 7).

Grab 54 (D 6/7).   0,30 tief. Zum großen Teil gestört. Keine Beigaben.

Grab 55 (G 2).   M. 0,50 tief. Bis auf Unterschenkel ganz gestört. Neben l. Unterschenkel ein *Sax* mit zwei Blutrinnen,
                    43,8 cm, darauf *Messerrest*, 10,5 cm, und *tauschierte Schnalle*, Typ Bülach, 11,7 cm (Taf. 18, 12).

Grab 56 (D 5).   F. 0,90 tief. Auf Brust kleine gelbe und eine *Bernsteinperle* (Taf. 6, 8).

Grab 57   ?

Grab 58 (G 7).   0,55 tief. Sk. ziemlich gut. Ohne Beigaben.

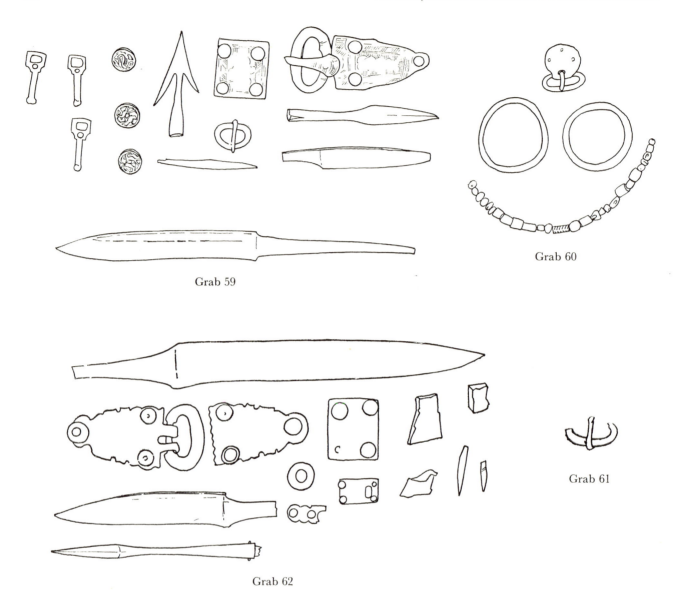

Grab 59

Grab 60

Grab 61

Grab 62

Grab 59 (D 6).   M. 1,30 tief. Sk. schlecht. Auf l. Ellbogen geflügelte, daneben blattförmige *Pfeilspitze*, 8,2 bzw. 8,7 cm. Am
                   r. Arm innen auf Becken *Langsax*, 57,7 cm, mit Blutrinne (Taf. 36, 1), Spitze nach unten. Daneben unter-
                   einanderliegend drei *Bronzeknöpfe*, 1,8 cm, mit Tierornament (Taf. 19, 5a–c), von der Saxscheide und kleine
                   Bronzestifte in Reihe. Neben dem Griff *tauschierte Schnalle* vom Typ Bülach, 12,1 cm (Taf. 19, 4a). Unter der
                   Saxschneide *Messer*, 12,7 cm. Zwischen den Oberschenkeln drei bronzene *Riemenhalter*, 4,1 cm (Taf. 19,
                   4c–e), tauschierte *Rückenplatte*, 4,7 cm (Taf. 19, 4b), *Ahle*, 8,5 cm, und kleine *Eisenschnalle*, 3,2 cm.

Grab 60 (F 7).   F. 0,25 tief. Sk. sehr schlecht. Über dem Becken kleine *Eisenschnalle*, 3,9 cm (Taf. 12, 9), auf Brust und am
                   Hals *Glas*- und *Bernsteinperlen* (Taf. 6, 13). Zwei *Eisenringe*, 5,0 bzw. 6,0 cm, verstreut im Grabe.

Grab 61 (G/H 7).   1,00 tief. Über Becken kl. *Schnalle*, 4,2 cm.

Grab 62 (G 8).   M. 0,80 tief. Sk. sehr schlecht. Außen neben r. Oberschenkel *Eisenschnalle*, 11,2 cm (Taf. 14, 2a), darunter
                   Sax, 34,0 cm, mit Blutrinne, Spitze nach unten, darunter *Messer*, 18,5 cm. An Saxspitze rechteckiger *Bronze-
                   beschlag*, 3,3 cm (Taf. 4, 13). Außen am l. Oberschenkel *Gegenbeschläg*, 8,1 cm (Taf. 14, 2b), zwischen den
                   Knien *Rückenplatte*, 4,0 cm (Taf. 14, 2c), darunter *Feuerstein*, kleiner *Schleifstein*, *Eisenring* (Taf. 14, 2e),
                   Eisenstücke. Außen neben l. Knie zerbrochener *Gürtelbeschlag* mit Öse, 3,1 cm (Taf. 14, 2d). Außen am r.
                   Fuß *Lanzenspitze*, 33,1 cm (Taf. 35, 16), Spitze nach O.

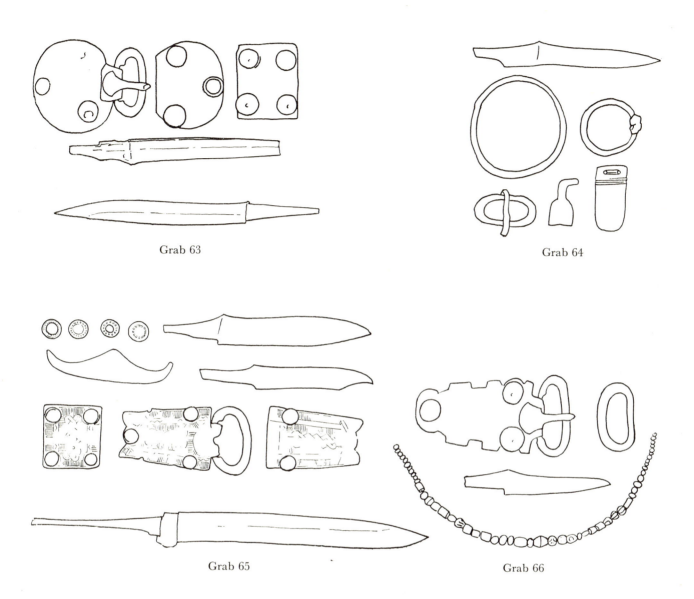

Grab 63

Grab 64

Grab 65

Grab 66

Grab 63 (F/G 7).   M. 0,55 tief. Sk. sehr schlecht. Außerhalb der Knie je ein Stein, ein weiterer zwischen den Füßen. Außen neben r. Knie *Sax*, 42,0 cm, mit Blutrinne (Taf. 35, 6), Spitze nach unten, auf Griff *Eisenschnalle*, 9,1 cm (Taf. 12, 10a), außen neben Sax *Messer*, 17,5 cm, mit Blutrinne (Taf. 10, 5). Zwischen den Knien *Rückenplatte*, 6,1 cm (Taf. 12, 10c), auf l. Oberschenkel *Gegenbeschläg*, 5,8 cm (Taf. 12, 10b).

Grab 64 (G 7).   F. 0,70 tief. Sk. schlecht. Unter Becken *Schnalle*, 5,0 cm, unter l. Oberschenkel *Messer*, 15,8 cm, zwischen Unterschenkeln *Eisenhaken*, 4,0 cm, neben l. Unterschenkel außen zwei *Eisenringe* unter einander, 4,7 bzw. 8,3 cm (Taf. 7, 23–24). Unter den l. Rippen eiserne *Riemenzunge*, 5,3 cm (Taf. 17, 12).

Grab 65 (G 7).   M. 0,90 tief. Sk. fast verschwunden. Außen neben r. Knie *Sax*, 55,3 cm, mit Blutrinne (Taf. 36, 2), mit Spuren des Holzgriffs und Mundstück der Scheide, längs der Schneide Reihe kl. *Bronzestifte* und vier *Bronzeknöpfe* unter einander, 1,5 cm (Taf. 21, 3a–d). Unter dem Sax *Messer*, 17,2 cm. Auf r. Oberschenkel *tauschierte Schnalle*, 11,0 cm, vom Typ Bülach (Taf. 21, 2a). Auf l. Knie *Rückenplatte*, 4,9 cm (Taf. 21, 2c), außen daneben *Gegenbeschläg*, 7,6 cm (Taf. 21, 2b). Darunter auf einem Haufen: *Feuerstahl*, 10,5 cm (Taf. 9, 15), *Rasiermesser*, 14,5 cm (Taf. 9, 6), mit Spuren der Tuchumwicklung und *Eisenstücke*.

Grab 66 (E 7/8).   F. 0,95 tief. Gestört. In Erde zwischen Schädel und Becken *Glasperlen* (Taf. 8, 9), in Beckengegend profilierte *Eisenschnalle*, 13,5 cm (Taf. 16, 5), eiserner *Schnallenrahmen*, 5,5 cm, und *Messer*, 12,2 cm (Taf. 10, 6).

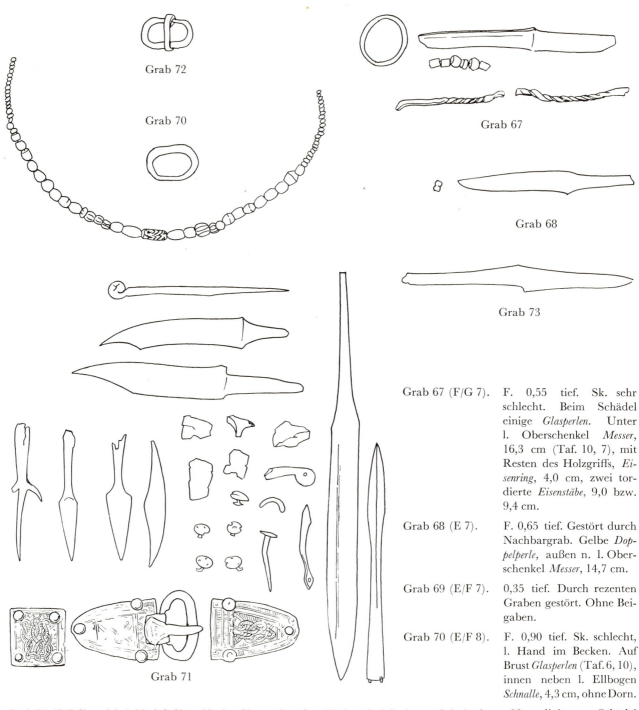

Grab 72

Grab 70

Grab 67

Grab 68

Grab 73

Grab 71

Grab 67 (F/G 7). F. 0,55 tief. Sk. sehr schlecht. Beim Schädel einige *Glasperlen*. Unter l. Oberschenkel *Messer*, 16,3 cm (Taf. 10, 7), mit Resten des Holzgriffs, *Eisenring*, 4,0 cm, zwei tordierte *Eisenstäbe*, 9,0 bzw. 9,4 cm.

Grab 68 (E 7). F. 0,65 tief. Gestört durch Nachbargrab. Gelbe *Doppelperle*, außen n. l. Oberschenkel *Messer*, 14,7 cm.

Grab 69 (E/F 7). 0,35 tief. Durch rezenten Graben gestört. Ohne Beigaben.

Grab 70 (E/F 8). F. 0,90 tief. Sk. schlecht, l. Hand im Becken. Auf Brust *Glasperlen* (Taf. 6, 10), innen neben l. Ellbogen *Schnalle*, 4,3 cm, ohne Dorn.

Grab 71 (E/F 8). M. 1,15 tief. Sk. schlecht. 60 cm über dem Skelett drei Steine und Steinplatte. 35 cm links vom Schädel *Lanzenspitze*, 35,2 cm (Taf. 35, 17), Spitze nach W. Außen neben l. Unterarm drei *Pfeilspitzen*, 10,5 bzw. 11,5 cm (Taf. 38, 5–7), davon eine dreizackig. Neben r. Bein außen *Sax*, 63,5 cm, mit zwei Blutrinnen, Spitze nach unten, und fünf *Bronzeknöpfen*, 1,9 cm (Taf. 20, 4), innen daneben *Messer*, 19,1 cm, innen neben dem Saxgriff *tauschierte Schnalle*, 10,5 cm (Taf. 20, 3a), vom Typ Bülach, zwischen den Knien *Rückenplatte*, 4,5 cm (Taf. 20, 3c), neben l. Knie außen *Gegenbeschläg*, 7,4 cm (Taf. 20, 3b). Quer auf den Unterschenkeln *Rasiermesser*, 15,6 cm (Taf. 9, 8), *Ahle* mit Kugelkopf, 14,7 cm (Taf. 11, 19), *Feuerstahl*, 10,2 cm (Taf. 9, 18), fünf *Feuersteine* und sechs *Eisenreste*.

Grab 72 (F 7). 0,40 tief. An l. Schulter, l. Fuß und r. Hand je ein großer Stein. Auf r. Becken *Schnalle*, 3,8 cm.

Grab 73 (F 7). 0,50 tief. Unterteil des Grabes durch Grab 72 gestört. An Stelle des l. Oberschenkels *Messer*, 19,1 cm.

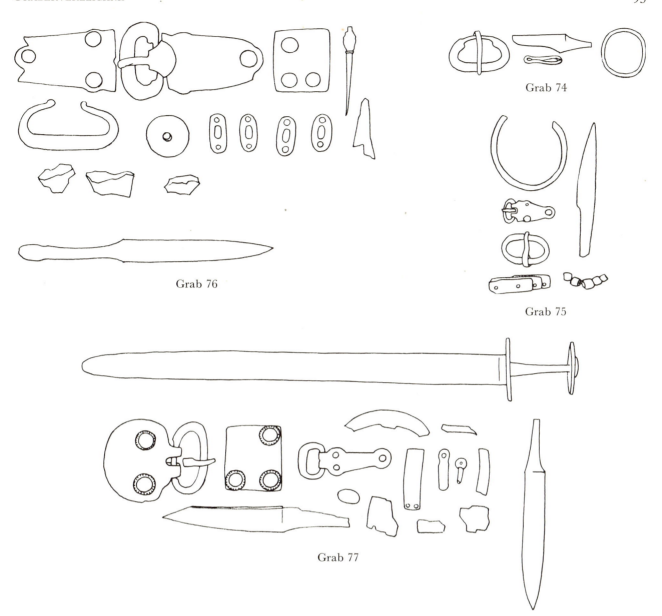

Grab 74

Grab 75

Grab 76

Grab 77

Grab 74 (F 8).   F. 0,75 tief. Sk. mäßig. Links des Oberkörpers unregelmäßige Trockenmauer aus Rollsteinen. 30 cm unter
                  dem Skelett Rollsteinpflaster. An r. Schläfe einfacher *Bronzedrahtohrring*, 3,8 cm. Unter r. Becken *Schnalle*,
                  5,0 cm (Taf. 12, 7), innen neben l. Oberschenkel *Messer*, 6,6 cm, außen *Eisenpinzette*, 3,1 cm (Taf. 2, 11).

Grab 75 (F 7).   F. 0,50 tief. Auf Südseite des Grabes Trockenmauer aus Rollsteinen, im W. und N. einige Steine. Einige
                  Glasperlen auf der Brust, im r. Becken *Eisenschnalle*, 3,9 cm, im l. Becken kl. *Bronzeschnalle*, 4,3 cm (Taf. 4, 10).
                  und Rest von *Doppelkamm*, 5,2 cm. Neben l. Knie außen *Messer*, 10,9 cm, *Eisenstück* und *Eisenring*, 6,5 cm.

Grab 76 (F 7).   M. 0,80 tief. Sk. sehr schlecht. Im N. Steinreihe. Am r. Ellbogen innen *Tonwirtel*, 3,5 cm (Taf. 8, 5). Auf
                  r. Oberschenkel *Sax*, 33,0 cm (Taf. 36, 3), mit Resten des Holzgriffs, Spitze nach O. Unter dem Saxgriff
                  Eisenschnalle, 11,6 cm (Taf. 14, 3a), auf l. Oberschenkel *Gegenbeschläg*, 8,1 cm (Taf. 14, 3b), zwischen den
                  Schenkeln *Rückenplatte*, 5,1 cm (Taf. 14, 3c), vier durchbrochene ovale *Gürtelbeschläge*, 3,1 cm (Taf. 14, 3d–e),
                  darunter auf Haufen *Ahle*, 8,0 cm (Taf. 11, 1), *Feuerstahl*, 7,8 cm (Taf. 9, 17), drei *Feuersteine*, *Eisenreste*.

Grab 77 (G 7).   M. 0,25 tief. Sk. mäßig. Über dem Skelett schwarze Schicht, von Brett herrührend, Kohlestückchen und
                  Ziegelbrocken über und neben dem Toten. Neben r. Bein *Spatha*, 82,0 cm (Taf. 34, 5), Spitze nach O. Auf-
                  liegend *Sax*, 31,2 cm, darüber auf Spatha liegend *Gürtelschnalle* mit br. Nieten, 6,0 cm (Taf. 12, 11a), in
                  Griffhöhe kleine *Eisenschnalle*, 7,7 cm (Taf. 12, 12), und *Eisenstücke*. Auf l. Oberschenkel *Rückenplatte*, 5,2 cm
                  (Taf. 12, 11b), darunter *Messer*, 15,5 cm (Taf. 10, 9), mit Resten des Holzgriffs. Daneben außen schmale
                  Eisenplatte, 4,7 cm, und *Eisenreste*, *Silex* und Reste der eisernen *Taschenfassung*.

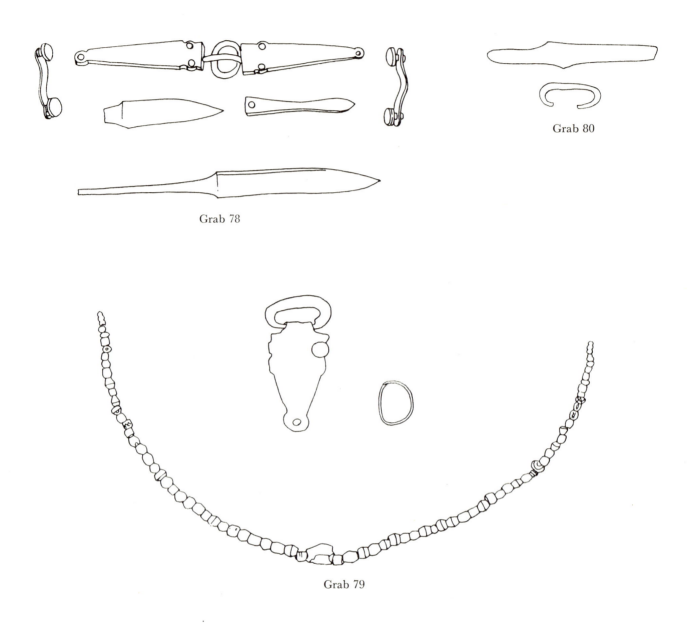

Grab 80

Grab 78

Grab 79

Grab 78 (G 8).   M. 1,20 tief. Sk. schlecht. Viel Holzkohlespuren. Neben r. Unterschenkel außen *Sax*, 49,3 cm, mit langer
                  Griffangel, daneben untereinander zwei eiserne *Tragösen* der Scheide, 6,0 cm (Taf. 17, 2 a–b), auf Unter-
                  schenkel *Gürtelschnalle*, 13,3 cm (Taf. 17, 1 a), auf Saxgriff eiserne *Riemenzunge*, 8,7 cm (Taf. 17, 1 c), darüber
                  Gegenbeschläg, 10,5 cm (Taf. 17, 1 b), unter Sax zerbrochenes *Messer*, 9,5 cm.

Grab 79 (G 8).   F. 1,25 tief. Sk. sehr schlecht. In Graberde bis unter die Knochen zahlreiche und große Holzkohlestücke.
                  An l. Schläfe silberner *Drahtohrring*, 3,6 cm (Taf. 6, 3), auf Oberkörper *Glasperlen* (Taf. 6, 4) und eine Bern-
                  steinperle. In Schulterhöhe über der Brust beidseits je eine sehr kleine *Silberrosette* (nicht erhalten), im
                  Becken eiserne *Gürtelschnalle*, 10,7 cm (Taf. 13, 8).

Grab 80 (G 7).   0,60 tief. An Nordseite Steinreihe, l. Hand im Becken. Auf l. Knie *Messer*, 14,0 cm, unter dem Becken
                  Schnalle, 4,9 cm, ohne Dorn.

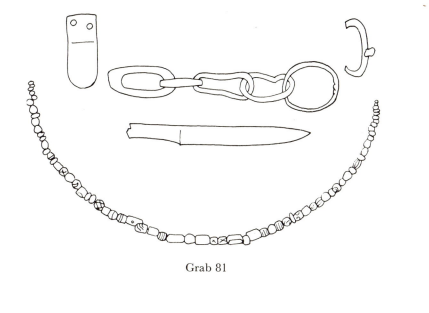

Grab 81

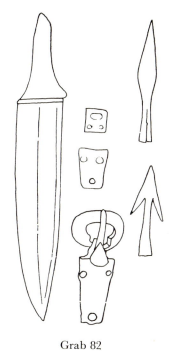

Grab 82

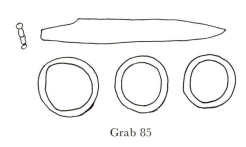

Grab 85

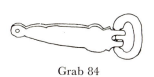

Grab 84

Grab 81 (G 7).   F. 0,80 tief. Sk. sehr schlecht. Am Hals *Perlenkette* (Taf. 6, 11). Außen neben l. Knie *Messer*, 15,0 cm
(Taf. 10, 10), darunter *Kettengehänge*, 19,0 cm (Taf. 7, 22). Außen am l. Fuß eiserne *Riemenzunge*, 5,9 cm
(Taf. 17, 13).

Grab 82 (F 8).   M. 1,15 tief. Sk. sehr schlecht. Neben r. Unterarm außen *Messer*, 24,5 cm (Taf. 10, 8), mit zwei Blutrinnen,
am r. Ellbogen eiserne *Gürtelschnalle*, 9,2 cm (Taf. 17, 3a), im Becken *Gegenbeschläg*, 3,1 cm (Taf. 17, 3b);
an r. Schulter und neben r. Schläfe eine geflügelte bzw. blattförmige *Pfeilspitze*, 7,2 bzw. 9,4 cm, auf der
Brust durchbrochenes *Bronzebeschläg*, 1,9 cm (Taf. 17, 3c).

Grab 83 (F 8).   K. 1,10 tief. Beine gekreuzt. Ohne Beigaben.

Grab 84 (G 8).   1,00 tief. Beidseits des Unterkörpers je zwei große Steine; einige Holzkohlenreste. Im Becken *Gürtelschnalle*,
11,2 cm (Taf. 17, 5).

Grab 85 (G 7).   F. 0,65 tief. Skelett mit unregelmäßiger Steinschicht bedeckt, Steine faust- bis zweikopfgroß. Teilweise gestört, einige Skelettreste unter einem Steinhaufen. In Gegend des Schädels einige kleine, gelbe *Perlen*. Neben
l. Knie außen *Messer*, 14,8 cm, darunter drei *Eisenringe* im Dreieck gelegt, 4,5; 4,9; 4,3 cm, die beiden
kleinern strichtauschiert (Taf. 7, 31–33).

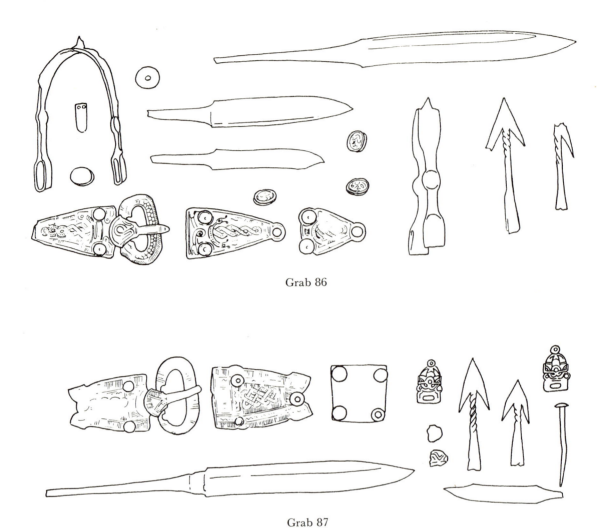

Grab 86

Grab 87

Grab 86 (F 8). M. 1,00 tief. Sk. schlecht, r. Hand im Becken. Zahlreiche Reste von Holzkohle und Ziegeln. Auf r. Ellbogen zwei geflügelte *Pfeilspitzen* mit tordiertem Schaft, 7,0 bzw. 10,5 cm. Neben r. Oberschenkel außen *Sax*, 59,5 cm, mit zwei Blutrinnen, längs der nach innen gerichteten Schneide fünf tierornamentierte *Bronzeknöpfe*, 1,7 cm, der Scheide (Taf. 20, 6a–e), darunter *Messer*, 17,3 cm, daneben auf Oberschenkel *tauschierte Gürtelschnalle*, 11,5 cm (Taf. 20, 5a), zwischen Oberschenkeln dreieckige *Rückenplatte*, 5,3 cm (Taf. 20, 5c), darunter quer auf den Schenkeln *Rasiermesser*, 14,6 cm (Taf. 9, 7). Auf l. Hand *Gegenbeschläg*, 8,0 cm (Taf. 20, 5b). Am l. Fuß *eiserner Sporn*, 12,0 cm (Taf. 38, 23), etwas darüber außen am Fuß br. *Riemenzunge*, 2,4 cm (Taf. 20, 5d).

Grab 87 (G 8). M. 1,10 tief. Sk. sehr schlecht. L. Hand im Becken. Über r. Ellbogen quer geflügelte *Pfeilspitze* mit tordiertem Schaft, darunter eine zweite, 8,7 bzw. 6,8 cm (Taf. 38, 8–9). *Sax* mit langer Griffangel, 54,0 cm, auf r. Becken, Spitze zwischen den Oberschenkeln, längs der nach innen gerichteten Schneide *Bronzestiftreihe* und fünf *Bronzeblechknöpfe* 1,4 cm (Taf. 22, 2), als Scheidenabschluß. Auf r. Becken neben Saxheft *tauschierte Gürtelschnalle*, 11,5 cm, vom Typ Bülach (Taf. 22, 1a), neben l. Oberschenkel außen *Rückenplatte*, 4,5 cm (Taf. 22, 1c), quer über linkem Knie *Messer*, 9,6 cm, darunter *Eisennagel*, 6,5 cm, daneben zwei *Bronzebeschläge*, 3,6 cm (Taf. 22, 1d–e), als Halter des Saxgehänges, darunter außen neben l. Unterschenkel *Gegenbeschläg*, 8,2 cm (Taf. 22, 1b).

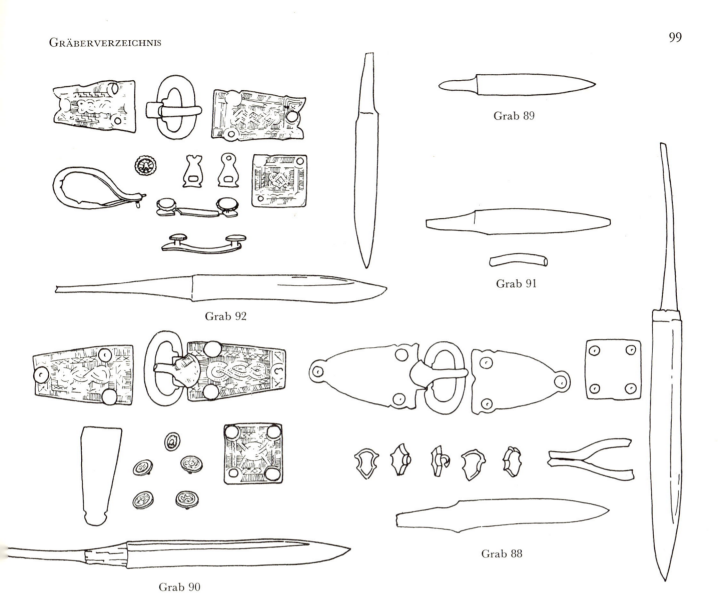

Grab 89

Grab 91

Grab 92

Grab 88

Grab 90

Grab 88 (F 8).   M. 1,15 tief. Sk. schlecht. L. Oberschenkel gebrochen, schlecht verheilt und verkürzt. Neben r. Schenkel *Sax* mit langer Griffangel, 68,0 cm (Taf. 36, 4), Blutrinne und Scheidenmundstück, auf Schneide als Scheidenzier fünf amazonenschildförmige *Bronzebeschläge*, 2,5 cm (Taf. 17, 10 a–e), mit rückseitiger Öse. Daneben *Messer*, 18,2 cm. An Griffbasis des Saxes Glieder einer kleinen *Bronzekette*. Auf r. Oberschenkel *Gürtelschnalle*, 13,2 cm (Taf. 13, 1 a), auf l. Knie *Rückenplatte*, 4,7 cm (Taf. 13, 1 c), zwischen l. Hand und Becken *Gegenbeschläg*, 8,3 cm (Taf. 13, 1 b).

Grab 89 (G 7).   0,30 tief. Über l. Knie *Messer*, 13,0 cm.

Grab 90 (F 8).   M. 1,15 tief. Sk. sehr schlecht. Über dem Skelett starke schwarze Verfärbung. Außen neben r. Oberschenkel *Sax* mit langer Griffangel und Resten des Holzgriffs und zwei Blutrinnen, 57,0 cm, innen längs der Schneide fünf tierornamentierte *Bronzeknöpfe*, 1,5 cm (Taf. 20, 2 a–e), und Bronzestifte als Scheidenzier, daneben *tauschierte Gürtelschnalle*, 11,5 cm, vom Typ Bülach (Taf. 20, 1 a). Zwischen den Knien *Rückenplatte*, 4,7 cm (Taf. 20, 1 c), darüber eiserne *Riemenzunge*, 7,8 cm, auf l. Oberschenkel *Gegenbeschläg*, 8,1 cm (Taf. 20, 1 b).

Grab 91 (G 7).   K. 0,30 tief. Von Unterschenkeln ab rezent gestört. Im r. Becken *Messer*, 15,4 cm, unter l. Becken *Eisenstück*.

Grab 92 (G 8).   M. 0,95 tief. Sk. sehr schlecht. Auf r. Becken *Sax* mit langer Griffangel mit Holzspuren und einer Blutrinne, 52,0 cm, in Mitte des Griffs eisernes *Scheidenmundstück*, 7,4 cm, längs der Schneide zwei *Tragbügel* aus Eisen, 6,4 cm, mit je zwei Bronzeknöpfen und ein fünfter Bronzeknopf, 1,3 cm (Taf. 21, 5). Unter dem Sax *Messer*, 17,0 cm. Zwischen den Oberschenkeln *tauschierte Gürtelschnalle*, 7,0 cm, vom Typ Bülach (Taf. 21, 4 a). Neben l. Knie außen *Rückenplatte*, 4,4 cm (Taf. 21, 4 c), beidseits davon zwei *Bronzebeschläge*, 2,6 cm, als Halter des Saxgehänges. Neben l. Unterschenkel außen *Gegenbeschläg*, 7,4 cm (Taf. 21, 4 b).

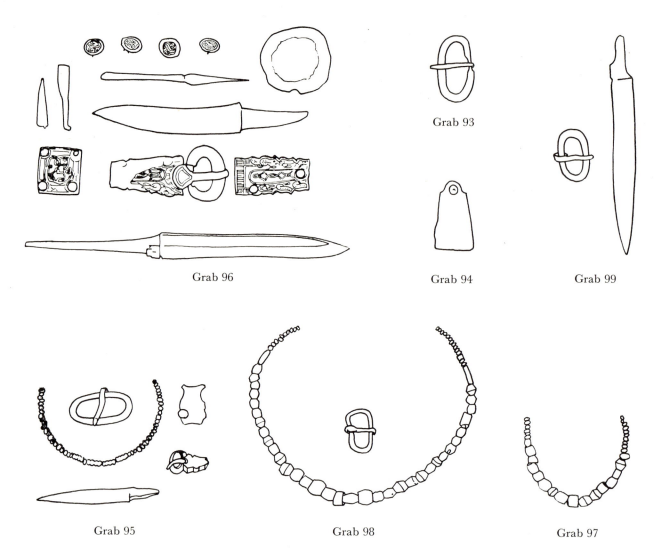

Grab 93

Grab 96

Grab 94

Grab 99

Grab 95

Grab 98

Grab 97

Grab 93 (G 7).   1,40 tief. Steinreihe neben r. Bein, r. Hand im Becken. Über dem Becken *Eisenschnalle*, 5,3 cm.

Grab 94 (G 7).   K. 0,40 tief. Teilweise durch Grab 93 gestört. Neben l. Oberschenkel außen eiserner *Schnallenbeschlag*, 5,5 cm (Taf. 13, 11).

Grab 95 (G 8).   F. 0,90 tief. Sk. ziemlich gut. R. Hand im Becken. In Halsgegend Kette aus gelben *Glasperlen*. Unter dem Becken *Schnalle*, 5,0 cm (Taf. 5, 5 a), und tauschiertes *Beschlagstück*, 3,1 cm, eines Männergürtels (Taf. 5, 5 b). Neben r. Knie innen *Messer*, 10,2 cm. Ferner br. *Schuhschnalle*, 3,3 cm (Taf. 5, 5 a).

Grab 96 (F 8).   M. 1,10 tief. Sk. mäßig. L. Hand im Becken. Auf r. Unterarm *Sax* mit langer Griffangel mit Holzspuren und zwei Blutrinnen, 54,0 cm, Spitze nach unten. Längs der Schneide in Reihe kleine *Bronzestifte* und vier tier-ornamentierte *Bronzeknöpfe*, 1,8 cm (Taf. 24, 6 a–d), als Scheidenzier. Unter dem Sax *Messer*, 17,7 cm, und in Beckenhöhe *tauschierte Gürtelschnalle*, 10,0 cm (Taf. 24, 5 a). Zwischen den Oberschenkeln *Rückenplatte*, 3,6 cm (Taf. 24. 5c), neben l. Oberschenkel außen *Gegenbeschläg*, 6,1 cm (Taf. 24, 5b). Auf r. Oberschenkel kleine *Bronzeblechschale*, 5,8 cm (Taf. 11, 15), quer zwischen den Schenkeln eiserne *Ahle*, 11,5 cm (Taf, 11,2), drei *Eisenstücke*.

Grab 97 (F 8).   F. 1,15 tief. Bis auf Schädel gestört. In Kopfgegend kleine, gelbe und doppelkonische *Perlen*. Zwischen den Schenkeln kleines *Eisenstück*.

Grab 98 (G 7/8).   F. 1,00 tief. Skelett sehr schlecht. In Halsgegend kleine, gelbe und doppelkonische *Perlen*. Außen neben l. Oberschenkel *Eisenschnalle*, 3,6 cm.

Grab 99 (G/H 8).   K. 0,90 tief. Unter Becken *Schnalle*, 4,1 cm, auf r. Oberschenkel *Messer*, 17,5 cm.

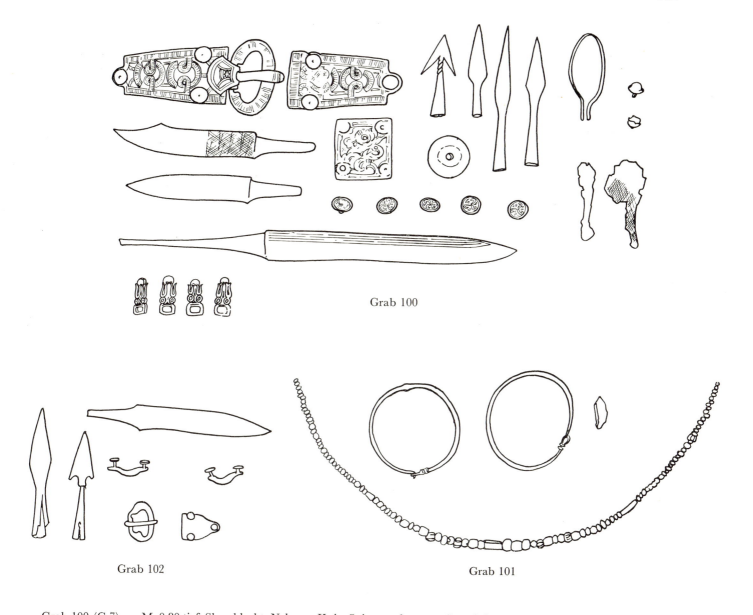

Grab 100

Grab 102

Grab 101

Grab 100 (G 7). M. 0,80 tief. Sk. schlecht. Neben r. Knie, Spitze nach unten, *Sax* mit langer Griffangel und drei Blutrinnen, 66,5 cm (Taf. 36, 5). Am Griff eisernes Scheidenmundstück. Längs der Schneide Reihe von *Bronzestiften* und fünf ornamentierte *Bronzeknöpfe*, 1,6 cm (Taf. 25, 2 a–c). Unter dem Sax *Eisenmesser*, 14,5 cm. Neben und unter dem Saxgriff drei blattförmige *Pfeilspitzen*, innen neben dem r. Oberschenkel eine geflügelte, mit tordiertem Schaft, 6,4 cm bis 11,7 cm. Darunter *Tonwirtel*, 3,5 cm (Taf. 8, 4). Zwischen Sax und r. Knie *tauschierte Gürtelschnalle*, 14,3 cm (Taf. 25, 1 a), außen neben l. Knie *Gegenbeschläg*, 9,1 cm (Taf. 25, 1 b). Vier *Bronzebeschläge*, 3,0 cm (Taf. 25, 1 d–g), auf und neben r. Unterschenkel und eins auf l. Unterschenkel (Halter des Saxgehänges). *Rückenplatte*, 4,9 cm (Taf. 25, 1 c). Zwischen den Unterschenkeln, darunter, quer über diese gelegt, ein *Rasiermesser*, 16,7 cm (Taf. 9, 9), mit Resten der Tuchumwicklung. Ferner zwei stabförmige *Eisenstücke* und zwei halbkugelige *Bronzeknöpfe*.

Grab 101 (F 8). F. 0,90 tief. Sk. gut. An Südseite Steinreihe, in NW-Ecke Steinhaufen. Beidseits der Schläfen große *Bronzeohrringe*, 7,4 bzw. 7,8 cm (Taf. 6, 1–2). Auf der Brust zahlreiche, meist kleine gelbe *Perlen*. Unter dem Schädel ovales *Eisenstück* mit Haken.

Grab 102 (G 7). M. 1,05 tief. Sk. sehr schlecht. Außen neben r. Oberschenkel *Eisenschnalle*, 3,2 cm (Taf. 5, 3 a), beidseits des r. Oberschenkels zwei eiserne *Tragbügel* einer Saxscheide, 3,0 cm (Taf. 5, 4 a–b). Auf l. Oberschenkelkopf tauschiertes *Gegenbeschläg*, 3,1 cm (Taf. 5, 3 b). Zwischen den Knien *Messer*, 15,1 cm. Außen neben dem r. Fuß zwei *Pfeilspitzen*, 8,6 bzw. 10,3 cm (Taf. 38, 10–11), eine mit ovalem, eine mit dreieckigem Blatt, Spitze nach unten.

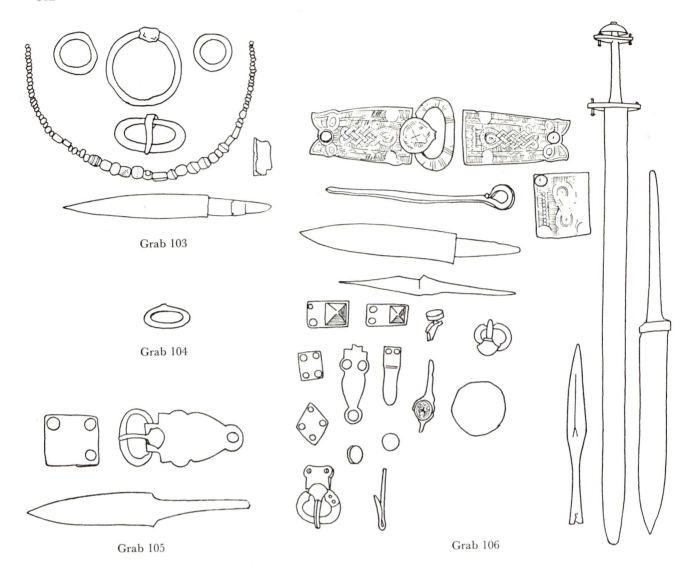

Grab 103

Grab 104

Grab 105

Grab 106

Grab 103 (F 8).   F. 1,00 tief. Sk. sehr schlecht. In NW-Ecke Steinhaufen. In Halsgegend zahlreiche kleine, gelbe und doppel-
                    konische *Perlen*. In Becken *Eisenschnalle*, 5,6 cm, auf l. Oberschenkel *Messer*, 16,8 cm, außen neben l. Ober-
                    schenkel ein großer und zwei kleine *Eisenringe*. Außen neben l. Unterschenkel *Bronzeblechstück*.

Grab 104 (H 6).   0,80 tief. Sk. sehr schlecht. Neben l. Becken *Eisenschnalle*, 3,5 cm, ohne Dorn.

Grab 105 (E 8).   M. 0,90 tief. Sk. gut. Im Becken quadratische *Rückenplatte*, 4,7 cm, darunter *Messer*, 18,5 cm (Taf. 10, 11),
                    auf r. Hand gr. *Eisenschnalle*, 10,2 cm (Taf. 13, 2).

Grab 106 (E 8).   M. 0,80 tief. Sk. mäßig. Am r. Arm innen *Lanzenspitze*, 29,0 cm (Taf. 35, 13), Spitze nach W. An r. Seite
                    Spatha, 85,0 cm lang, Klingenbreite 4,3 cm (Taf. 33, 1 u. 35, 12), mit tauschierter Parierstange und
                    Bronzeknauf. Zwischen Spatha und Oberschenkel *Sax*, 59,0 cm (Taf. 36, 6), mit l. Griffangel, eisernes
                    Scheidenmundstück und vier ornamentierten *Bronzeknöpfen* (Taf. 18, 7a–c), davon zwei mit Eisenlasche,
                    darunter *Messer*, 18,2 cm, zwischen Saxgriff und Schenkel tauschierte *Schnalle* vom Typ Bülach, 12,2 cm
                    (Taf. 18, 1a). Zwischen Sax und Spatha zwei *Bronzeschnallen*, 3,2 bzw. 3,6 cm (Taf. 18, 2–3). Auf Spatha-
                    klinge br. *Riemenzunge*, 4,8 cm (Taf. 18, 10). Zwei rechteckige *Schlaufenbeschläge* mit Pyramidenbuckel, 3,4 cm
                    (Taf. 18, 8–9), unter Spathaklinge bzw. auf der Lanze. Auf Unterteil der Spatha eiserner *Schnallenbeschlag*,
                    6,3 cm (Taf. 18,5). Auf Saxgriff rhombisches *Bronzebeschläg*, 3,3 cm (Taf. 18, 4), am Oberschenkel innen
                    quadratisches *Bronzebeschläg*, 2,2 cm (Taf. 18, 6). Zwischen den Oberschenkeln *Spitzahle*, 12,8 cm, *Ösenahle*,
                    15,2 cm (Taf. 11, 10), darunter *Bronzeschale* einer Feinwaage, 4,5 cm (Taf. 11, 17), darin eiserne *Pinzette*,
                    5,0 cm, darüber tauschierte *Rückenplatte*, 5,2 cm (Taf. 18, 1c), am l. Oberschenkel außen tauschiertes *Gegen-
                    beschläg*, 8,5 cm (Taf. 18, 1b).

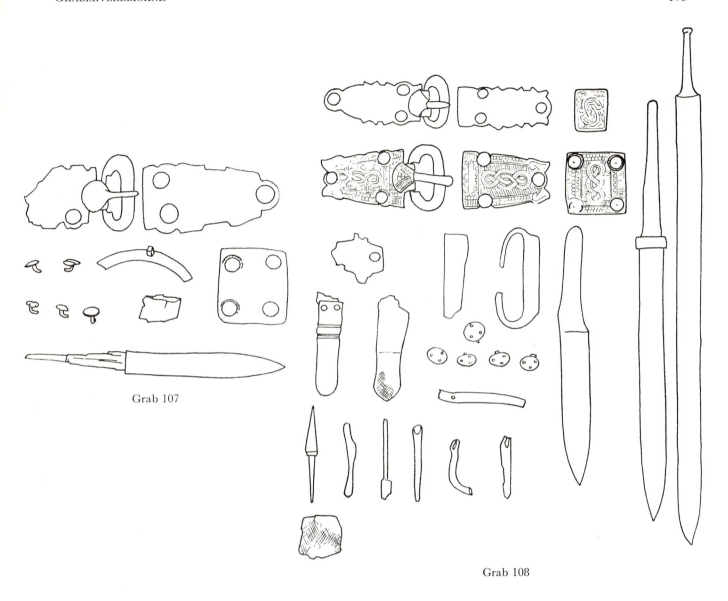

Grab 107

Grab 108

Grab 107 (E 8).   M. 1,05 tief. Sk. schlecht. R. Hand im Becken. An r. Seite *Sax*, 43,0 cm (Taf. 36,7), mit Resten des Holzgriffs, Schneide 27,0 cm, daran außen fünf gebogene *Bronzeknöpfe* in Reihe. Am Saxgriff gr. *Eisenschnalle*,
9,2 cm (Taf. 14, 4a), zerbrochen, am l. Knie innen *Rückenplatte*, 6,0 cm (Taf. 14, 4c), außen neben l. Oberschenkel *Gegenbeschläg*, 11,0 cm (Taf. 14, 4b). Außen neben l. Unterschenkel bandförmiger br. *Taschenbe-
schlag*, 7,7 cm. Unterhalb der Saxspitze *Bronzeblechrest*.

Grab 108 (E 7).   M. 1,25 tief. Sk. schlecht. 65 cm über dem Toten eine Steinlage. An der r. Seite *Spatha*, 83,0 cm lang,
Klingenbreite 4,2 cm (Taf. 34,4). Außen daneben *Sax*, 68,0 cm (Taf. 36, 8) mit Resten des Holzgriffs und
eisernem Scheidenmundstück, Schneide nach innen, daran in Reihe fünf *Bronzeknöpfe* (Taf. 19, 2) und kl.
Bronzestifte. Darunter *Messer*, 19,6 cm, mit Blutrinne. Außen daneben eisernes *Gegenbeschläg*, 7,5 cm
(Taf. 14, 5b). Zwischen Spatha und Oberschenkel gr. *Eisenschnalle*, 10,2 cm (Taf. 14, 5a), darüber eiserne
Riemenzunge, 8,3 cm (Taf. 14, 5d), und tauschierte *Rückenplatte*, 3,2 cm (Taf. 19, 1d). Oberhalb des r. Knies
neben Spatha tauschierte *Schnalle*, 10,2 cm (Taf. 19, 1a), vom Typ Bülach, zwischen den Oberschenkeln
tauschierte *Rückenplatte*, 4,3 cm (Taf. 19, 1c), an l. Oberschenkel innen eiserne *Riemenzunge*, 6,8 cm
(Taf. 14, 5e), neben l. Oberschenkel außen tauschiertes *Gegenbeschläg*, 7,2 cm (Taf. 19, 1b), darunter quadratisches *Beschläg*, 3,0 cm, mit Tuchresten. Zwischen den Knien *Feuerstahl*, 7,7 cm, *Eisenstück* (Taf. 14, 5c),
kleine *Ahle*, 7,7 cm, *Eisenstäbe* und *Bronzeband*.

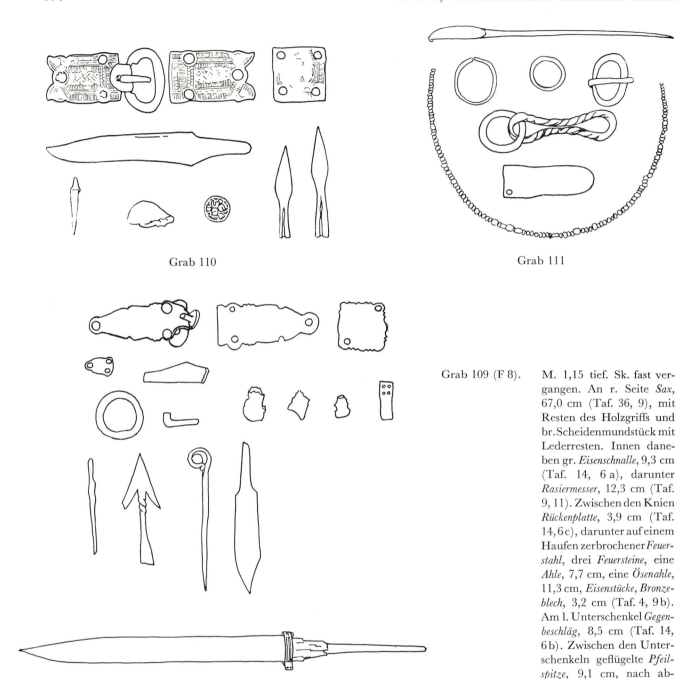

Grab 110

Grab 111

Grab 109

Grab 109 (F 8). M. 1,15 tief. Sk. fast vergangen. An r. Seite *Sax*, 67,0 cm (Taf. 36, 9), mit Resten des Holzgriffs und br. Scheidenmundstück mit Lederresten. Innen daneben gr. *Eisenschnalle*, 9,3 cm (Taf. 14, 6 a), darunter *Rasiermesser*, 12,3 cm (Taf. 9, 11). Zwischen den Knien *Rückenplatte*, 3,9 cm (Taf. 14,6 c), darunter auf einem Haufen zerbrochener *Feuerstahl*, drei *Feuersteine*, eine *Ahle*, 7,7 cm, eine *Ösenahle*, 11,3 cm, *Eisenstücke*, *Bronzeblech*, 3,2 cm (Taf. 4, 9 b). Am l. Unterschenkel *Gegenbeschläg*, 8,5 cm (Taf. 14, 6 b). Zwischen den Unterschenkeln geflügelte *Pfeilspitze*, 9,1 cm, nach abwärts, gestempeltes *Bronzebeschläg*, 2,3 cm (Taf. 4, 9 a), und *Eisenring*, 4,0 cm.

Grab 110 (F 7).   M. 0,55 tief. Sk. mäßig. L. Hand im Becken. Am r. Ellbogen zwei blattförmige *Pfeilspitzen*, 7,0 bzw. 8,5 cm, mit geschlitzter Tülle. Außen an der r. Hand *Messer*, 17,2 cm, darauf liegend tauschierte *Schnalle*, 9,8 cm (Taf. 22, 3a), vom Typ Bülach, unterhalb der Messerspitze tierornamentierter *Bronzeknopf* (Taf. 22, 4). Am r. Oberschenkel innen tauschierte *Rückenplatte*, 4,4 cm (Taf. 22, 3c), zwischen den Oberschenkeln kl. *Ahle*, 5,0 cm. Am l. Unterarm innen *tauschiertes Gegenbeschläg*, 7,0 cm (Taf. 22, 3b). Außen neben l. Knie *Eisenreste*.

Grab 111 (G 7/8).   F. 0,80 tief. Sk. schlecht. R. Hand im Becken. Am Hals *Kette* aus kleinen, gelben und braunen Perlen. An l. Schläfe drahtörmiger Bronzeohrring, 3,7 cm (Taf. 6, 6). Auf r. Becken *Schnalle*, 4,4 cm (Taf. 12, 4), auf l. Becken *Eisenring*, 3,0 cm (Taf. 7, 16). Neben l. Hand *Eisenring* mit tordiertem *Kettenglied*, 11,0 cm (Taf. 7,17), daneben außen br. *Haarpfeil*, 24,0 cm, mit Spitze nach oben (Taf. 2, 8). Außen neben r. Oberschenkel eiserne *Riemenzunge*, 7,3 cm (Taf. 12,5).

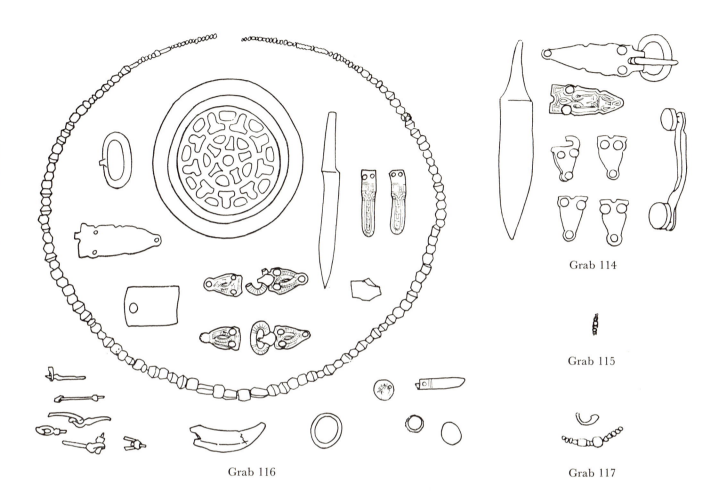

Grab 114

Grab 115

Grab 116   Grab 117

Grab 112 (E 8).   K. 0,40 tief, ohne Beigaben.

Grab 113 (E 8).   K. 0,60 tief, ohne Beigaben.

Grab 114 (E 8).   M. 0,80 tief. Sk. mäßig. Unter r. Schulter *Messer*, 13,7 cm, darauf eiserner *Tragbandhalter* mit zwei Knöpfen, 9,5 bzw. 1,9 cm. Oberhalb des Messers l. *Eisenschnalle*, 11,0 cm (Taf. 17, 4a), längs des r. Oberarms drei, innerhalb ein eisernes *Gürtelzierstück*, 3,6 cm (Taf. 17, 4b–e), eins mit Öse. Neben r. Oberarm außen *tauschiertes Gegenbeschläg*, 5,8 cm (Taf. 5, 17).

Grab 115 (E/F 8). K. 0,80 tief. Am Schädel fünf kleine, gelbe *Perlen*.

Grab 116 (F 8).   F. 0,95 tief. Sk. sehr schlecht. Vom Schädel bis zu den Knien gr. *Kette* aus kleinen, gelben, doppelkonischen und zwei Bernsteinperlen (Taf. 6, 12). Im l. Becken *Schnalle*, 4,5 cm, außen am l. Oberschenkel *Messer*, 14,1 cm, mit Resten des Holzgriffs. Außen am l. Fuß geometrische, durchbrochene *Bronzezierscheibe*, 8,5 cm (Taf. 7, 15), in einem hohlen *Bronzeblechring*, 12,5 cm (Taf. 7, 15), darüber neben dem l. Unterschenkel Glieder einer *Eisenkette*, ein *Bärenzahn* (Taf. 8, 17), ein *Bronzering*, 2,7 cm (Taf. 8, 18), eine durchbohrte römische *Bronzemünze* des 3. Jahrhunderts, eine bronzene *Riemenzunge*, 3,7 cm. Zwischen den Knien ein *Bronzeknopf*. Am l. Unterschenkel innen *Eisenschnalle*, 9,2 cm (Taf. 17, 6), darunter ein schwarzer *Kiesel*. Auf den Füßen ein durchbohrtes, rechteckiges *Eisenblech*, 4,4 cm (Taf. 7, 14), und zwei tauschierte *Schuhschnallen*, 4,9 cm, mit *Gegenbeschlägen*, 3,4 cm, und *Riemenzungen*, 5,2 cm (Taf. 5, 6a–f).

Grab 117 (E 8).   K. 0,70 tief. In 45 cm Tiefe Steinpflaster. Am Hals kleine, gelbe, rote und grüne *Perlen* und ein halber *Eisenring*.

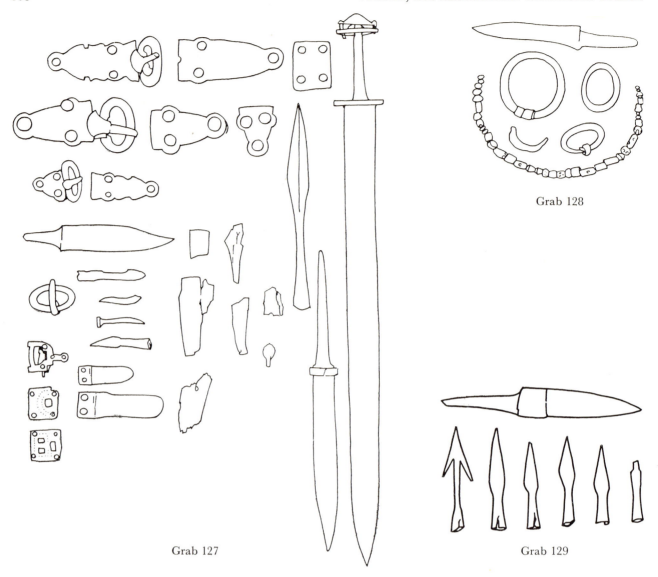

Grab 127   Grab 128

                                                  Grab 129

Grab 127 (F/G 7/8). M. 1,05 tief. Sk. sehr schlecht. Am r. Arm innen *Lanzenspitze*, 32,4 cm (Taf. 35, 14), Spitze nach W, Lanzen-
schaft am Ansatz durch eisernen Blechring verstärkt. Unter der Lanzentülle br. *Gegenbeschläg*, 6,1 cm
(Taf. 4, 12 b). An der r. Seite innen *Spatha*, 89,0 cm, Klingenbreite 5,0 cm (Taf. 33, 2 u. 34, 8), mit tau-
schiertem Griff. Am r. Becken außen *Sax*, 48,5 cm, mit vier Blutrinnen und eisernem Scheidenmundblech,
Griff zwischen Lanzenspitze und Spathaknauf. Darunter *Messer*, 12,2 cm. Zwischen Sax und Spatha
Bronzeschnalle, 10,0 cm (Taf. 4, 12 a), etwas unterhalb gr. *Eisenschnalle*, 10,1 cm (Taf. 15, 1 a), davor auf der
Spathaklinge kl. eisernes *Gegenbeschläg*, 5,7 cm (Taf. 15, 2 b), darunter, über den Oberschenkel reichend, gr.
eisernes *Gegenbeschläg*, 8,7 cm (Taf. 15, 1 b). In Becken an Spathaklinge gelehnt br. *Rückenplatte*, 4,1 cm
(Taf. 4, 12 c), darunter ein durchbrochenes und ein T-förmiges *Bronzebeschläg* (Taf. 4, 12 d–e u. 15, 1 e–g),
ein zweites einfach durchbrochenes neben der Saxspitze (Taf. 4, 12 f u. 15, 1 f). Zwischen den Oberschenkeln eiserne *Rückenplatte*, 3,9 cm (Taf. 15, 1 c), kl. *Eisenschnalle*, 4,1 cm (Taf. 15, 2 a), zwei eiserne
Riemenzungen, 4,6 cm bzw. 7,3 cm (Taf. 15, 1 d u. 2 c) und ein *Eisenstück*. Am l. Oberschenkel innen bolzenförmige *Pfeilspitze*, 4,9 cm, im l. Becken *Eisenreste* und *Feuerstein*. Verstreut einige kl. Bronzestifte. Auf l.
Schulter glasierte *Scherbe*. *Schnalle*, 3,8 cm (Taf. 15, 3).

Grab 128 (E/F 7). F. 0,70 tief. Sk. mäßig. Knie leicht angezogen, unterhalb der Füße Stein. Am Hals kleine, teils gemusterte
Perlen. Unter dem l. Knie auf einem Haufen *Messer*, 13,0 cm, darunter *Schnalle*, 3,4 cm, darunter drei *Eisenringe*, 3,1; 3,8; 5,4 cm.

Grab 129 (E 9). M. 0,90 tief. Großer Stein oberhalb des Kopfes. Im l. Becken *Messer*, 16,2 cm. Am l. Oberschenkel innen
Bündel von sechs *Pfeilspitzen*, davon fünf blattförmig, eine geflügelt, 5,0 cm bis 8,2 cm, zwischen den Knien
Spuren der hölzernen Pfeilschäfte.

Grab 130

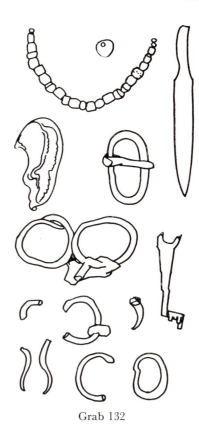

Grab 132

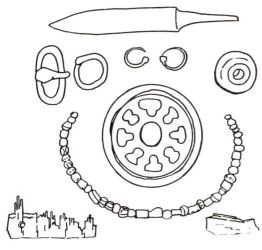

Grab 131

Grab 133

Grab 130 (E 7).   F. 0,90 tief. Sk. mäßig. 20 cm über dem Unterkiefer vier große Steine. Unter dem Skelett Spuren des Totenbretts. An den Schläfen gr. *Bronzedrahtohrringe* mit Hakenverschluß, 7,1 cm (Taf. 3, 13–14). Am Hals und auf der Brust kleine, meist gelbe *Perlen* und vier *Bernsteinperlen* (Taf. 6, 9). Unter den Knien br. *Ringfibel* mit Eisendorn, 2,8 cm (Taf. 1,18). Im l. Becken *Schnalle*, 4,6 cm, Dorn fehlt. An den Füßen br. *Schuhschnallen*, 5,3 cm (Taf. 4, 15–16), am l. Fuß br. *Riemenzunge*, 5,9 cm (Taf. 4, 14).

Grab 131 (E 7).   F. 1,75 tief. Sk. schlecht. Um den Kopf vier große Steine. Am Hals und auf der Brust kleine, teilweise gemusterte *Perlen*, einige aus Bernstein. An den Schläfen kl. *Bronzeohrringe* mit Würfelenden, 1,9 cm (Taf. 3, 3–4). Über dem r. Becken *Schnalle*, 4,9 cm. Außen neben der l. Hand *Eisenring*, 2,7 cm, Reste eines zweiteiligen *Beinkamms* und *Spinnwirtel* aus Ton, 3,3 cm (Taf. 8, 3). Neben l. Oberschenkel außen *Messer*, 15,2 cm, darunter in Kniehöhe durchbrochene *Bronzezierscheibe*, 6,5 cm, mit umgelegtem *Eisenring*, 8,0 cm (Taf. 7, 1).

Grab 132 (H 5).   F. 1,40 tief. Sk. mäßig. Der Schädel ruht auf gr. Stein. Am Hals und unter Schädel teilweise gemusterte *Perlen* (Taf. 6, 5). Unter l. Becken *Schnalle*, 5,8 cm (Taf. 12, 2). Unter dem r. Knie *Messer*, 13,5 cm (Taf. 10, 12). Neben l. Knie außen Kette aus mehreren *Eisenringen* mit anhängender *Tigermuschel* (Taf. 7, 34a–g; 8, 8), daneben *Eisenschlüssel* mit Zähnen, 7,5 cm (Taf. 7, 34h). Oberhalb der Kette durchbohrte abgeschliffene römische *Bronzemünze*.

Grab 133 (F 9).   F. 1,20 tief. Sk. mäßig. Unter dem Skelett Spuren des Totenbretts. Am Hals Kette aus kleinen, teilweise durchsichtigen *Perlen*. Auf r. Brust grüne Oxydationsspur. Im Becken *Schnalle*, 4,4 cm.

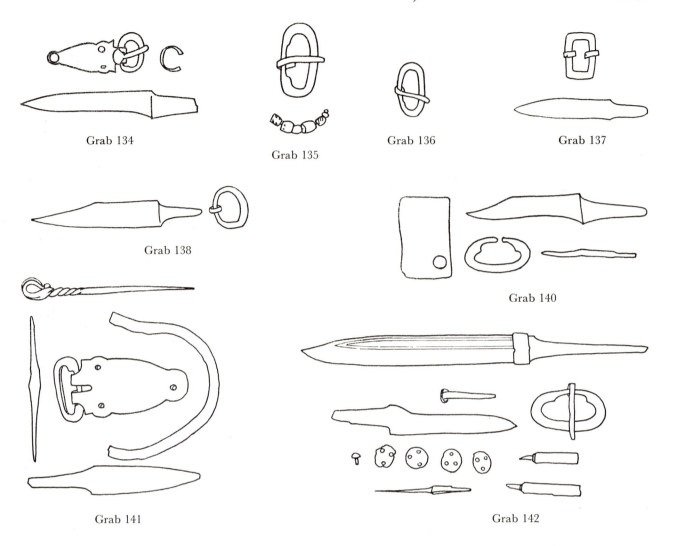

Grab 134

Grab 135

Grab 136

Grab 137

Grab 138

Grab 140

Grab 141

Grab 142

Grab 134 (F 9).   F. 1,00 tief. Sk. mäßig. R. Hand im Becken. An l. Schläfe kl. *Ohrring* aus zusammengebogenem Bronzedraht,
                     1,3 cm. An r. Oberschenkel außen *Eisenschnalle*, 8,3 cm (Taf. 13, 9), innen *Messer*, 14,6 cm.

Grab 135 (H 6).   F. 0,70 tief. Sk. mäßig. Schädel neben r. Becken. Hände im Becken. Am Hals einige *Perlen*. Unterhalb der
                     r. Hand *Schnalle*, 5,8 cm.

Grab 136 (H 6/7).   0,60 tief. Sk. mäßig. Einige Steine unregelmäßig beidseits des Beckens und unterhalb der Füße. R. Hand
                     im Becken, darunter *Schnalle*, 4,2 cm.

Grab 137 (E 9).   0,80 tief. Sk. mäßig. 50 cm unter Niveau unregelmäßige gr. Steine. Im Becken rechteckige *Schnalle*, 3,6 cm
                     (Taf. 12, 6). Unter dem l. Oberschenkelgelenk *Messer*, 10,8 cm.

Grab 138 (E 9).   1,00 tief. Sk. mäßig. Beide Unterarme über l. Oberkörper zusammengelegt. An r. Schulter *Messer*, 14,2 cm
                     (Taf. 10, 13), am r. Knie innen *Schnalle*, 3,5 cm.

Grab 139 (F 8).   0,55 tief. Sk. schlecht. R. Hand im Becken. In der Erde Kohle- und Ziegelstückchen. Ohne Beigaben.

Grab 140 (E 8).   M. 0,55 tief. Sk. schlecht. L. Hand im Becken. Zahlreiche Kohlereste. Oberhalb des r. Ellbogens außen
                     Schnalle mit abgesetztem Dornsteg, ohne Dorn, 5,2 cm. Am r. Knie außen *Messer*, 15,0 cm (Taf. 10, 14). Am
                     l. Knie innen rechteckige *Eisenplatte*, 6,3 cm. Zwischen den Unterschenkeln *Ahle*, 7,7 cm.

Grab 141 (E 8).   M. 0,70 tief. Sk. schlecht. An r. Schulter gr. Stein. An r. Hand gr. *Eisenschnalle*, 11,2 cm (Taf. 13, 4). Am
                     r. Knie außen *Messer*, 14,5 cm. Zwischen den Knien V-förmige eiserne *Taschenrahmung* mit Bronzestiften,
                     11,0 cm, darin *Ahle*, 11,8 cm (Taf. 11, 3), und *Ösenahle* mit tordiertem Schaft, 14,4 cm (Taf. 11, 4).

Grab 142 (E 8).   M. 0,80 tief. Sk. schlecht. An r. Seite *Sax*, 57,5 cm (Taf. 36, 11), mit vier Blutrinnen und eisernem Scheiden-
                     mundblech, Schneide nach innen, daran vier *Bronzeknöpfe*, zwei zu zwei durch Eisenlaschen verbunden
                     (Taf. 5, 13). Am r. Oberschenkel innen *Schnalle* mit abgesetztem Dornsteg, 6,1 cm. Am l. Knie außen
                     Eisennagel, 4,4 cm, und *Ahle*, 7,6 cm, *Eisenmesser* und *Eisenstücke*.

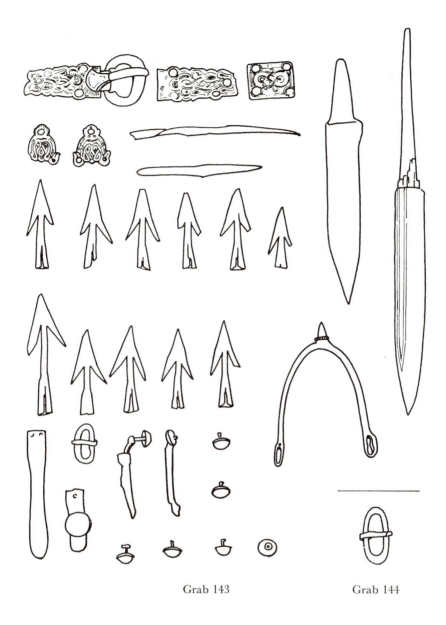

Grab 143 Grab 144

Grab 143 (F 9). M. 1,10 tief. Sk. mäßig. Um das Skelett Reste eines Holzsarges, 5 cm starke Holzkohleschicht. Der r. Unterarm fehlt. An der r. Seite *Sax*, 62,5 cm, mit langer Griffangel und vier Blutrinnen, Schneide nach innen, daran in Reihe sieben halbkugelige *Bronzeknöpfe* (Taf. 23, 5), je zwei durch Eisenlaschen verbunden, und kl. *Bronzestifte*. Auf der Saxklinge Bündel von elf geflügelten *Pfeilspitzen*, 6,4 cm bis 6,7 cm. Unter dem Sax *Messer*, 19,3 cm. Auf r. Oberschenkelgelenk *tauschierte Schnalle*, 10,2 cm (Taf. 23, 4a). Unterhalb des Beckens *Schnalle*, 3,2 cm, eiserne *Riemenzunge*, 10,1 cm (Taf. 38, 25), und br. *Gürtelbeschlag*, 3,3 cm, ein zweiter am l. Oberschenkel außen (Taf. 23, 4d–e). Am r. Oberschenkel innen tauschierte *Rückenplatte*, 3,5 cm (Taf. 23, 4c), quer auf dem r. Oberschenkel zwei *Ahlen*, 10,3 cm bzw. 14,1 cm. Außen am l. Unterarm tauschiertes *Gegenbeschläg*, 6,8 cm (Taf. 23, 4b). Am l. Fuß eiserner *Sporn*, 8,0 cm (Taf. 38, 24) und eiserne *Riemenzunge*, 5,0 cm, mit knopfbesetzter Schlaufe.

Grab 144 (E 9). 0,80 tief. Sk. mäßig. R. Hand im Becken. *Schnalle*, 4,4 cm, außen am l. Oberschenkel.

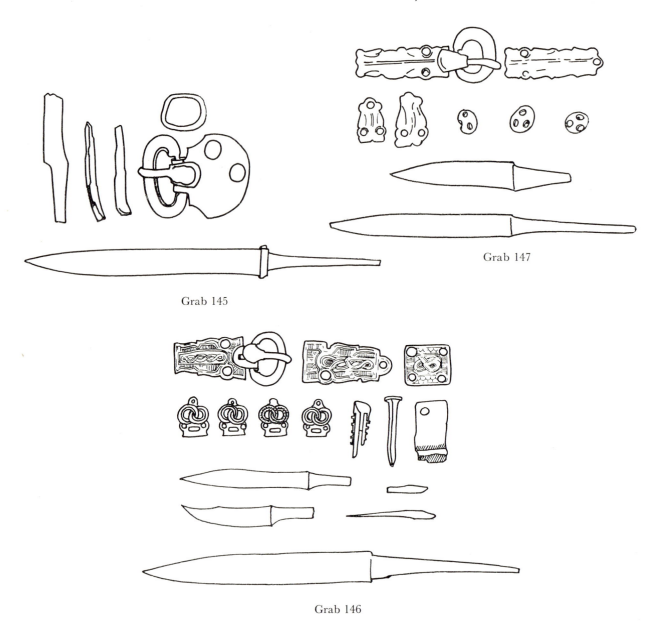

Grab 145

Grab 147

Grab 146

Grab 145 (F 8).   M. 0,60 tief. Sk. schlecht. An r. Seite *Sax*, 59,0 cm, mit eisernem Scheidenmundblech, Schneide nach innen.
Auf r. Oberschenkel schildförmige *Eisenschnalle*, 9,2 cm (Taf. 12, 13), mit Bronzenieten; auf r. Knie *Eisenring*, 3,2 cm, darunter *Messer* (zerbrochen) und zwei *Eisenstäbe*.

Grab 146 (E/F 9).   M. 1,10 tief. Sk. schlecht, r. Unterarm fehlt. An der r. Seite *Sax*, 63,4 cm, mit langer Griffangel, auf der
Klinge *Messer*, 14,0 cm. Zwischen Sax und r. Oberschenkel *tauschierte Schnalle*, 9,2 cm (Taf. 23, 1a), darunter
ein *Bronzebeschläg*, 3,0 cm, auf dem r. Knie ein zweites, zwischen den Oberschenkeln ein drittes und viertes
(Taf. 23, 1d–g). Neben dem r. Knie innen tauschierte *Rückenplatte*, 3,5 cm (Taf. 23, 1c), darunter ein recht-
eckiges *Eisenblech*. Am l. Oberschenkel innen tauschiertes *Gegenbeschläg*, 7,2 cm (Taf. 23, 1b), dazwischen
Rasiermesser, 10,8 cm, stachlige *Bronzetülle*, 5,6 cm (Taf. 2, 19), *Eisennagel*, 5,4 cm (Taf. 2, 18), und kl.
Ahle, 7,0 cm.

Grab 147 (F 9).   M. 1,10 tief. Sk. schlecht. Sargreste besonders unter dem Skelett. An r. Seite *Sax*, 51,2 cm, mit l. Griffangel
und Holzresten, Schneide nach innen, daran drei *Bronzeknöpfe* (Taf. 5, 12) und kl. Bronzestifte. Darunter
Messer, 14,8 cm. Am Saxheft *tauschierte Schnalle*, 12,1 cm (Taf. 24, 3a), im Becken und am l. Oberschenkel
innen je ein tauschiertes *Gürtelbeschläg*, 4,0 cm (Taf. 24, 3c–d), außen neben l. Oberschenkel tauschiertes
Gegenbeschläg, 8,0 cm (Taf. 24, 3b).

Grab 148 (E 9).   0,70 tief. Ohne Beigaben.

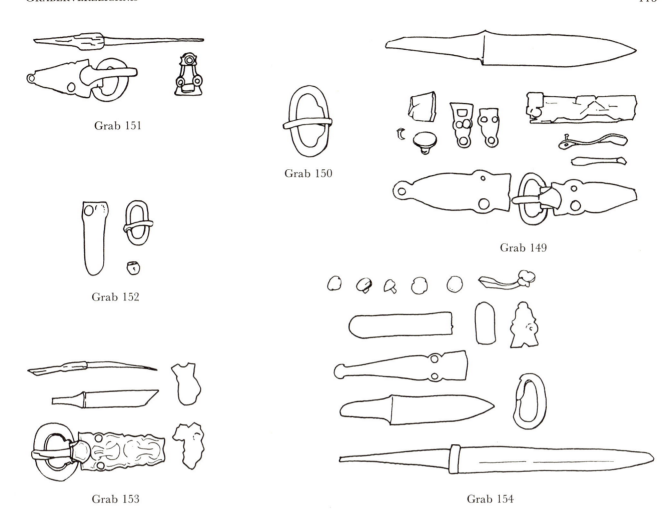

Grab 151

Grab 150

Grab 149

Grab 152

Grab 153

Grab 154

Grab 149 (F 9).   M. 1,00 tief. Sk. mäßig. Gut erkennbare Sargspuren. L. Hand im Becken, längs des r. Beines: *Feuerstein*, eisernes, langes *Gegenbeschläg*, 9,0 cm (Taf. 17, 9b), am r. Unterschenkel außen l. *Eisenschnalle*, 10,3 cm (Taf. 17, 9a), darunter zwei *Eisenstäbe*. Außen daneben *Messer*, 20,2 cm, mit eiserner *Schlaufe*, 9,0 cm, eisernem Knopf an der Spitze, darüber zwei eiserne *Beschläge*, eines mit Öse, 3,0 bzw. 3,5 cm (Taf. 17, 9c–d), *Eisenreste*.

Grab 150 (F 9).   1,05 tief. Sk. schlecht. Innen neben l. Oberschenkel *Schnalle*, 5,5 cm, mit abgesetztem Dornsteg.

Grab 151 (F 9).   M. 1,20 tief. Sk. mäßig. 45 cm unter Niveau Schicht aus Roll- und Tuffsteinen, davon einer behauen. Unmittelbar darunter der Schädel mit dem Unterkiefer. Tiefer eine sehr dichte Holzschicht, die auf Baumsarg oder sehr starke Sargbretter schließen läßt. Das Grab wurde beraubt, als der Sarg noch intakt war. Rechter Oberarm und r. Schlüsselbein liegen innen neben dem r. Oberschenkel. Beide Unterarme fehlen. Oberhalb der r. Schulter *Ahle*, 14,2 cm (Taf. 11, 5), darunter *Eisenschnalle*, 8,2 cm (Taf. 13, 10a), am r. Becken außen *Bronzebeschläg* mit Öse, 3,3 cm (Taf. 13, 10b), vom Gürtel.

Grab 152 (D 8).   F. 0,70 tief. Sk. mäßig. Schädel ruht auf Steinplatte. Im r. Becken *Schnalle*, 3,6 cm, am r. Knie innen eiserne *Riemenzunge*, 6,0 cm. Oberhalb des l. Beckens rote *Perle*.

Grab 153 (D 8).   M. 0,70 tief. Sk. mäßig. 20–25 cm unter Niveau Steinpflaster von 2 m Länge und 70–80 cm Breite. Skelett auf Resten eines Holzbretts. Am r. Unterschenkel außen *Messer*, 8,8 cm, *Ahle*, 10,8 cm, zwei tauschierte *Gürtelbeschläge*, 3,4 bzw. 3,7 cm (Taf. 23, 3b), und *tauschierte Gürtelschnalle*, 10,8 cm (Taf. 23, 3a).

Grab 154 (D 8).   M. 0,80 tief. Skelett ziemlich gut. 20–25 cm unter Niveau unregelmäßige Steinlage über Mitte und unterem Teil des Körpers. Unter dem Skelett Holzspuren. An r. Seite *Sax*, 5,3 cm, mit langer Griffangel und Holzresten und eisernes Scheidenmundblech, Schneide nach innen, daran in Reihe sechs *Bronzeknöpfe*, einer mit Eisenlasche, und kl. *Bronzestifte*, darunter *Messer*, 12,6 cm. Am Saxheft lange *Eisenschnalle*, 11,5 cm (Taf. 17, 11a), zwischen den Knien V-förmiges eisernes *Beschlagstück*, 3,0 cm (Taf. 17, 11a), 10 cm außerhalb des l. Knies eiserne *Riemenzunge*, 8,2 cm (Taf. 17, 11b). Unterhalb des Beckens eisernes *Gegenbeschläg*, 3,5 cm (Taf. 17, 11c).

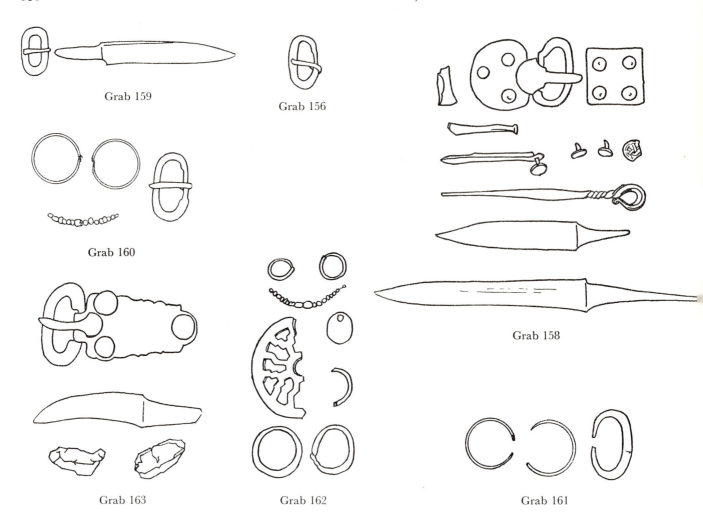

Grab 159

Grab 156

Grab 160

Grab 158

Grab 163   Grab 162   Grab 161

Grab 155 (D 8).   0,75 tief. Sk. mäßig. 45 cm unter Niveau unregelmäßige Steinlage. Ohne Beigaben.

Grab 156 (D/E 8).   0,80 tief. Sk. schlecht. 25 cm unter Niveau Steinhaufen. L. Bein über das r. Bein gekreuzt. Im Becken
                     Schnalle, 4,3 cm.

Grab 157 (D 8).   0,90 tief. Sargspuren über und unter dem Skelett. Keine Beigaben.

Grab 158 (D/E 8).   M. 1,00 tief. Sk. mäßig. An r. Seite *Sax*, 52,0 cm, Schneide nach innen, daran vier *Bronzeknöpfe*, einer kreuz-
                     verziert, einer an Eisenlasche. Zwei Laschen zum Aufhängen am Ober- und Unterteil. Darunter *Messer*,
                     15,5 cm. Auf r. Knie runde *Eisenschnalle*, 8,8 cm (Taf. 12, 14 a), am l. Unterschenkel außen rechteckiges *Rücken-
                     beschläg*, 4,5 cm (Taf. 12, 14 b), darunter *Ösenahle* mit tordiertem Schaft, 15,8 cm (Taf. 11, 12), zwischen
                     den Unterschenkeln *Eisenreste*.

Grab 159 (E/F 9).   1,25 tief. Im r. Becken *Schnalle*, 3,8 cm, auf l. Oberschenkelgelenk *Messer*, 15,0 cm.

Grab 160 (E 9).   F. 0,85 tief. An den Schläfen gr. *Bronzedrahtohrringe*, 4,0 cm (Taf. 3, 1–2), am Hals kl. gelbe *Perlen*. Am l.
                     Oberschenkel innen *Schnalle*, 5,5 cm.

Grab 161 (E 8).   F. 0,80 tief. L. Hand im Becken, r. Unterarm unter dem Becken. An den Schläfen *Bronzedrahtohrringe*, 4,0 cm,
                     im l. Becken *Schnalle*, 5,5 cm, ohne Dorn.

Grab 162 (E 7).   F. 0,90 tief. Sk. fast vergangen. In Gegend des Kopfes kl. gelbe *Glasperlen*. An Stelle des l. Oberschenkels
                     zwei *Eisenringe*, 4,1 bzw. 4,3 cm. Unter dem r. Oberschenkel halbe durchbrochene *Bronzezierscheibe*, 8,1 cm
                     (Taf. 2, 15), an ihrem obern Rand *Bronzering*, 2,1 cm, und halber *Eisenring*, 3,2 cm, ein zweiter *Bronzering*,
                     2,3 cm, außen am Oberschenkel. Außen am r. Unterarm durchbohrte, völlig verschliffene römische *Bronze-
                     münze*.

Grab 163 (D 7).   M. 0,80 tief. Spuren eines Totenbretts unter dem Skelett. R. Hand im Becken. Oberhalb des r. Knies außen
                     gr. *Eisenschnalle*, 13,0 cm (Taf. 16, 6), Rückseite nach oben, darauf *Messer* mit geschweifter Schneide, 14,2 cm
                     (Taf. 10, 15). Neben r. Knie innen zwei *Feuersteine*.

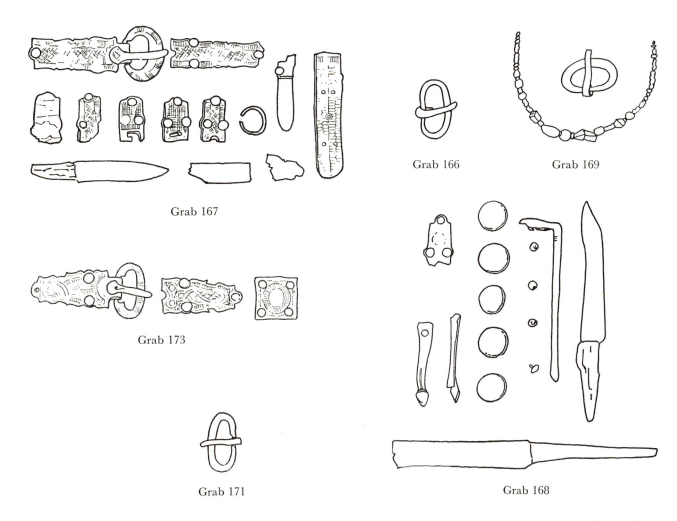

Grab 167

Grab 166 Grab 169

Grab 173

Grab 171 Grab 168

Grab 164 (D 7). 0,40 tief, gestört. Schädel, r. Ober- und Unterschenkel am Platz, die übrigen Knochen beidseits des Schädels. Keine Beigaben.

Grab 165 (D/E 8). 0,40 tief. L. Hand auf r. Oberschenkel. Keine Beigaben.

Grab 166 (D 8). 0,80 tief. R. Fuß über l. Fuß. Unterhalb des r. Beckens *Schnalle*.

Grab 167 (D 8). M. 0,80 tief. Sk. ziemlich gut. Spuren des Totenbretts unter dem Skelett. Auf Wirbelsäule über dem Becken *tauschierte Schnalle*, 11,8 cm (Taf. 24, 4a), zwischen Schnalle und l. Ellbogen *tauschierte Riemenzunge*, 10,0 cm (Taf. 24, 4c), unter Rand des r. Beckens *tauschiertes Gegenbeschläg*, 7,7 cm (Taf. 24, 4b), über dem r. Becken drei, am l. Ellbogen zwei *tauschierte Gürtelbeschläge*, 3,5 cm (Taf. 24, 4d–g). Zwischen den Oberschenkeln eiserne *Riemenzunge*, 6,3 cm. Unter l. Ellbogen *Messer*, 11,4 cm. An r. Hand offener *Bronzering*, 2,5 cm, zwei *Eisenstücke*.

Grab 168 (E 8). M. 0,70 tief. Sk. schlecht. An r. Seite *Sax* (Spitze abgebrochen), 44,5 cm, mit langer, oben rechtwinklig umgebogener Griffangel, an Schneide außen vier *Eisenknöpfe*, 2,3 cm, gewinkelte eiserne *Scheidenfassung*, 12,6 cm, vier kl. *Bronzeknöpfe* und zwei eiserne *Tragbügel*, 6,7 bzw. 7,2 cm. Unter Sax *Messer*, 17,5 cm. An r. Oberschenkel innen *Eisenknopf* und eisernes *Beschläg*, 4,0 cm.

Grab 169 (E 8). F. 0,80 tief. Sargspuren über und unter dem Skelett. Am Hals Kette aus kleinen *Perlen* (Taf. 6, 7), darunter eine aus Bernstein. Im Becken *Schnalle*, 4,3 cm.

Grab 170 (D 7). F. 0,70 tief. L. Hand im Becken. An den Schläfen gr. *Bronzedrahtohrringe*, 6,1 cm (Taf. 3, 23–24), strichverziert. An l. Hand *Fingerring* aus Bronzedraht, 2,0 cm. (Zeichnungen fehlen.)

Grab 171 (D 8). 0,60 tief. Unterhalb des l. Beckens *Schnalle*, 4,7 cm.

Grab 172 (D 8). 0,40 tief. Auf Schädel und Becken zwei gr. Steine. Am Fußende zwei bis drei Tuffplatten. Keine Beigaben.

Grab 173 (D 7). M. 0,70 tief. Sk. mäßig. Zwei Tuffsteine auf Schädel. Große Steine, teilweise Tuff, an allen Seiten des Grabes. An r. Ellbogen *tauschierte Schnalle*, 9,7 cm (Taf. 23, 2a), unter der r. Hand *tauschierte Rückenplatte*, 3,5 cm (Taf. 23, 2c), am r. Knie *tauschiertes Gegenbeschläg*, 6,5 cm (Taf. 23, 2b).

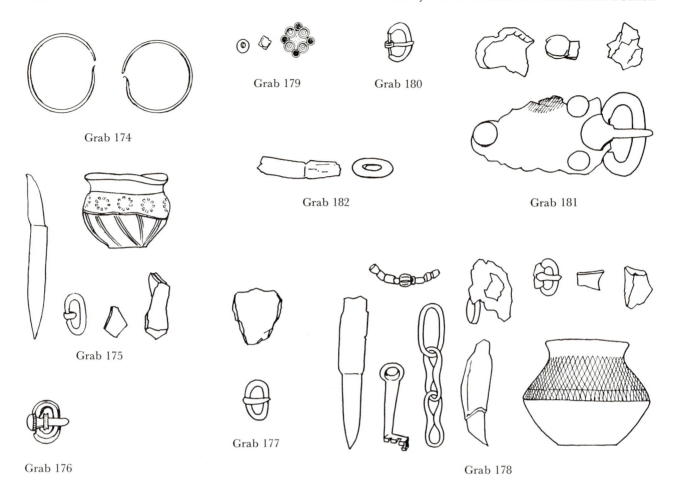

Grab 174

Grab 179

Grab 180

Grab 175

Grab 182

Grab 181

Grab 176

Grab 177

Grab 178

Grab 174 (C 7).   F. 0,75 tief. Wirbelsäule verbogen. An den Schläfen gr. *Bronzedrahtohrringe*, 6,0 bzw. 6,3 cm (Taf. 3, 6–7).

Grab 175 (F 5).   K. 1,00 tief. Sk. fast vergangen. Am Fußende kleine Steinmauer,beidseits des Beckens Steine. Unterhalb des r. Beckens außen handgemachtes, schwarzbraunes *Tongefäß*, 7,3 cm Dm., 6,5 cm Höhe (Taf. 8, 21). Am r. Beckenrand *Messer*, 13,5 cm, im Becken *Schnalle*, 3,3 cm. Neben Tongefäß *Tonscherbe* und *Glasscherbe*.

Grab 176 (F 5).   1,00 tief. In der Erde Kohle und Ziegelstücke. Oberhalb des r. Beckens an Wirbelsäule *Potinschnalle*, 3,5 cm (Taf. 4, 1).

Grab 177 (F 4).   0,60 tief. Sk. schlecht. Beide Hände im Becken. Auf r. Brust *Schnalle*, 3,1 cm. Im Becken *Tonscherbe*.

Grab 178 (F 5).   F. 1,15 tief. Sk. schlecht. Hände im Becken. Schädel neben r. Unterarm. Am l. Oberschenkel außen dreigliedrige *Kette*, 11,8 cm (Taf. 7, 25), *Eisenschlüssel* mit Zinken, 7,0 cm (Taf. 7, 26), *Eisenring* mit anhaftender Platte und Geweberesten, 5,2 cm. Am l. Oberschenkel innen *Messer*, 12,4 cm, darunter *Bärenzahn*, 8,5 cm (Taf. 8, 19). Am r. Fuß außen scheibengeartetes *Tongefäß* mit eingeglättetem Gittcrmuster, 10,8 cm Dm., 8,5 cm Höhe (Taf. 8, 20). An der Wirbelsäule kl. *Schnalle*, 2,8 cm, beim Tongefäß rotes *Ziegelstück*, am r. Oberschenkel *Tonscherbe*. Am ursprünglichen Platz des Schädels kleine *Perlen*.

Grab 179 (F 5).   F. 1,00 tief. Nur Schädel erhalten, sonst keine Skelettspuren. 20 cm unter Schädel *silberne Scheibenfibel*, 2,7 cm (Taf. 1, 8), in der Erde schwarze *Glasperle* und *Perlmuttperle*.

Grab 180 (F 6).   0,70 tief. Im l. Becken *Bronzeschnalle* mit Eisendorn, 2,9 cm (Taf. 4, 4).

Grab 181 (F 5).   M. 0,60 tief. Sk. schlecht. Unter dem Skelett Spuren des Totenbretts. Zwischen den Oberschenkeln gr. *Eisenschnalle*, 14,8 cm (Taf. 16, 7), mit Stoffresten. Außen neben l. Hand zerbrochenes *Gegenbeschläg*.

Grab 182 (G 6).   0,80 tief. Nur linke Seite des Skeletts vorhanden, Unterschenkel und r. Seite fehlen. Beim Becken ovale, durchbrochene *Bronzescheibe*, 3,3 cm (Stichblatt?), und Rest des *Messers*, 7,1 cm.

Grab 183 (F 6).   K. 1,00 tief. Ohne Beigaben.

Grab 184 (G 5).   0,60 tief. Durch Weinbergarbeiten gestört. Keine Beigaben.

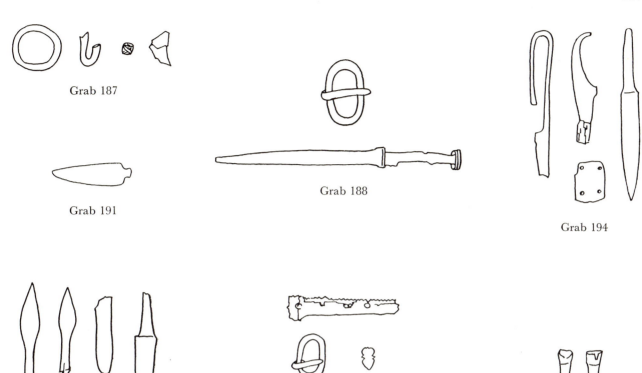

Grab 187

Grab 191

Grab 188

Grab 194

Grab 192

Grab 189

Grab 193

Grab 185 (G 5).   1,20 tief. Völlig gestört. Schädelrest und ein Oberarm noch am Platz, die übrigen Knochen in Gegend des r. Oberschenkels gestapelt und mit vier bis fünf Steinen bedeckt. Keine Beigaben.

Grab 186 (G 6).   0,60 tief. Schädel und l. Oberkörper fehlen, gestört, keine Beigaben.

Grab 187 (G 6).   F. 0,70 tief. Sk. gut. Außen am l. Unterarm *Eisenring*, 3,9 cm, *Eisenstücke* und gelbgemusterte rote *Perle*.

Grab 188 (F/G 5).   0,85 tief. Sk. gut. Auf l. Becken *Sax*, 40,0 cm (Taf. 35, 1), mit Eisenknauf, Griff auf l. Oberschenkelgelenk, Spitze zwischen l. Unterarmknochen. Im l. Becken *Schnalle*, 4,9 cm.

Grab 189 (F/G 5).   K. 1,00 tief. Im l. Becken *Schnalle*, 3,6 cm, und schildförmiger *Bronzering*, 2,0 cm (Taf. 4, 20). Außen neben r. Oberschenkel zweiteiliger *Beinkamm*, 9,2 cm.

Grab 190 (F 5).   K. 0,80 tief. Keine Beigaben.

Grab 191 (G 5).   0,70 tief. Gestört. Oberschenkel und Becken auf der Brust. In Gegend des Beckens Bruchstück eines *Messers*, 6,5 cm.

Grab 192 (G 5/6).   M. 0,95 tief. Jugendlich. R. Hand in Becken. Am l. Ellbogen innen *Bronzeschnalle*, 3,4 cm (Taf. 3, 16). Unter l. Hand senkrecht im Boden zwei blattförmige *Pfeilspitzen*, 7,3 bzw. 9,6 cm. Im r. Becken zerbrochenes *Messer*, 7,8 cm, eiserne *Riemenzunge*, 6,4 cm, zwei *Feuersteine*, kl. *Eisenkette*, *Eisenstück* und *Eisennagel*.

Grab 193 (G 5).   M. 0,80 tief. Oberkörper von den Ellbogen an fehlt. Hände im Becken. Über r. Becken *Bronzeschnalle* mit Eisendorn, 4,0 cm (Taf. 4, 5). Im l. Becken zwei Tüllen von *Pfeilspitzen*, 3,9 cm.

Grab 194 (F 4).   M. 0,60 tief. Völlig gestört. In der Erde *Eisenschere*, 11,3 cm, *Messer*, 14,0 cm, *Feuerstahl*, 8,6 cm, und rechteckiges *Bronzeblech*, 3,2 cm, mit vier Nietlöchern.

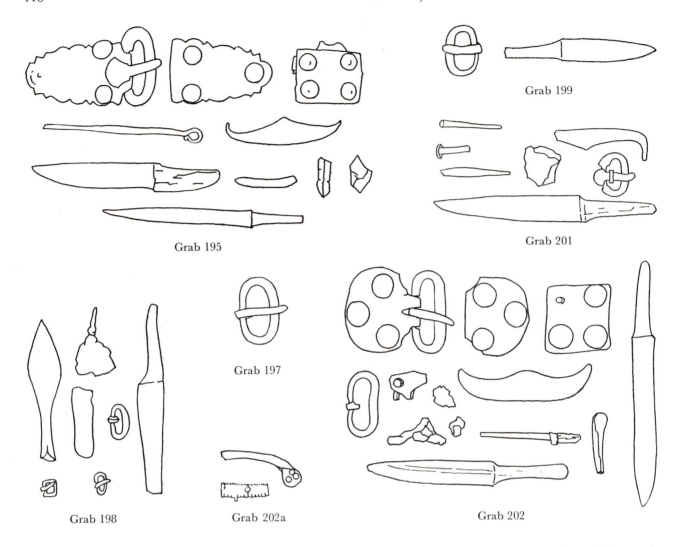

Grab 199

Grab 195

Grab 201

Grab 197

Grab 198   Grab 202a   Grab 202

Grab 195 (H 5).   M. 1,10 tief. R. Hand im Becken. Im r. Becken auf r. Hand, Spitze zum l. Oberschenkel, *Sax*, 33,6 cm, mit
                   Resten des Holzgriffs, darüber gr. *Eisenschnalle*, 11,0 cm (Taf. 15, 4a), mit *Gegenbeschläg*, 8,2 cm (Taf. 15, 4b).
                   Auf l. Becken neben l. Unterarm innen *Rückenplatte*, 15,5 cm (Taf. 15, 4c), *Feuerstahl*, 9,4 cm, und zwei
                   Feuersteine. Unter l. Unterarm *Messer*, 15,5 cm, und *Ösenahle*, 12,7 cm, *Eisenstücke*.

Grab 196 (H 6).   0,80 tief. Oberschenkel durch Weinbau zerstört. Keine Beigaben.

Grab 197 (H 5).   1,10 tief. Neben r. Oberschenkel innen *Schnalle*, 5,5 cm.

Grab 198 (G 5).   M. 1,00 tief. Sk. schlecht. Am r. Oberschenkel außen *Schnalle*, 2,8 cm. Auf l. Oberschenkel blattförmige
                   Pfeilspitze, 11,3 cm. Neben r. Knie außen *Messer*, 15,2 cm, kl. quadratische *Bronzeschnalle*, 1,4 cm (Taf. 4, 21),
                   und Eisenstück. Am l. Fuß außen kl. *Schnalle*, 1,2 cm.

Grab 199 (G 5).   1,00 tief. Haufen kleiner Steine am r. Fuß. Am r. Ellbogen innen *Schnalle*, 4,0 cm, zwischen den Ober-
                   schenkeln *Messer*, 12,5 cm.

Grab 200 (G 5).   0,90 tief. L. Hand im Becken. Ohne Beigaben.

Grab 201 (G 5).   M. 0,90 tief. Im r. Becken *Bronzeschnalle*, 3,4 cm (Taf. 3, 22). Über dem l. Becken *Messer*, 18,5 cm, Spitze
                   unter l. Unterarm. Darunter zerbrochener *Feuerstahl*, 7,5 cm, kleine *Ahle*, 5,5 cm, und *Feuerstein*. In der
                   Erde zwei Eisennägel.

Grab 202 und 202a (G 5). M. 0,75 und 0.80 tief. Zwei Bestattungen genau übereinander, Abstand 5–6 cm. Obere Bestattung:
                   am r. Arm auf einem Haufen *Eisenschnalle* mit schildförmigem Beschlag, 8,2 cm (Taf. 12, 16a), darunter
                   Rückenplatte, 5,2 cm (Taf. 12, 16c), darunter *Gegenbeschläg*, 5,2 cm (Taf. 12, 16b), außen daneben *Sax*,
                   40,0 cm, mit Resten des Holzgriffs, darunter *Messer*, 16,0 cm (Taf. 10, 18), mit zwei Blutrinnen. *Feuerstahl*,
                   11,0 cm (Taf. 9, 16), *Schnalle*, 5,3 cm, *Eisenstücke*, zwischen den Oberschenkeln *Ahle*, 6,4 cm. Untere Be-
                   stattung: Hände im Becken. An r. Schläfe Rest eines zweiteiligen *Beinkamms*. Zwischen den Oberschenkeln
                   eisernes *Saxortband*, 5,0 cm.

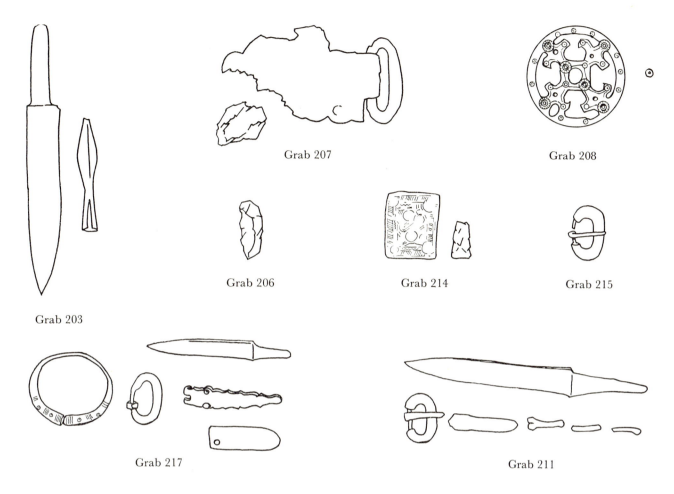

Grab 207

Grab 208

Grab 206   Grab 214   Grab 215

Grab 203

Grab 217   Grab 211

Grab 203 (H 6).   M. 0,90 tief. R. Unterschenkel über linkem. An den Füßen Steine. Auf l. Oberschenkel *Messer*, 21,5 cm, an l. Oberschenkel außen blattförmige *Pfeilspitze*, 8,6 cm, Spitze nach unten.

Grab 204 (H 5).   1,10 tief. L. Hand im Becken, r. Hand auf l. Seite. Skelett lag wohl auf l. Seite. Keine Beigaben.

Grab 205 (G/H5/6). 1,00 tief. Sk. fast vergangen. Keine Beigaben.

Grab 206 (D 3/4). M. 0,70 tief. Fast ganz gestört. Am l. Oberschenkel *Feuerstein*.

Grab 207 (C 4).   M. 0,80 tief. Am r. Becken außen gr. *Eisenschnalle*, 14,9 cm, daneben Reste des *Gegenbeschlägs*.

Grab 208 (G/H 5). F. 1,10 tief. Jugendlich. Sk. fast vergangen. Am l. Oberschenkel außen durchbrochene *Bronzezierscheibe* mit vier Vögeln, 8,0 cm (Taf. 2, 14), daneben *Eisenstück*. An l. Hand rote *Perle*.

Grab 209 (H 5).   0,90 tief. Hände im Becken. Keine Beigaben.

Grab 210 (H 5).   0,70 tief. Teilweise durch 209 gestört. Keine Beigaben.

Grab 211 (H 6).   1,10 tief. Über l. Becken *Bronzeschnalle*, 4,0 cm (Taf. 4, 3). Am r. Unterarm innen *Messer*, 20,5 cm, *Eisenstücke*, darunter eiserne *Riemenzunge*, 5,7 cm (Taf. 17, 15).

Grab 212 (C/D 4). 1,20 tief, völlig gestört. Keine Beigaben.

Grab 213 (C/D 4). K. 0,50 tief. Keine Beigaben.

Grab 214 (D 6).   M. 0,90 tief. Teilweise gestört. Unter Becken *Feuerstein* aus neolith. Pfeilspitze (Taf. 2, 13), auf Becken Stück eines *Messers* und *tauschierte Rückenplatte*, 5,2 cm (Taf. 18, 11).

Grab 215 (D 6/7). 0,90 tief. Sk. gut. Unter l. Becken *Schnalle* mit abgesetztem Dornsteg, 4,4 cm (Taf. 12, 8).

Grab 216 (C/D 4). ?

Grab 217 (C 6).   F. 1,00 tief. Am l. Unterarm *Bronzearmring*, 6,8 cm (Taf. 3, 5). Am r. Ellbogen außen tauschiertes *Schnallenbeschläg*, 8,8 cm (Taf. 25, 3), unterhalb des r. Beckens *Schnalle*, 5,2 cm, am r. Knie innen eiserne *Riemenzunge*, 5,6 cm (Taf. 17, 16), am l. Oberschenkel außen *Messer*, 11,5 cm.

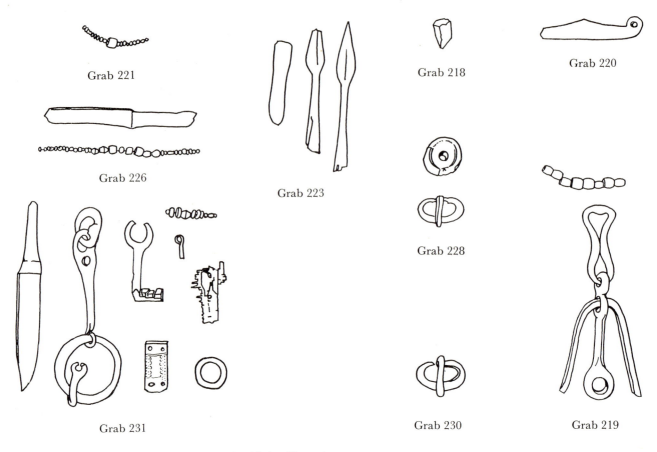

Grab 221   Grab 218   Grab 220

Grab 226

Grab 223

Grab 228

Grab 231   Grab 230   Grab 219

Grab 218 (C/D 6). M. 1,00 tief. Zwischen den Knien *Feuerstein*.

Grab 219 (D 4). F. 0,70 tief. Am Hals einige kleine *Perlen*. Am l. Oberschenkel außen eiserner *Taschenbügel*, 15,0 cm (Taf. 7, 13), aus Pferdetrense gefertigt.

Grab 220 (E 3). M. 0,70 tief. Gestört. Oberkörper fehlt. In der Erde Bruchstück eines *Feuerstahls*, 8,4 cm.

Grab 221 (B 1). F. 1,00 tief. Jugendlich. Völlig gestört. Knochen verstreut. Einige kleine gelbe und eine braune *Perle*. Am Schädel grüne Verfärbungen nicht mehr vorhandener Ohrringe, am Unterarm grüne Verfärbung eines Armringes?

Grab 222 (B 1). M. 0,60 tief. Teilweise gestört. Schädel umgedreht, r. Bein in Beckengegend gelegt. In der Füllerde Bruchstücke einer *Schwertklinge*. Am l. Oberschenkel innen kl. *Bronzeknopf*, am l. Knie *Eisenstück*, am l. Oberschenkel außen Bronzeoxydspuren und bronzener *Saxknopf*. (Zeichnungen fehlen).

Grab 223 (B 1). M. 0,30 tief. Rezent bis zum Becken gestört. Am r. Oberschenkel *Sax*, 57,3 cm, mit langer Griffangel und *Messer*, 6,7 cm. Am r. Ellenbogen zwei blattförmige *Pfeilspitzen* mit langer Tülle, 10,0 cm bzw. 12,0 cm, Spitzen nach oben. (Zeichnung des Saxes fehlt).

Grab 224 (A 2). K. 1,10 tief. Keine Beigaben.

Grab 225 (A 2). 1,10 tief. Größtenteils gestört. Keine Beigaben.

Grab 226 (A 2). F. 1,15 tief. Mitte des Körpers fehlt. Am Hals und auf der Brust kleine gelbe und grüne *Glasperlen*. Am l. Oberschenkel außen *Messer*, 12,5 cm.

Grab 227 (B 2). 0,85 tief. Völlig gestört. In der Erde *Messer*, 17,2 cm, *Bronzestück*, römische *Tonscherbe*. (Zeichnungen fehlen).

Grab 228 (G 5). F. 1,05 tief. Am r. Ellbogen innen *Spinnwirtel* aus Knochen, 3,1 cm (Taf. 2, 17), an der Wirbelsäule oberhalb des Beckens *Schnalle*, 3,8 cm.

Grab 229 (G 4). 0,90 tief. Sk. fast vergangen. Am r. Ellbogen Eisenspuren.

Grab 230 (G 5). F. 1,00 tief. Sk. fast vergangen. Am Hals kleine gelbe *Perle*. Im Becken *Schnalle*, 4,0 cm, am l. Oberschenkelgelenk innen *silberner Fingerring*, 1,8 cm (Taf. 1, 9, Zeichnung des Fingerringes fehlt).

Grab 231 (G 5). F. 1,00 tief. Beiderseits des Beckens je ein Stein. Am Hals einige *Perlen*. Am l. Oberschenkel außen auf einem Haufen: eiserne *Schlüssel* mit Zinken, 6,0 cm (Taf. 7, 27), *Messer*, 5,6 cm, rote *Perle*, *Eisenring*, eiserner *Taschenbügel* mit zwei Ringen, 15,2 cm (Taf. 7, 28), aus Pferdetrense gefertigt, *Eisenstück*, rechteckiges, gestempeltes *Bronzebeschläg* mit Schlechtsilberüberzug, 4,0 cm (Taf. 4, 23), Rest eines *Doppelkamms*.

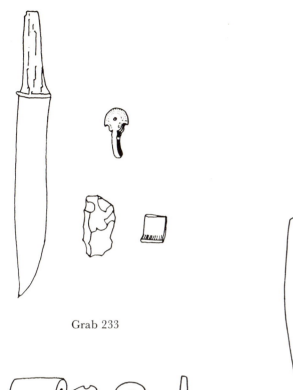

Grab 233

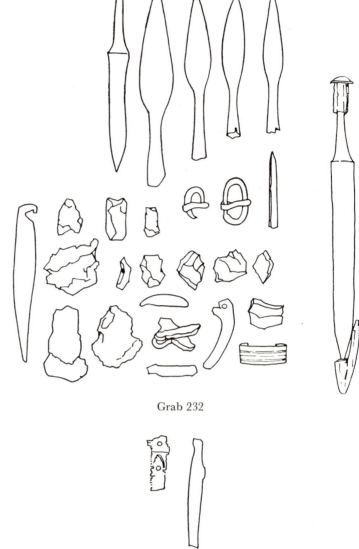

Grab 232

Grab 235

Grab 234

Grab 232 (H 4).   M. 1,30 tief. Sk. gut. Auf r. Hand Bündel aus vier blattförmigen *Pfeilspitzen*, 11,0 cm bis 15,5 cm, Spitzen nach oben. Auf r. Becken kl. *Ahle*, 6,3 cm, unter dem r. Becken *Messer*, 14,7 cm, und *Ahle* mit Haken, 12,5 cm (Taf. 11, 13), und acht *Feuersteine*, davon eine neolithische Pfeilspitze (Taf. 2, 9). Oberhalb des l. Beckens *Schnalle*, 3,8 cm, unter dem l. Becken *Eisenstücke* und kl. *Schnalle*, 2,5 cm. An l. Hüfte außen *Sax*, 51,0 cm (Taf. 35, 2), mit Eisenknauf und Resten des Holzgriffs und eisernem Ortband, außen neben dem Griff *Mundsaumblech* aus Bronze, 3,8 cm. An den Knöcheln eiserne *Schuhschnallen*, 4,2 cm.

Grab 233 (G/H 4).   M. 1,10 tief. Sk. schlecht. Auf r. Hand *Messer*, 22,5 cm, Spitze nach oben. Am r. Knie außen *Feuerstein*, innen *Eisenstück* und bronzener, stempelverzierter *Schnallendorn*, 4,0 cm (Taf. 4, 7).

Grab 234 (G 4/5).   1,05 tief. Sk. schlecht. Linke Körperhälfte gestört. Am l. Knie außen Reste eines *Doppelkamms* und kleines *Messer*, 8,7 cm.

Grab 235 (G 4).   M. 1,40 tief. Sk. schlecht. R. Hand im Becken. Am l. Ellbogen innen *Potinschnalle*, 3,6 cm (Taf. 3, 26a), mit schildförmigem und zwei runden Nieten, 1,9 cm (Taf. 3, 26b–d). Unter r. Ellbogen *Messer*, 15,0 cm. Unter dem r. Becken *Schnalle*, 3,5 cm, am r. Knie innen *Streitaxt*, 13,5 cm (Taf. 38, 4), Schneide nach innen. In der Erde *Glasscherbe*.

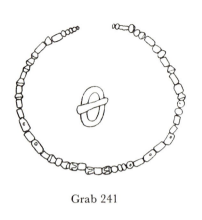

Grab 241

Grab 236

Grab 237

Grab 245

Grab 243

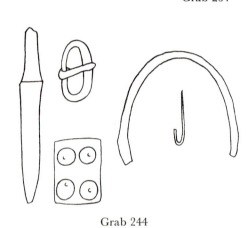

Grab 244

Grab 236 (H 4).	F. 1,15 tief. Sk. sehr gut. Schwarze Sargspuren sehr gut kenntlich. L. Hand im Becken. Am l. Unterarm eiserner *Armring*, 7,2 cm, am r. Oberschenkel *Eisenstücke*, ein kl. *Eisenring* mit Stoffspuren und Reste eines *Doppelkamms*.
Grab 237 (H 5).	K. 0,85 tief. Sk. fast vergangen. In Gegend der Oberschenkel eisernes *Kettenglied* mit ovalem Ring (Taf. 7, 29–30), am Hals kleine, gelbe *Perle* und durchbohrte *Bronzemünze* des Maximianus.
Grab 238 (H 5).	K. 0,65 tief. Sk. fast vergangen. Keine Beigaben.
Grab 239 (H 4/5).	K. 0,80 tief. Keine Beigaben.
Grab 240 (E 5).	0,60 tief. Völlig gestört. Keine Beigaben.
Grab 241 (H 5).	F. 1,40 tief. Sk. schlecht. Schwarze Sargspuren gut kenntlich. Am Hals *Perlenkette* aus kleinen, teilweise gemusterten Perlen. Im l. Becken *Schnalle*, 3,2 cm.
Grab 242 (H 4).	0,65 tief. Fast ganz gestört. Keine Beigaben.
Grab 24 3und 244. (H 5).	M. und F. 1,40 tief. Sk. schlecht. Doppelbestattung. Frau (243) im S., Mann (244) im N. L. Ellbogen der Frau auf r. Ellbogen des Mannes. Frau (243): Am Hals kleine gelbe und rote *Perlen*. Im Becken *Schnalle*, 5,0 cm. Mann (244): Auf l. Hand V-förmige eiserne *Taschenfassung*, H.: 8,8, Br.: 9,8 cm (Taf. 9, 21), am l. Oberschenkel außen *Messer*, 14,0 cm. Am l. Knie außen rechteckige *Eisenplatte* mit vier Nieten, 5,0 cm (Taf. 9, 20), am l. Unterschenkel außen *Eisenhaken*, 4,3 cm (Taf. 11, 18), darunter *Schnalle*, 5,0 cm.
Grab 245 (H 4).	0,80 tief. Sk. ziemlich gut. R. Hand im Becken. Am l. Ellbogen innen verzierter *Doppelkamm*, 7,4 cm (Taf. 8, 14), darunter *Schnalle*, 4,2 cm.

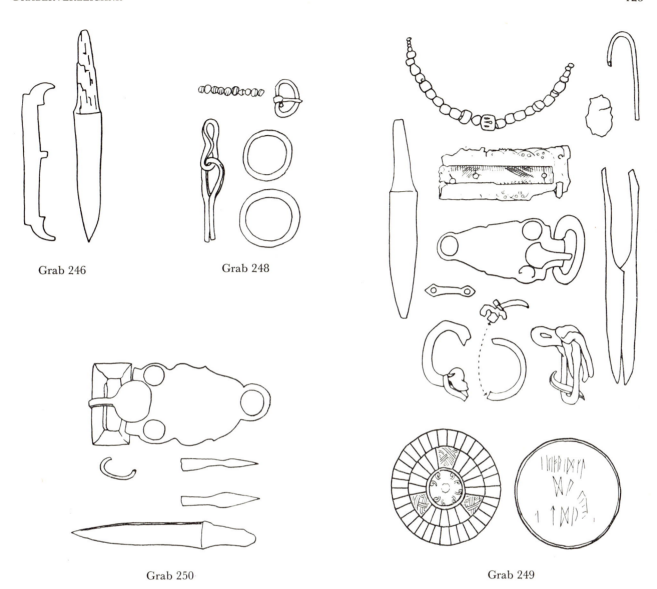

Grab 246   Grab 248

Grab 250   Grab 249

Grab 246 (H/J 4).   M? 0,90 tief. Sk. fast vergangen. Am r. Oberschenkel innen eiserner *Taschenbügel*, 12,5 cm (Taf. 9, 22), mit Vogelkopfenden, daneben *Messer*, 17,0 cm.

Grab 247 (H 4).   Völlig gestört. Keine Beigaben.

Grab 248 (H 5).   F. 1,10 tief. Teilweise gestört. Jugendlich. Am Hals kleine gemusterte *Perlen*. Am l. Oberschenkel außen zwei *Eisenringe*, 3,9 bzw. 4,7 cm, durch zwei *Kettenglieder* verbunden. Am l. Knie außen *Schnalle*, 3,1 cm.

Grab 249 (H/J 4).   F. 1,20 tief. Sk. gut. 60 cm über dem Skelett Steinpflaster von 40 cm Stärke. Bei Anlage des Grabes wurde ein älteres Grab zerstört. Am Hals *Perlenkette* (Taf. 6, 14). Zwischen r. Ellbogen und Wirbelsäule *Eisenring* und *Almandinscheibenfibel*, 4,4 cm (Taf. 1, 10), mit Runeninschrift. Unter der Fibel kleine *Doppelperle* aus vergoldetem Glas und kl. konische Perle. Über dem Becken *Eisenstück*. Am oberen Beckenrand gr. *Eisenschnalle* (Taf. 13, 6). Am r. Unterarm eiserne *Lasche* mit zwei Nieten. Eiserner *Taschenring* an l. Hand außen, zweiteiliger *Kamm* in Futteral (Taf. 8, 13), darunter *Messer*. Auf l. Knie *Eisenschere* (Taf. 11, 8), am l. Unterschenkel außen zusammengerostete *Kettenringe*.

Grab 250 (J 5).   M. 1,60 tief. Sk. schlecht. Am l. Ellbogen innen bolzenförmige *Pfeilspitze*, 6,2 cm. Unterhalb des l. Beckens auf l. Oberschenkel *Messer*, 15,2 cm, neben r. Oberschenkel außen gr. *Eisenschnalle*, 14,5 cm (Taf. 16, 8), innen ein offener, ovaler *Eisenring*, 2,2 cm, am r. Unterschenkel außen blattförmige *Pfeilspitze*, 6,2 cm.

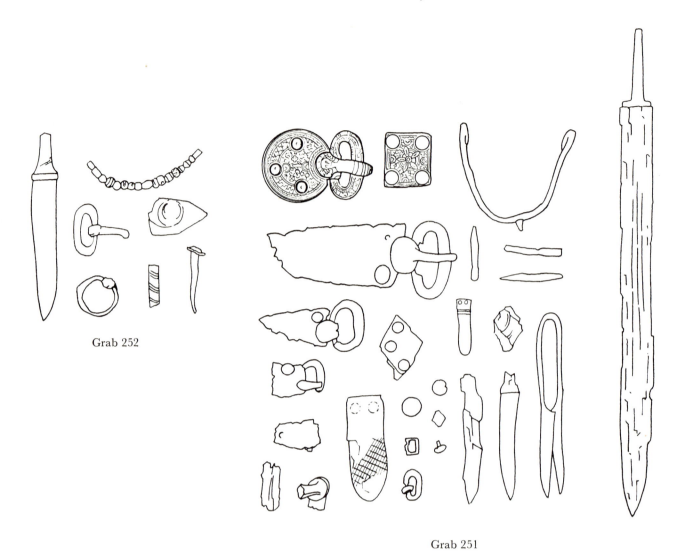

Grab 252

Grab 251

Grab 251 (J 5).   M. 1.65 tief. Sk. sehr schlecht. Über dem Grab 60 cm starkes Steinpflaster. Sargreste. An r. Seite *Spatha*, 75,0 cm (Taf. 34, 3), mit gut erhaltener Holzscheide, auf Mittelteil gr. *Eisenschnalle*, 15,0 cm (Taf. 13, 5a), und rhombisches *Gegenbeschläg*, 5,0 cm (Taf. 13, 5b). Zwischen den Oberschenkeln oberhalb der Knie eiscrnc *Riemenzunge*, 8,4 cm (Taf. 13, 5c), mit Stoffresten und *tauschierter Schnalle* mit Stoffresten, 9,0 cm (Taf. 21, 1a). Zwischen den Oberschenkeln unterhalb des Beckens *tauschiertes Rückenbeschläg*, 4,1 cm (Taf. 21, 1b). Auf l. Oberschenkel *Messer*, 10,5 cm (Taf. 10, 17), Spitze nach oben, darunter *Eisenschere*, 14,5 cm (Taf. 11, 7), und *Feuerstein*. Am l. Oberschenkelgelenk außen *Eisenstück* und auf einem Haufen *Bronzeniete*, weißer *Spielstein* aus Glas, 1,6 cm (Taf. 2, 16), zwei runde *Bleischeiben*, außerhalb des l. Unterarms *Eisenstück*. An der l. Ferse *Eisensporn*, 8,5 cm (Taf. 38, 22), darunter kl. *Schnalle*, 2,5 cm, und br. *Riemenzunge*, 4,5 cm (Taf. 4, 17–18; 38, 19. 21), am r. Fuß kl. *Schnalle*, 1,6 cm (Taf. 38, 20). In der Oberschenkelgegend tuchumwickeltes *Rasiermesser*, 10,5 cm (Taf. 9, 10), und verschiedene *Eisenstücke*, zwei *Eisenschnallen*, 4,0 und 8,6 cm.

Grab 252 (H 4).   F. 1,10 tief. Sk. sehr schlecht. An Südseite unregelmäßige Steinreihe. Am Hals kleine *Glasperlen*, teilweise gemustert. Im Becken *Schnalle*, 4,0 cm. Am l. Oberschenkel außen *Eisenring*, 3,5 cm, *Eisennagel*, 5,8 cm, tordierter, heller *Glasstab*, 3,5 cm (Taf. 8,15), grünliche *Glasscherbe* mit weißer Spirale, 5,0 cm (Taf. 8, 16), *Messer*, 15,2 cm.

Grab 253 (H 4).   1,10 tief. Sk. gut. Keine Beigaben.

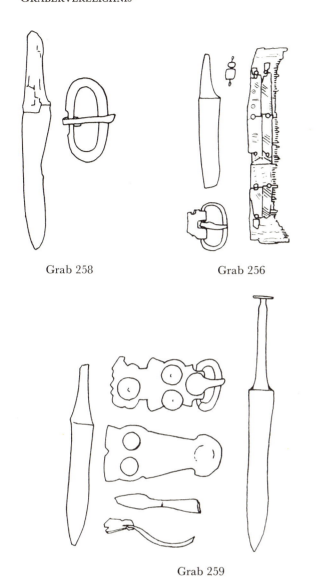

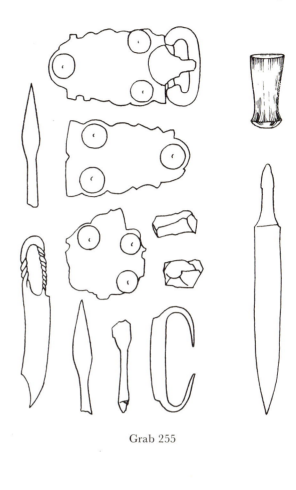

Grab 258   Grab 256

Grab 255

Grab 259

Grab 254 (H/J 3). 0,80 tief. Völlig gestört. Beckenknochen am Schädel. Keine Beigaben.

Grab 255 (H 4). M. 1,20 tief. Sk. schlecht. Am r. Unterarm außen *Sax*, 40,0 cm, mit kurzer Griffangel, innen gr. *Eisen-schnalle*, 12,1 cm (Taf. 15, 5 a), im Becken *Rückenplatte*, 7,0 cm (Taf. 15, 5 c), am l. Unterarm eisernes *Gegen-beschläg*, 10,0 cm (Taf. 15, 5 b). Quer auf r. Oberschenkel *Rasiermesser* mit durchbrochenem Griff, 13,6 cm (Taf. 9, 5), und *Feuerstahl*, 8,0 cm (Taf. 9, 19), am r. Oberschenkel außen Bündel von drei blattförmigen *Pfeilspitzen*, 7,2 cm bis 9,8 cm, Spitzen nach oben. Am l. Oberschenkel innen zwei *Feuersteine*. Am l. Fuß außen *Sturzbecher* aus bräunlichem Glas, H. 22,3 cm (Textabb. 3, 4).

Grab 256 (H 5). F. 1,35 tief. Sk. schlecht. Am Hals zwei gelbe *Perlen*. Zwischen den Oberschenkeln unter Becken *Bronze-schnalle* mit Bronzeblechbeschläg, 3,9 cm (Taf. 4, 8), darunter einteiliger *Beinkamm*, 15,3 cm (Taf. 8, 10). Am l. Oberschenkel innen kl. *Eisenstücke*, außen *Messer*, 17,2 cm.

Grab 257 (H 4). 0,90 tief. Gestört. Oberkörperknochen im Grab verstreut. Keine Beigaben.

Grab 258 (H 5). 1,00 tief. Linker Unterarm quer auf l. Oberschenkel und unter r. Oberschenkel. Am r. Ellbogen innen *Schnalle*, 6,6 cm, am l. Unterschenkel außen *Messer*, 17,5 cm.

Grab 259 (J 4). M. 1,60 tief. Sk. schlecht. 80 cm über dem Skelett in dessen Richtung Steinreihe. L. Hand im Becken. Am r. Unterarm außen blattförmige *Pfeilspitze*, 7,0 cm (Taf. 38, 18), Spitze nach oben, darunter eisernes *Mund-saumblech* der Saxscheide. Am r. Oberschenkel außen gr. *Eisenschnalle*, 9,0 cm (Taf. 15, 6 a), am r. Unter-schenkel *Sax*, 45,0 cm (Taf. 35, 3), mit Eisenknauf, daneben außen *Gegenbeschläg*, 9,4 cm (Taf. 15, 6 b), an Saxspitze außen *Messer*, 15,5 cm, Spitze nach oben.

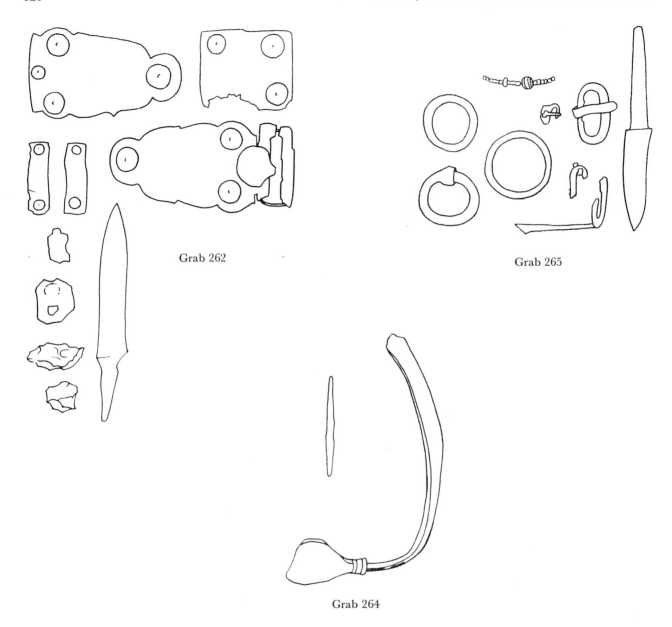

Grab 262

Grab 265

Grab 264

Grab 260 (H 3).   K. 0,80 tief. Sk. fast vergangen. Keine Beigaben.

Grab 261 (H 3).   1,00 tief. Sk. schlecht. Keine Beigaben.

Grab 262 (J 5).   M. 1,15 tief. Sk. schlecht. Am r. Unterarm außen gr. *Eisenschnalle*, 15,3 cm (Taf. 15, 7 a), mit Bronzenieten, unterhalb des Beckens zwei *Eisenlaschen* (Taf. 15, 7 d–e), gravierte *Rückenplatte*, 7,6 cm (Taf. 15, 7 c), zwei *Eisenlaschen*, 5,7 cm (Taf. 15, 7 f–g), am l. Unterarm außen *Gegenbeschläg*, 12,3 cm (Taf. 15, 7 b). Zwischen den Oberschenkeln *Messer*, 17,1 cm, am r. Oberschenkel zwei *Feuersteine* und durchbohrte *Eisenscheibe*, 3,5 cm.

Grab 263 (J 4).   K. 1,10 tief. Sk. schlecht. Keine Beigaben.

Grab 264 (J 4).   1,00 tief. Sk. ziemlich gut. Quer über dem Becken, mit der Scheibe links unten, eisernes *Bruchband*, 21,5 cm (Taf. 11, 21). Am r. Unterarm innen kleine *Ahle*, 8,2 cm (Taf. 11, 22).

Grab 265 (J 5).   F. 1,60 tief. Sk. schlecht. Auf l. Körperhälfte zwei schmale Eichenbretter. Am Hals kleine *Glasperlen*. Unter r. Oberschenkel *Schnalle*, 6,0 cm. Am l. Oberschenkel außen zwei *Eisenringe*, 4,3–5,0 cm, und ein *Bronzering*, 5,5 cm (Taf. 7, 18–20), darunter *Messer*, 16,2 cm, kl. *Schnalle*, 1,6 cm, eiserne *Kettenglieder*, *Glasscherbe* und hakenförmiges *Eisenstück*, 7,7 cm

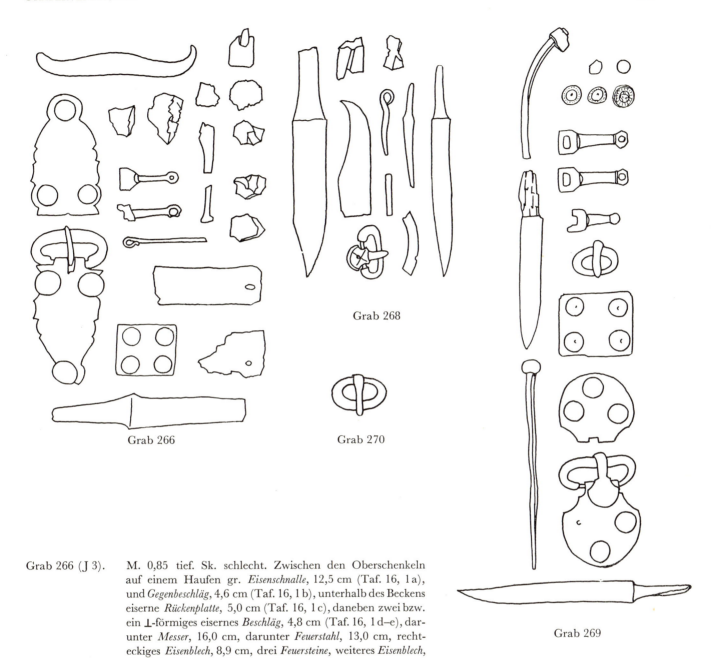

Grab 268

Grab 266

Grab 270

Grab 269

Grab 266 (J 3). M. 0,85 tief. Sk. schlecht. Zwischen den Oberschenkeln auf einem Haufen gr. *Eisenschnalle*, 12,5 cm (Taf. 16, 1 a), und *Gegenbeschläg*, 4,6 cm (Taf. 16, 1 b), unterhalb des Beckens eiserne *Rückenplatte*, 5,0 cm (Taf. 16, 1 c), daneben zwei bzw. ein ⊥-förmiges eisernes *Beschläg*, 4,8 cm (Taf. 16, 1 d–e), darunter *Messer*, 16,0 cm, darunter *Feuerstahl*, 13,0 cm, rechteckiges *Eisenblech*, 8,9 cm, drei *Feuersteine*, weiteres *Eisenblech*, *Ösenahle*, 6,9 cm, und *Eisenstücke*.

Grab 267 (J 4). ?

Grab 268 (J 4). M. 1,10 tief. Sk. schlecht. Am r. Oberschenkelgelenk außen *Bronzeschnalle*, 4,0 cm (Taf. 4, 6). Am r. Knie außen *Sax*, 34,0 cm, mit kurzer Griffangel und Resten des Holzgriffes. Quer über dem l. Oberschenkel eisernes *Rasiermesser*, 17,9 cm, darunter kurze *Ösenahle*, 5,2 cm, und *Spitzahle*, 8,2 cm. Zwischen den Oberschenkeln zerbrochener *Feuerstahl*, 9,2 cm, zwei *Feuersteine* und *Eisenstücke*.

Grab 269 (J 4/5). M. 1,30 tief. Sk. schlecht. R. Hand im Becken. Auf r. Unterarm *Eisenschnalle*, 8,7 cm (Taf. 12, 19a), mit schildförmigem Beschläg, daneben innen *Schnalle*, 3,5 cm (Taf. 12, 20), im Becken eiserne *Rückenplatte*, 6,1 cm (Taf. 12, 19c), auf l. Unterram *Gegenbeschläg*, 5,5 cm (Taf. 12, 19b). Am l. Oberschenkel innen und beidseits des r. Oberschenkels je ein ⊥-förmiges *Ösenbeschläg*, 5,4 cm (Taf. 12, 19d–f), darunter quer über dem l. Oberschenkel *Messer*, 14,2 cm, mit Resten des Holzgriffs und *Ahle* mit Kugelkopf, 16,5 cm (Taf. 11, 20). An r. Hüfte *Sax*, 39,4 cm, mit kurzer Griffangel, Schneide nach außen, daran eisernes *Ortband*, 10,5 cm, und fünf *Bronzeknöpfe* (Taf. 5, 14a–c) in Reihe.

Grab 270 (J 5). 1,20 tief. Sk. sehr schlecht. R. Hand im Becken. Über dem Becken *Schnalle*, 4,3 cm.

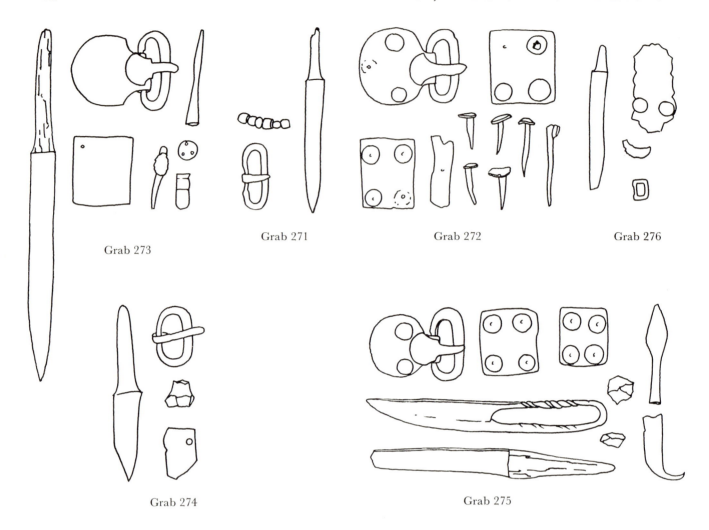

Grab 273

Grab 271

Grab 272

Grab 276

Grab 274

Grab 275

Grab 271 (J 3/4).　F. 0,80 tief. Sk. ziemlich gut. Schädel und r. Schulter durch Anlage der Nachbargräber gestört. Am Hals einige *Perlen*. Über dem Becken *Schnalle*, 5,3 cm. Am l. Oberschenkel außen *Messer*, 15,0 cm.

Grab 272 (J 4).　M. 0,80 tief. Sk. ziemlich gut. R. Oberkörper gestört. Am r. Knie *Eisenschnalle*, 9,2 cm (Taf. 12, 17a), mit rundem Beschläg. Am r. Oberschenkel innen eiserne *Rückenplatte*, 5,5 cm (Taf. 12, 17c), auf l. Oberschenkel *Gegenbeschläg*, 5,9 cm (Taf. 12, 17b), mit Bronzenieten. Auf r. Oberschenkel und zwischen den Knien *Eisennägel* und *Eisenband*.

Grab 273 (J 4).　M. 1,40 tief. Sk. sehr schlecht, jugendlich. 40 cm unter Niveau starke Steinschicht. An r. Seite *Sax*, 57,0 cm, mit langer Griffangel und Resten des Holzgriffs, bronzenes *Scheidenmundblech*, Schneide nach innen, daran drei *Bronzeknöpfe* und kleine Bronzestifte in Reihe. An r. Oberschenkel außen *Eisenschnalle*, 8,7 cm (Taf. 12, 15) mit schildförmigem Beschläg, zwischen den Oberschenkeln rechteckiges *Gegenbeschläg*, 6,6 cm, am l. Knie außen bolzenförmige *Pfeilspitze*, 7,8 cm. Auf der Brust Eisen- und Bronzespuren (Kleiderbesatz?).

Grab 274 (J 4).　M. 1,50 tief. Am l. Oberschenkel innen *Schnalle*, quer auf r. Oberschenkel *Messer*, 14,0 cm (Taf. 10, 16), außerhalb des r. Oberschenkels *Feuerstein*, auf r. Knie rechteckiges *Eisenblech*, 4,1 cm.

Grab 275 (G/H 4).　M. 0,90 tief. Sk. sehr schlecht. Am r. Knie außen *Eisenschnalle*, 8,5 cm (Taf. 12, 18a), mit rundem Beschläg, zwischen den Knien zwei *Feuersteine*, zerbrochener *Feuerstahl*, 5,5 cm, eisernes *Rasiermesser* mit durchbrochenem Griff, 19,2 cm (Taf. 9, 1), *Messer*, 20,2 cm, mit Spuren des Holzgriffs, rechteckiges *Gegenbeschläg*, 5,2 cm (Taf. 12, 18b), und rechteckige *Rückenplatte*, 4,6 cm (Taf. 12, 18c). Ferner blattförmige *Pfeilspitze*.

Grab 276 (J 3).　1,30 tief. Sk. schlecht. Auf l. Oberschenkelgelenk *Eisenschnalle*, 7,0 cm. Am l. Knie außen *Messer*, 11,0 cm, darunter kleine, quadratische *Bronzeschnalle*, 1,5 cm (Taf. 4, 22).

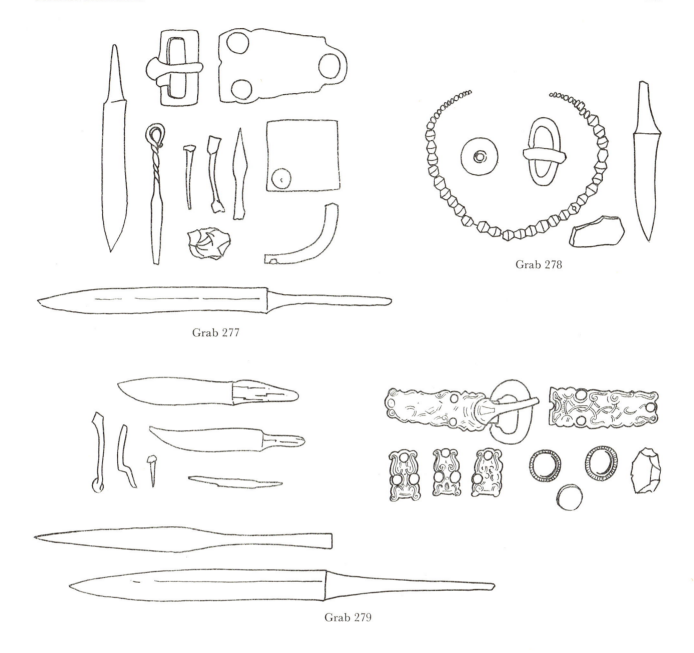

Grab 278

Grab 277

Grab 279

Grab 277 (J/K 3). M. 1,20 tief. An r. Seite *Sax*, 57,5 cm, mit langer Griffangel, unter der Klinge *Messer*, 16,8 cm. An r. Hand rechteckige *Schnalle*, 6,0 cm (Taf. 13, 12 a), daneben *Eisenstücke*, zwischen den Oberschenkeln quadratische *Rückenplatte*, 5,6 cm (Taf. 13, 12 c), auf l. Unterarm *Gegenbeschläg*, 10,6 cm (Taf. 13, 12 b). Zwischen den Knien *Ösenahle* mit tordiertem Schaft, 11,2 cm, darunter ein *Feuerstein* und bogenförmige eiserne *Taschenrahmung*, 7,5 cm. Am r. Unterschenkel außen blattförmige *Pfeilspitze*, 7,3 cm, Spitze nach oben.

Grab 278 (J/K 4). F. 1,30 tief. Sk. sehr schlecht. Am Hals Kette aus doppelkonischen *Perlen* (Taf. 8, 7). Auf l. Becken *Schnalle*, 5,4 cm (Taf. 12, 3), am l. Oberschenkelgelenk innen *Spinnwirtel* aus Ton, 3,1 cm (Taf. 8, 6), auf l. Hand *Messer*, 12,8 cm, am l. Knie außen *Bronzestück*. In der Erde *Tonscherbe*.

Grab 279 (K 4). M. 1,15 tief. Sk. schlecht. An r. Seite *Sax*, 69,3 cm (Taf. 36, 12), mit langer Griffangel und Blutrinne, Schneide nach innen, daran drei *Bronzeknöpfe* in Kerbdrahtfassung, 2,4 cm (Taf. 24, 2a–b), und kl. *Bronzestifte* in Reihe, unter der Klinge *Messer*, 15,0 cm (Taf. 9, 12). Unterhalb der Saxspitze *Lanzenspitze*, 48,0 cm (Taf. 35, 15), Spitze nach O., auf dem r. Fuß. Auf r. Oberschenkel *tauschierte Schnalle*, 12,7 cm (Taf. 24, 1a), zwischen den Knien zwei, auf l. Knie ein *tauschiertes Gürtelbeschläg*, 3,8 cm (Taf. 24, 1c–e), am l. Oberschenkel außen *tauschiertes Gegenbeschläg*, 8,8 cm (Taf. 24, 1b), darunter *Feuerstein* und *Eisenstücke*. Quer auf l. Unterschenkel *Rasiermesser*, 12,7 cm, mit Tuchresten und *Ahle*, 8,0 cm.

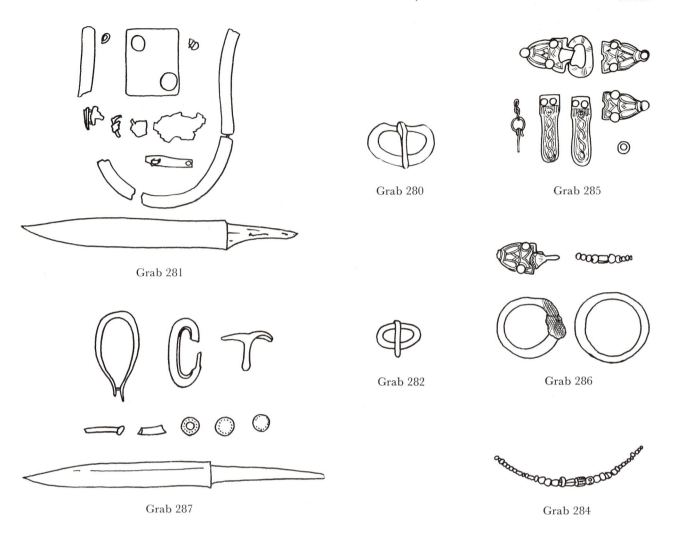

Grab 280

Grab 285

Grab 281

Grab 282

Grab 286

Grab 287

Grab 284

Grab 280 (J 4).   K. 1,30 tief. Sk. ziemlich gut. Auf r. Becken *Schnalle*, 5,6 cm, am l. Unterarm außen *Tonscherbe*.

Grab 281 (J 4).   M. 1,40 tief. Sk. gut. 80 cm über dem Skelett Steinschicht. An r. Seite *Sax*, 44,5 cm, mit kurzer Griffangel, Schneide nach innen. Am l. Oberschenkel innen rechteckige *Rückenplatte*, 5,3 cm, am l. Knie außen U-förmige eiserne *Taschenrahmung*, 12,5 cm, zwischen den Knien Reste einer *Eisenkette*, darunter kl. *Bronzering*, 8,0 cm, zwei *Eisenlaschen*, 3,9 cm, und eine schwarzgelbe gemusterte *Perle*.

Grab 282 (J 4).   0,80 tief. Sk. sehr schlecht. Am r. Oberschenkelgelenk außen *Schnalle*, 3,6 cm.

Grab 283 (K 3/4).   K. 1,00 tief. Sk. vergangen. Keine Beigaben.

Grab 284 (K 3).   F. 1,20 tief. Sk. schlecht. Sargspuren. Rechte Seite des Oberkörpers und Schädel gestört. Überall verstreut kl. *Glasperlen*. Am r. Becken Eisenrest.

Grab 285 (J 3).   F. 1,40 tief. Bis zu den Knien völlig gestört, Knochen höher als Grabboden. In Gegend des Schädels kl. *Bronzering* mit drahtförmigen Bronzeresten und eine *Glasperle*. An den Füßen *tauschierte Schuhgarnituren* (Taf. 5, 7 a–c) mit *Riemenzungen* (Taf. 5, 7 d–e), eine Schnalle fehlt.

Grab 286 (K 3).   F. 1,00 tief. Sk. sehr schlecht, auf r. Seite, Beine leicht angezogen. Am Hals kleine *Glasperlen*. Unterhalb des Beckens *tauschierte Schnalle*, 5,1 cm (Taf. 5, 8) (aus Grab 285 entnommen). Am l. Oberschenkel außen zwei *Eisenringe*, 5,0 bzw. 5,7 cm, einer mit anhaftenden Stoffresten.

Grab 287 (K 3).   M. 1,40 tief. Sk. schlecht. 40 cm über Skelett Steinschicht. Unter r. Knie *Eisennagel*, 3,0 cm, unter r. Knie außen *Schnalle*, 5,1 cm, ohne Dorn. Am r. Unterschenkel außen *Sax*, 50,3 cm, mit langer Griffangel, eisernes *Scheidenmundblech*, 7,0 cm, Schneide nach außen, daran drei *Bronzeknöpfe* (Taf. 5, 10) und eiserne *Haltebügel* (zerbrochen).

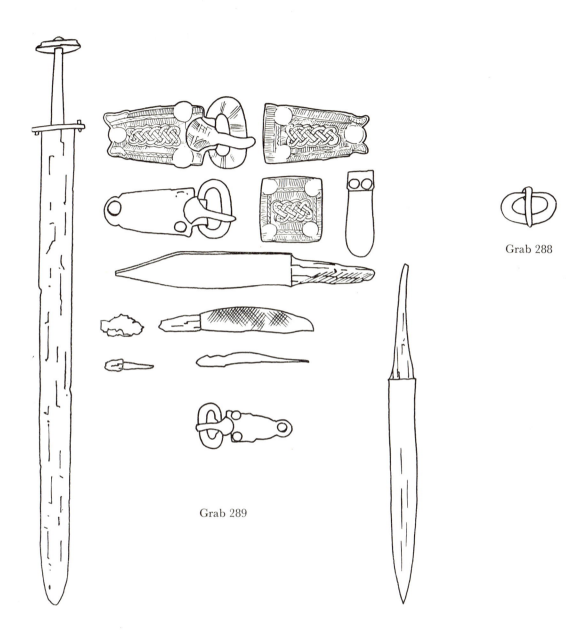

Grab 288

Grab 289

Grab 288 (K 3).   1,20 tief. Über dem Becken auf Wirbelsäule *Schnalle*, 4,6 cm.

Grab 289 (K 3).   M. 1,10 tief. Sk. fast vergangen. Über dem Körper zahlreiche Steine. An r. Seite, Griff am Beckenrand, *Spatha*, 91,5 cm (Taf. 34,6), mit Eisenknauf, darunter *Sax*, 54,2 cm, mit langer Griffangel und Holzresten, Griffe von Spatha und Sax in gleicher Höhe. Saxschneide nach innen, mit einigen kl. *Bronzestiften*, darunter *Messer*, 12,0 cm (Taf. 10, 19). Unter Spathagriff *tauschierte Schnalle*, 12,2 cm (Taf. 19, 3a), daran anschliessend kl. *Eisenschnalle*, 7,5 cm (Taf. 13, 13), darunter gr. *Eisenschnalle*, 10,8 cm (Taf. 13, 14a). Zwischen den Oberschenkeln *tauschiertes Gegenbeschläg*, 8,2 cm (Taf. 19, 3b), und *tauschierte Rückenplatte*, 5,0 cm (Taf. 19, 3c). Darunter eisernes *Rasiermesser*, 12,3 cm (Taf. 9, 13), mit Stoffresten, lange *Ahle*, 9,3 cm (Taf. 11, 6) und kurze *Ahle*, 4,0 cm. Zwischen den Knien eiserne *Riemenzunge*, 6,6 cm (Taf. 13, 14b). Am l. Knie außen zwei *Eisenstücke*. Unter dem Sax *Eisennagel*.

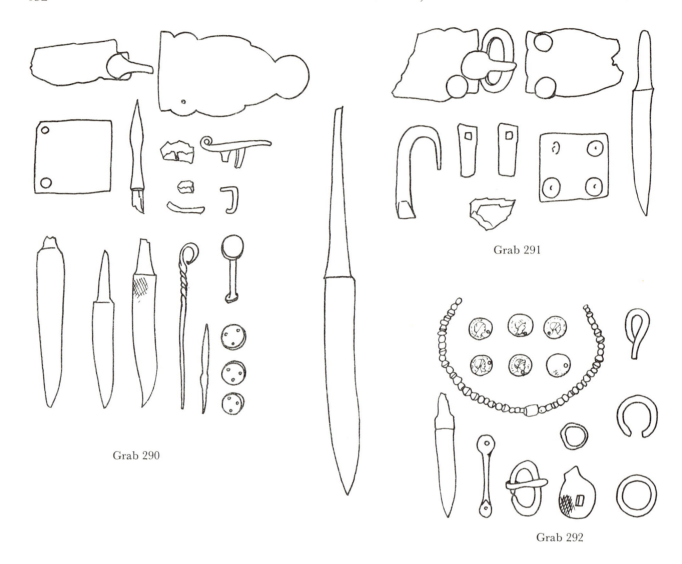

Grab 291

Grab 290

Grab 292

Grab 290 (K 3).   M. 1,20 tief. Sk. schlecht. Über dem Skelett starke Steinschicht. An r. Schläfe und r. Oberarm innen eiserne *Flügellanze*, 38,3 cm (Taf. 35, 11). Am r. Unterarm innen und an r. Hüfte *Sax*, 62,0 cm, mit langer Griffangel, Schneide nach innen, daran vier *Bronzeknöpfe* (Taf. 5, 16), zwei davon durch Eisenlasche verbunden. Unter Saxklinge *Messer*, 13,5 cm. Am r. Oberschenkel innen gr. *Eisenschnalle* (Taf. 16, 2 a) (zerbrochen), oberhalb des l. Knies innen eiserne *Rückenplatte*, 6,2 cm (Taf. 16, 2 c), am l. Oberschenkel außen *Gegenbeschläg*, 12,3 cm (Taf. 16, 2 b). Quer über dem l. Knie eisernes *Rasiermesser*, 13,7 cm, mit Stoffresten, darüber *Messer*, 12,7 cm, darauf *Ösenahle*, 13,2 cm, mit tordiertem Schaft, darunter kl. *Ahle*, 7,0 cm, darunter *Eisengerät* mit zwei Zinken, 5,6 cm, und *Eisenstücke*. Zwischen den Knien Eisenklammer. In Fußgegend blattförmige *Pfeilspitze*, 9,0 cm.

Grab 291 (K 3).   M. 1,20 tief. Sk. gut. Oberkörper durch Sandentnahme rezent gestört. Steinlage über Unterkörper. Auf r. Hand gr. *Eisenschnalle*, 10,0 cm (Taf. 13, 3 a), am r. Oberschenkel innen und im Becken je ein eisernes *Ösenbeschläg*, 4,2 cm (Taf. 13, 3 d–e), auf l. Oberschenkelgelenk quadratische *Rückenplatte*, 5,6 cm (Taf. 13, 3 c), am l. Oberschenkel außen *Gegenbeschläg*, 8,0 cm (Taf. 13, 3 b). Zwischen den Oberschenkeln *Feuerstahl* (zerbrochen), 7,2 cm, und *Feuerstein*. Quer auf l. Oberschenkel *Messer*, 14,6 cm.

Grab 292 (J 4).   F. 1,30 tief. Sk. schlecht. R. Unterarm fehlt. Am Hals Kette aus kl. *Glasperlen*. Am r. Oberschenkelgelenk außen *Schnalle*, 4,4 cm. Am l. Oberschenkel außen kl. *Bronzering*, 2,1 cm, *Eisenhaken*, 4,0 cm, und durchbohrte *Eisenscheibe*, 3,5 cm, mit Tuchresten. Am l. Unterschenkel außen kl. *Messer*, 10,0 cm, ein eiserner *Haltebügel*, 6,5 cm, ein offener *Eisenring*, 3,5 cm, und außen in Reihe untereinanderliegend vier durchbohrte Antoniniane des 3. Jahrhunderts, darunter *Bronzering*, 3,3 cm, mit zwei inliegenden Antoninianen (Taf. 7, 7–12).

Grab 293 (K 3).   1,00 tief. Völlig gestört. Knochen meist beim Schädel. Keine Beigaben.

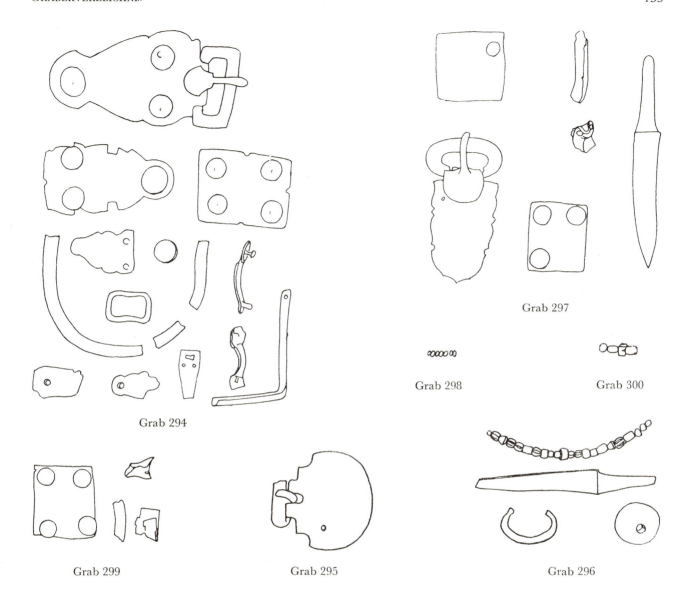

Grab 297

Grab 294

Grab 298   Grab 300

Grab 299   Grab 295   Grab 296

Grab 294 (K 2). M. 1,20 tief. Sk. ziemlich gut. Am l. Oberschenkel außen rechteckiger *Schnallenrahmen*, 3,6 cm, darunter kl. eisernes *Gegenbeschläg*, 5,1 cm. 15 cm außen neben l. Knie gr. *Gegenbeschläg*, 10,3 cm (Taf. 16, 4b), darunter U-förmige eiserne *Taschenrahmung*, H. 9,0 cm. Auf r. Knie durchbohrte *Eisenlasche*, 4,0 cm, daneben innen eiserne *Rückenplatte*, 7,6 cm (Taf. 16, 4c), und außen gr. *Eisenschnalle*, 16,1 cm (Taf. 16, 4a). Außen am r. Unterschenkel *Eisenknopf*, 1,6 cm, darunter drei *Eisenstücke* und eiserne *Haltebügel*, 6,0 cm. Zwischen den Unterschenkeln durchbohrte *Eisenlasche*, 4,0 cm.

Grab 295 (J 3). 1,10 tief. Sk. ziemlich gut. Unterhalb des l. Beckens *Eisenschnalle*, 8,5 cm, mit schildförmigem Beschläg.

Grab 296 (J/K 3). F. 1,10 tief. Sk. schlecht. Über dem Skelett Steinschicht. Am Hals kleine *Glasperlen*. Am l. Ellbogen innen *Spinnwirtel* aus Ton, 3,7 cm (Taf. 8, 1). An r. Oberschenkelgelenk innen *Schnalle*, 4,8 cm, ohne Dorn. Am l. Oberschenkel außen Lederreste mit kl. *Bronzestiften* und *Messer*, 14,2 cm.

Grab 297 (J 2/3). M. 1,40 tief. Sk. ziemlich gut. Auf r. Becken gr. *Eisenschnalle*, 12,5 cm (Taf. 16, 3), im l. Becken eiserne *Rückenplatte*, 5,5 cm, am l. Ellbogen innen quadratisches eisernes *Gegenbeschläg*, 5,8 cm. Am l. Becken außen *Glasstück* und *Eisenrest*. Am r. Oberschenkel außen *Messer*, 17,0 cm.

Grab 298 (J 2). F. 0,80 tief. Sk. ziemlich gut. Am Hals einige kl. gelbe *Perlen*.

Grab 299 (J/K 2). M. 1,30 tief. Zum größten Teil gestört. In Beckengegend *Feuerstein*, *Eisenstücke* von *Taschenrahmen* und zwischen den Knien rechteckige *Eisenplatte*, 5,7 cm.

Grab 300 (H 3). F. 1,10 tief. Sk. schlecht. An Unterarm und Unterschenkeln gestört. Am Hals einige kl. *Glasperlen*.

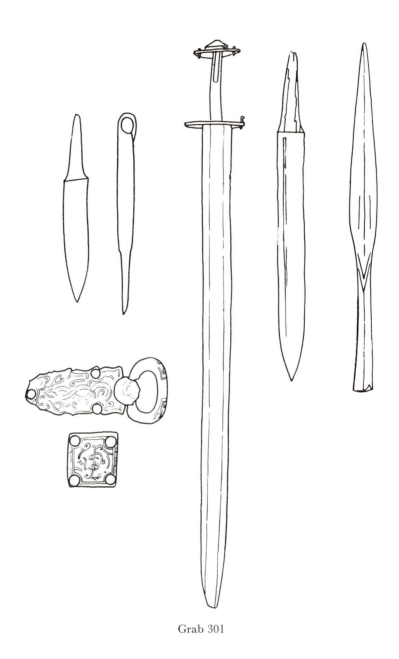

Grab 301

Grab 301 (C 1).   M. Beigaben: *Spatha*, 89,5 cm (Taf. 35, 10), mit Bronzeknauf, *Sax*, 52,5 cm (Taf. 35, 8), mit Blutrinne,
Lanzenspitze, 55,0 cm (Taf. 35, 9), mit verziertem Blatt, gewölbter *Schildbuckel*, 16,7 cm (Taf. 37, 31), *tauschierte Schnalle*, 12,0 cm (Taf. 22, 5a), quadratische *tauschierte Rückenplatte*, 4,2 cm (Taf. 22, 5b), *Messer*,
15,1 cm, und *Ahle* mit Haken, 15,9 cm (Taf. 11, 14).

ANHANG

TECHNISCHE EXPERTISE ÜBER DIE FISCHFIBELN GRAB 14

Bestand der Broschen: I. Goldenes Oberteil mit echten Almandinen und grünen Glasflüssen.
II. Seitliche Zargen, silbervergoldet.
III. Rückseitige Silberplatte.
IV. Eisenkern mit Borde, welcher als Befestigungs- und Verstärkungsmittel der Brosche diente.

In bezug auf die Montierung besteht die einzelne Brosche aus zwei Teilen, nämlich dem oberen goldenen, dem eigentlichen Schmuckstück, und dem unteren silbernen und eisernen Teil. Beide Teile sind so konstruiert, daß der untere dem oberen als Behälter dient; sie verhalten sich zueinander wie Dose und Deckel.

Das Oberteil. Die Steinfassungen sind in der Manier des Email cloisonné ausgeführt, nur mit dem Unterschiede, daß die Zellenwände mit ihrer Höhe von 2,9 mm letztere bedeutend überragen. Die Blechstärke der Zellenwände ist 0,15 mm, diejenige des Stirnbleches 0,25 mm. Das Gold ist also sehr dünn gehalten. Es hat eine kleine Beimischung von Silber, daher der Stich ins Grünliche. Der Feingehalt entspricht 22,5 Karat.

Wie war es nun möglich, diese Fassungen zusammenzulöten, in Anbetracht dieses dünnen, weichen Goldes? Eine vorherige Befestigung mit Draht auf das Stirnblech war absolut ausgeschlossen, ebenso der Gebrauch eines Lötrohres. Das Cloisonnéverfahren mußte auch da den Weg weisen. Ein Stück Goldblech, etwas größer als die Brosche, welches das Stirnblech bildete, wurde auf eine ca. 2,5 mm dicke, noch größere flache Eisenplakette gelegt. Auf das Goldblech wurde nun die fischförmige, äußere Zarge senkrecht gesetzt, mit Goldlöt versetzt, hernach auf einem entsprechenden Kohlenfeuer gelötet. Die eiserne Unterlage verhütete das Verbiegen des Stirnbleches, förderte aber zugleich ein gleichmäßiges Erglühen und damit Löten der Zarge.

Nachdem nun die äußere Goldzarge einmal fest war, konnte der ganze innere Zellenbau in gleicher Weise ausgeführt werden. Auch die Tatsache, daß die Zellen nur ganz wenig nach oben gelötet sind, kommt von der einseitigen Erhitzung von unten. Nun einmal alles zusammengelötet, wurde das Stirnblech in den Zellen mit einem kleinen Meißelchen, oder auch nur mit einem spitzen Messer, ausgeschnitten, um à jour zu machen für die Steine.

Von großer Geschicklichkeit zeugen auch die Almandinen in ihrem Formenschliff und ihrer Politur, sie sind auch unterschliffen. Geradezu staunenswert muß die Herstellung der dünnen silbernen, einseitig vergoldeten und noch dazu façonnierten Folie hinter den Almandinen und den grünen Glasflüssen genannt werden. Da die Steine unterschliffen sind, kommt die größere Fläche nach der Stirnseite, um die kleinere hintere Fläche schmiegt sich die Folie an.

Mit Ausnahme des Halsgürtels, der Rücken-, Bauch- und Schwanzflossen, die aus grünen Glasflüssen bestehen, sind beide Broschen ganz mit Almandinen besetzt.

Und nun zum *Unterteil*, in welchem das ganze eigentliche obere Schmuckstück ruht. Da ist in erster Linie der Eisenkern das Hauptstück. Es war dies ein Eisenblech mit Seitenwandung in genauer Größe und Form der Brosche. Obwohl der Kern ganz zerstört, aufgebläht war, konnte man seine Stärke ziemlich genau feststellen, und zwar durch die silbernen Nieten. Nach diesen konnte die Dicke des Kernes höchstens 1,5 mm betragen haben. An diesen Kern war nun die äußere, silbervergoldete Umfassung seitwärts mit neun silbernen Nieten festgemacht. Rückseitig vom Kern war eine die ganze Fläche bedeckende Silberplatte mit Ausschnitten für Charniere und Haken mit 13 Nieten befestigt. Charniere waren keine mehr vorhanden; aber jedenfalls waren diese bei den Ausschnitten auf den Kern genietet. Anders verhielt es sich mit den Schlußhaken, von denen auch nur einer sich hinübergerettet hat. Dieser selbst, aus Eisen, war auf einem Bronzeplättchen befestigt. Letzteres wurde dann beim Ausschnitt zwischen die an dieser Stelle extra hiezu erhöhte Silberplatte und den Eisenkern hineingesteckt und gekittet.

Diese zwei Broschen, an sich schon prächtige Exemplare, zeugen von großem Wissen, Können und Talenten aus dem 6. Jahrhundert. Sie haben uns aber noch mehr gebracht.

Weil man gezwungen war, den zerstörten, aufgeblähten Eisenkern zu entfernen, bekam man einen Einblick in die technische Bearbeitung des Schmuckes in der damaligen Zeitperiode. Da sich der Kern in seinem verdorbenen Zustande stark in das ihn umgebende Silber und in die Goldzellen hineingefressen hatte, musste die Loslösung mit allergrößter Sorgfalt geschehen. Durch die chemischen Einwirkungen in der Erde war auch das Silber spröde geworden; es bedurfte der verschiedenen Kniffe, um diese ineinander verwachsenen, an sich aber doch zerbrechlichen Teile auseinander zu treiben. Als die beiden Teile glücklich getrennt waren, kam der Zellenbau zum Vorschein. Es konnte dann noch festgestellt werden, daß diese Zellen zum Schutze der Steine mit einem Ölkitte ausgefüllt waren. Die Fassung der Steine geschah so eigentlich von der Rückseite. Einige Füllungen hatten sich erhalten, die meisten aber waren vom Eisenoxyd überwuchert. Im Unterteil konnte man noch die ehemalige Form des Kernes beobachten, ebenso wie die Goldzarge des oberen Teiles genau in die Wandung des Eisenkernes paßte, auch wie der goldene Stirnblechrand über den Kern hinausragte bis zur äußern vergoldeten Silberfassung und auf diese Art den Kern völlig deckte. Um auf das verwendete Gold und Silberblech zu kommen, darf man ruhig annehmen, daß neben dem Hammer auch die Blechwalze schon zur Bearbeitung der gegossenen Gold- oder Silberlamellen gebraucht wurde, ja noch mehr, die silbernen Folien unter den Steinen beweisen sogar das Vorhandensein von façonnierten Walzenrollen. Interessant ist auch feststellen zu können, daß der Verfertiger dieser zwei Broschen das Goldlöten kannte, nicht aber das Löten des Silbers. Dies ist aber leicht erklärlich, denn eine Mischung des Goldes mit dem leichter schmelzenden Silber war einleuchtend, um eine Metallmischung zu erhalten, die leichtflüssiger war als das Gold, und damit ein Mittel, um Gold mit Gold zusammenzulöten. Ganz anders bei dem Silber; da konnten vorerst nur Weichmetalle wie Zinn oder Zink in Frage kommen. Da nun der Unterschied des Schmelzpunktes vorgenannter Metalle zu groß ist, verbrennen die Weichmetalle; wohl dringen die Metallaschen in das flüssige Silber ein, bewirken aber nur, daß letzteres ganz spröde wird. Das Kupfer allein, welches einen noch höheren Schmelzpunkt hat, konnte nicht in Frage kommen. Daß aber eine Mischung des Silbers mit Kupfer unter Hinzufügung eines Weichmetalles tatsächlich den Schmelzpunkt unter den des Silbers bringt, hatte der Betreffende noch nicht herausgefunden. Ob sich diese Feststellung bei diesen zwei Stücken verallgemeinern läßt, müssen weitere Forschungen aufdecken.

Bei diesen zwei Broschen sind die gemachten Feststellungen Tatsache, denn ihr Verfertiger hat sich als ganz geschickter, ja raffinierter Künstler ausgewiesen. Hätte er eine Metallmischung gekannt, um das Silber hart zu löten, so hätte er sich die große und schwierige Arbeit mit dem Eisenkern erspart, indem er die äußere Silberfassung direkt an den Silberboden gelötet haben würde.

Und nun noch ein Wort zu der Vergoldung der äußeren Silberfassung. Diese beweist voll und ganz, daß der Künstler die Vergoldung mit einem Amalgam, also die «Feuervergoldung» kannte; denn die Vergoldung geschah nach dem Aufnieten der Fassung auf den Eisenkern, und zwar so stark, daß von den Nietenköpfen nichts mehr zu sehen war.

Zürich, im Januar 1921.   *H. Gugolz †*

TAFELVERZEICHNIS

nach Grabnummern aufgeschlüsselt

TAFELVERZEICHNIS DER VERGLEICHSFUNDE
in alphabetischer Folge

ORTSVERZEICHNIS

Vorbemerkung: Die Grabnummern in den einzelnen Gräberfeldern sind kursiv gesetzt. Bei den schweizerischen Fundorten wird die Kantonszugehörigkeit nach folgendem Schema abgekürzt: A. = Aargau. Ba. = Basel. Be. = Bern. F. = Freiburg. L. = Luzern. N. = Neuenburg. Sch. = Schaffhausen. So. = Solothurn. T. = Thurgau. W. = Waadt. Z. = Zürich

SACHVERZEICHNIS

NACHWORT

Die vorliegende Arbeit entstand in den Monaten des Jahres 1945, als der Verfasser beim Zusammenbruch seines Vaterlandes in der Schweiz Asyl suchte und fand. E. Vogt in Zürich und R. Laur-Belart in Basel gewährten in alter Verbundenheit ihre Hilfe und stellten mir im Einverständnis mit ihren Institutionen das Material des Schweiz. Landesmuseums und die Mittel des Instituts für Ur- und Frühgeschichte zur Verfügung, um während der Zeit der Militärinternierung die Bearbeitung des Gräberfeldes von Bülach vorzunehmen. Das eidgenössische Kommissariat für Internierung und Hospitalisierung erleichterte das Vorhaben in den Interniertenlagern Hildisrieden und Emmenbrücke in jeder Weise. Das Institut für Ur- und Frühgeschichte nahm nicht nur das Manuskript für die Monographienreihe an, sondern ermöglichte auch den Besuch der Museen Aarau, Basel, Olten und Solothurn. Das Landesmuseum in Zürich gestattete das Studium der dortigen Altertümer und die Verwertung umfänglichen Vergleichsmaterials und steuerte durch zahlreiche Neuaufnahmen unveröffentlichter Funde die reiche Bildausstattung bei. Es ist mir ein Bedürfnis, für diese großzügige Hilfe in schwieriger Lage allen beteiligten Stellen zu danken. Besonderer Dank gilt dem Studienfreunde E. Vogt und dem Kollegen R. Laur-Belart, die mich durch ihre Haltung im Glauben an die europäische Wissenschaft und an die unlösliche Zusammengehörigkeit ihrer Vertreter bestärkt haben. Möge das Buch als bescheidenes Zeichen des Dankes für die Asylgewährung in der Schweiz der heimischen Forschung von Nutzen sein!

Emmenbrücke, im Oktober 1945.

Diesem Nachwort ist nach sieben Jahren noch hinzuzufügen, daß die bis zum Jahre 1951 erschienene Literatur mit eingearbeitet wurde. Allen schweizerischen Stellen, welche die Drucklegung dieser Monographie ermöglicht haben, gilt der besondere Dank des Verfassers. Wenn den wirtschaftlichen Schwierigkeiten zum Trotz das Buch anfangs 1953 ausgegeben werden kann, so ist dies allein den steten Bemühungen R. Laur-Belarts zu danken.

München, im November 1952.

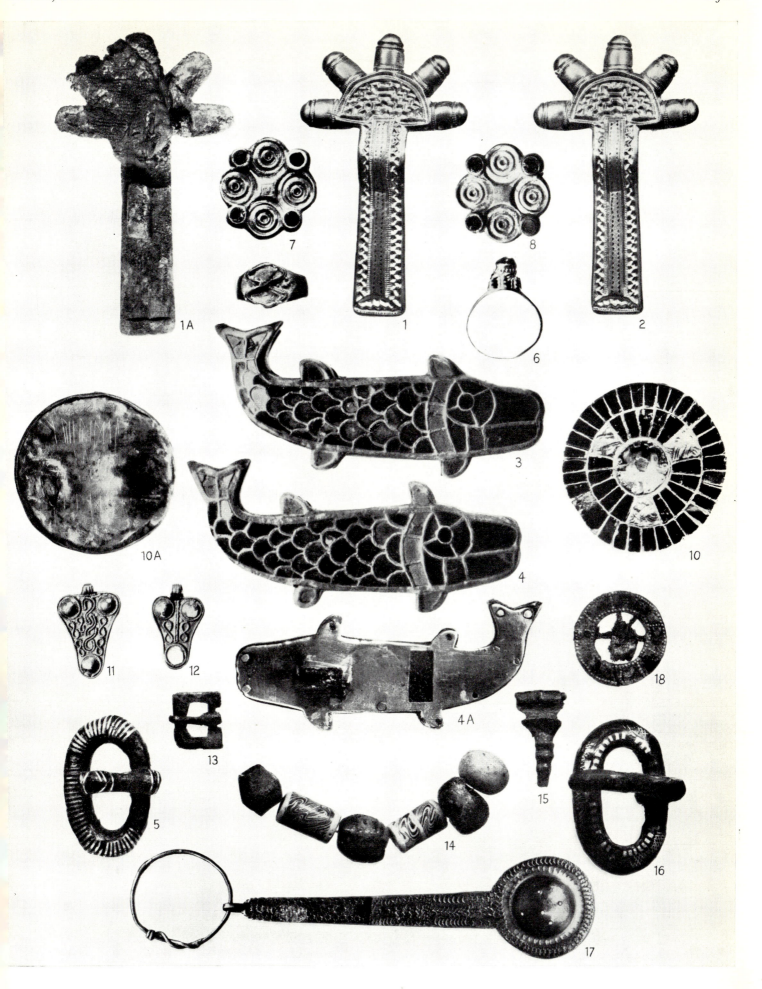

1–2: Grab 15. 3–6: Grab 14. 7: Grab 9. 8: Grab 179. 9: Grab 230. 10: Grab 249. 11–17: Grab 4. 18: Grab 130.
Gr. 1 : 1

1–3: Grab 34. 4: Grab 1. 5–7: Grab 9. 8: Grab 111. 9: Grab 232. 10: Grab 43. 11: Grab 74. 12: Grab 30. 13: Grab 214. 14: Grab 208.
15: Grab 162. 16: Grab 251. 17: Grab 228. 18–19: Grab 146. 20–24: Grab 7.
Gr. 1 : 1

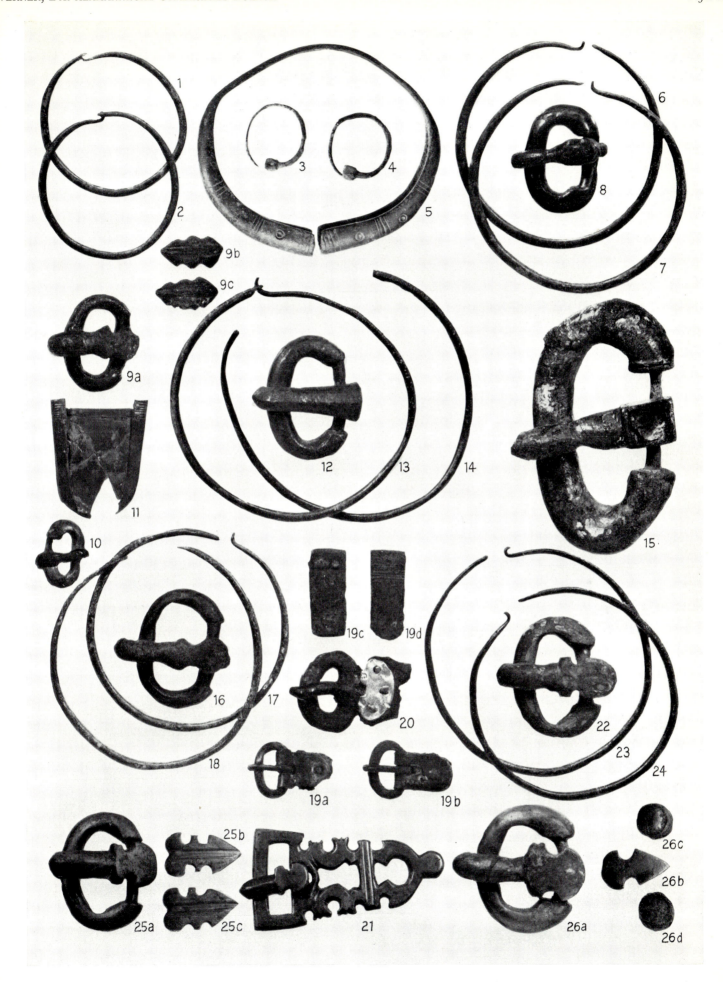

1–2: Grab 160. 3–4: Grab 131. 5: Grab 217. 6–7: Grab 174. 8: Grab 25. 9–11: Grab 27. 12: Grab 29. 13–14: Grab 130. 15: Grab 8.
16: Grab 192. 17–18: Grab 125. 19–21: Grab 18. 22: Grab 201. 23–24: Grab 170. 25: Grab 32. 26: Grab 235.
Gr. 1 : 1

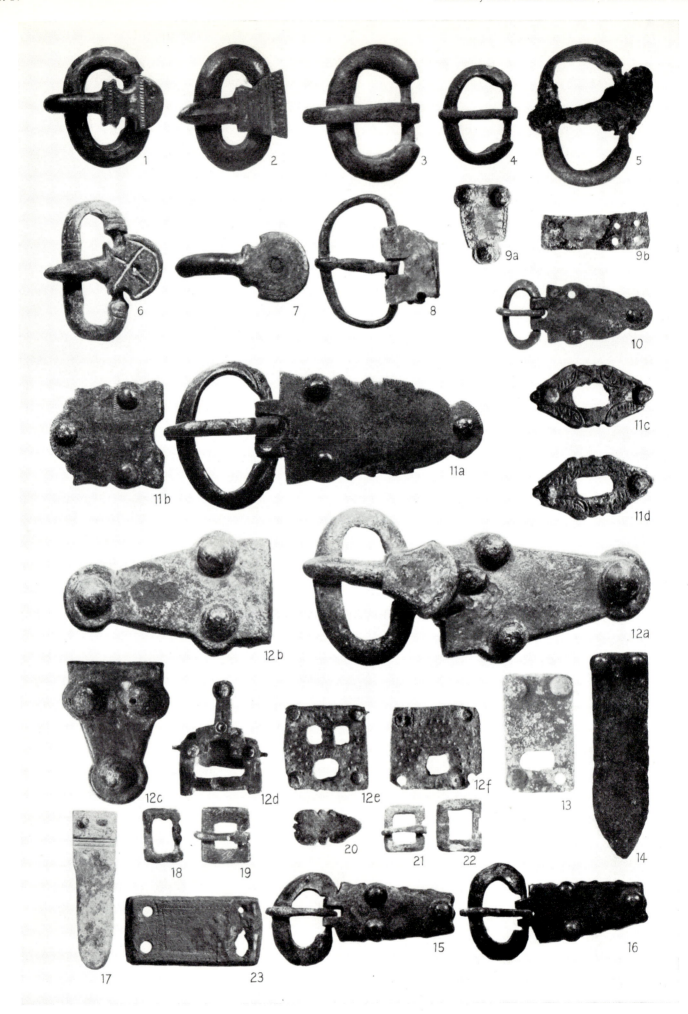

1: Grab 176. 2: Grab 21. 3: Grab 211. 4: Grab 180. 5: Grab 193. 6: Grab 268. 7: Grab 233. 8: Grab 256. 9: Grab 109.
10: Grab 75. 11: Grab 123. 12: Grab 127. 13: Grab 62. 14–16: Grab 130. 17–18: Grab 251. 19: Grab 17. 20: Grab 189.
21: Grab 189. 22 : Grab 276 .23: Grab 231.
Gr. 1:1

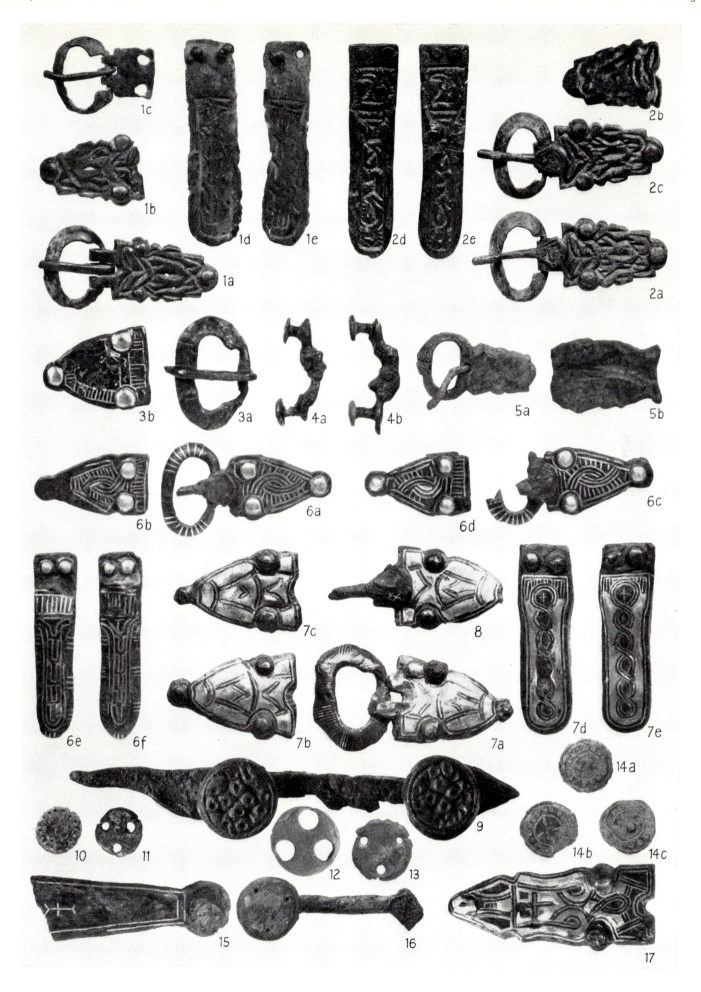

1: Oberbuchsiten, Kt. Solothurn, Grab 135. 2: Bülach, Grab 125. 3–4: Grab 102. 5: Grab 95. 6: Grab 116. 7. Grab 285.
8: Grab 286. 9: Grab 126. 10: Grab 287. 11: Grab 123. 12: Grab 147. 13: Grab 142. 14: Grab 269. 15: Grab 37.
16: Grab 290. 17: Grab 114.
Gr. 1 : 1

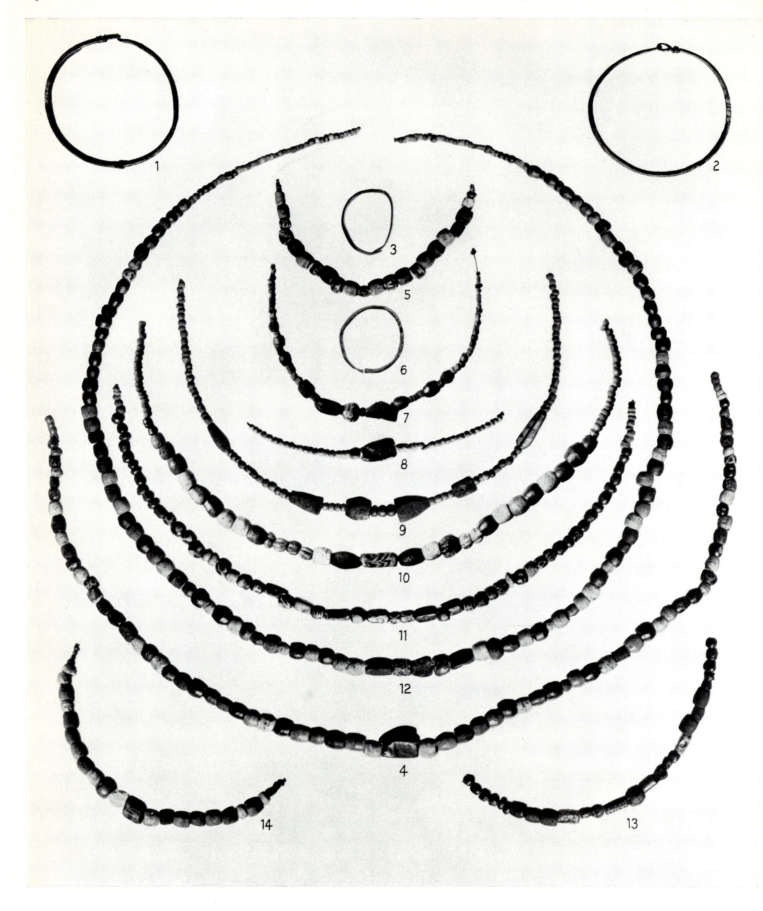

1–2: Grab 101. 3–4: Grab 79. 5: Grab 132. 6: Grab 111. 7: Grab 169. 8: Grab 56. 9: Grab 130. 10: Grab 70. 11: Grab 81. 12: Grab 116.
13: Grab 60. 14: Grab 249.
Gr. 1 : 2

1: Grab 131. 2: Grab 120. 3–5: Grab 14. 6: Grab 9. 7–12: Grab 292. 13: Grab 219. 14–15: Grab 116. 16–17: Grab 111.
18–20: Grab 265. 21: Grab 27. 22: Grab 81. 23–24: Grab 64. 25–26: Grab 178. 27–28: Grab 231. 29–30: Grab 237. 31–33: Grab 85.
34: Grab 132.
Gr. 1 : 2

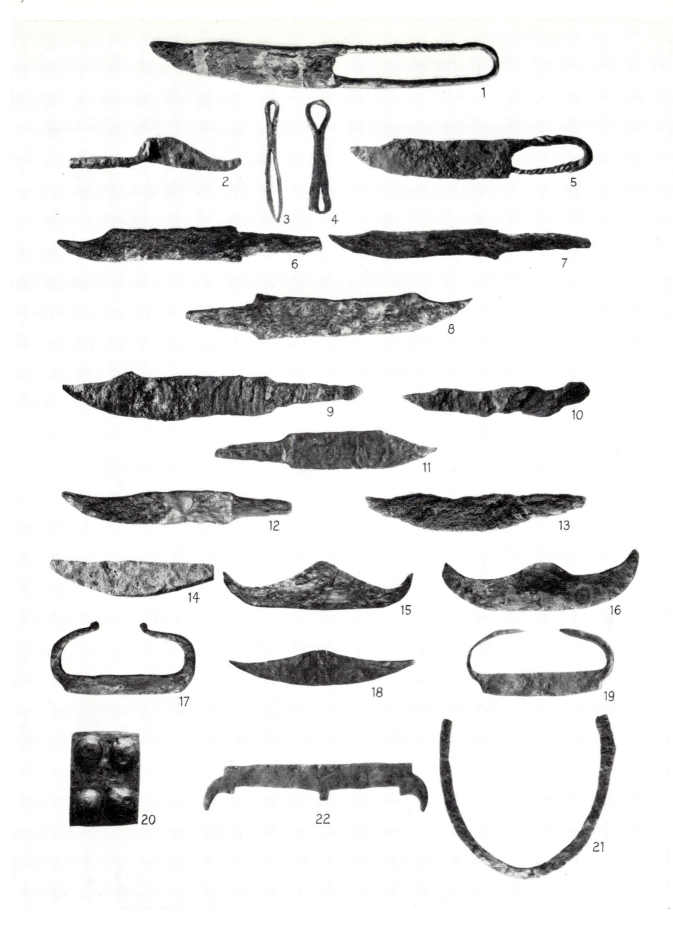

1: Grab 275. 2: Grab 37. 3: Grab 122. 4: Grab 45. 5: Grab 255. 6: Grab 65. 7: Grab 86. 8. Grab 71. 9: Grab 100. 10: Grab 251.
11: Grab 109. 12: Grab 279. 13: Grab 289. 14: Grab 3. 15: Grab 65. 16: Grab 202. 17: Grab 76. 18: Grab 71. 19: Grab 255.
20–21: Grab 244. 22: Grab 246.
Gr. 1 : 2

1: Grab 4. 2: Grab 9. 3: Grab 44. 4: Grab 45. 5: Grab 63. 6: Grab 66. 7: Grab 67. 8: Grab 82. 9: Grab 77. 10: Grab 81.
11: Grab 105. 12: Grab 132. 13: Grab 138. 14: Grab 140. 15: Grab 163. 16: Grab 274. 17: Grab 251. 18: Grab 202.
19: Grab 289.
Gr. 1 : 2

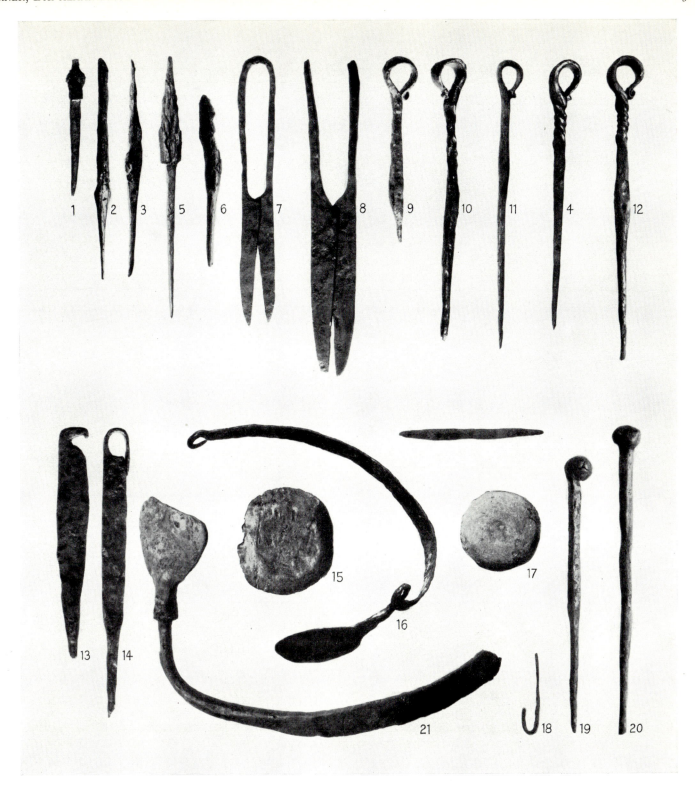

1: Grab 76. 2: Grab 96. 3–4: Grab 141. 5: Grab 151. 6: Grab 289. 7: Grab 251. 8: Grab 249. 9: Grab 45. 10: Grab 106.
11. Grab 123. 12: Grab 158. 13: Grab 232. 14: Grab 301. 15: Grab 96. 16: Grab 45. 17: Grab 106. 18: Grab 244. 19: Grab 71.
20: Grab 269. 21–22: Grab 264.
Gr. 1 : 2

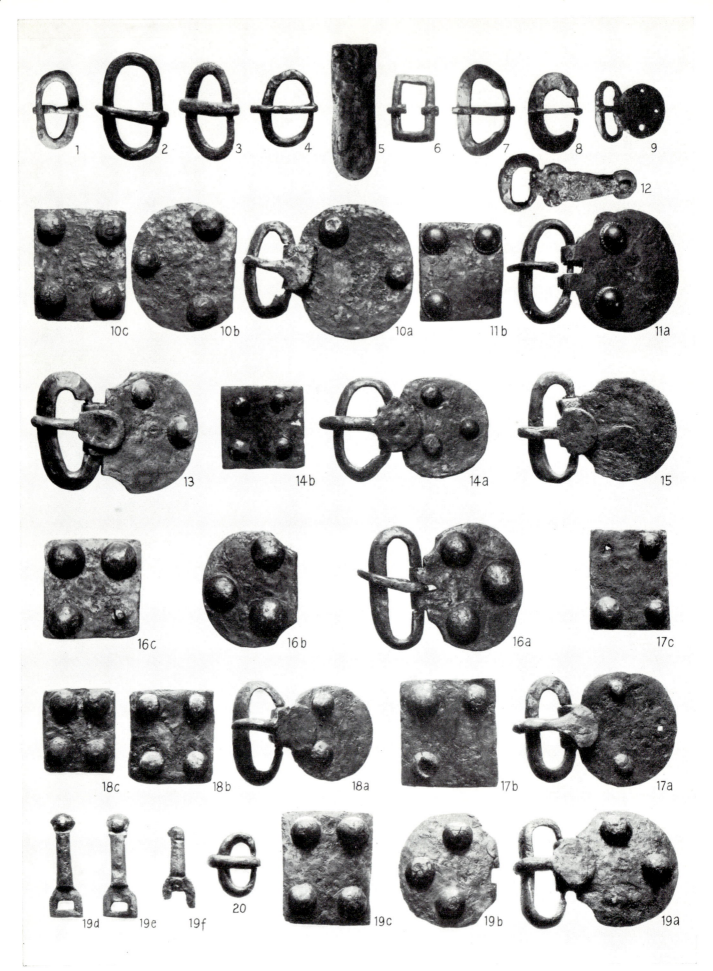

1: Grab 122. 2: Grab 132. 3: Grab 278. 4–5: Grab 111. 6: Grab 137. 7: Grab 74. 8: Grab 215. 9: Grab 60. 10: Grab 63. 11–12: Grab 77.
13: Grab 145. 14: Grab 158. 15: Grab 273. 16: Grab 202. 17: Grab 272. 18: Grab 275. 19–20: Grab 269.
Gr. 1 : 2

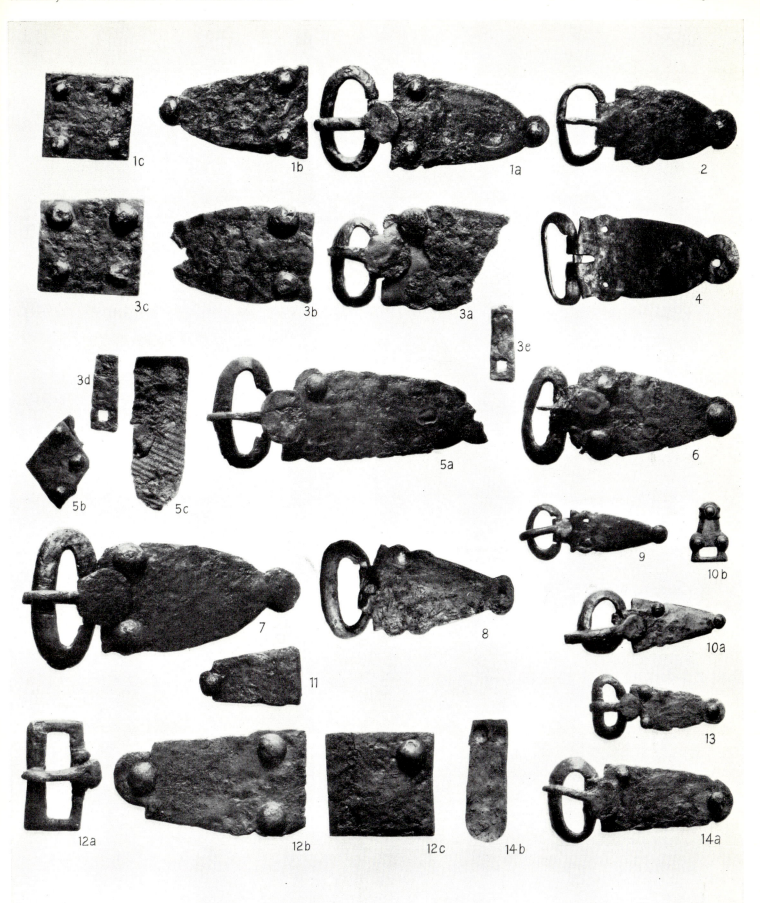

1: Grab 88. 2: Grab 105. 3: Grab 291. 4: Grab 141. 5: Grab 251. 6: Grab 249. 7: Grab 53. 8: Grab 79. 9: Grab 134. 10: Grab 151.
11: Grab 94. 12: Grab 277. 13–14: Grab 289.
Gr. 1 : 2

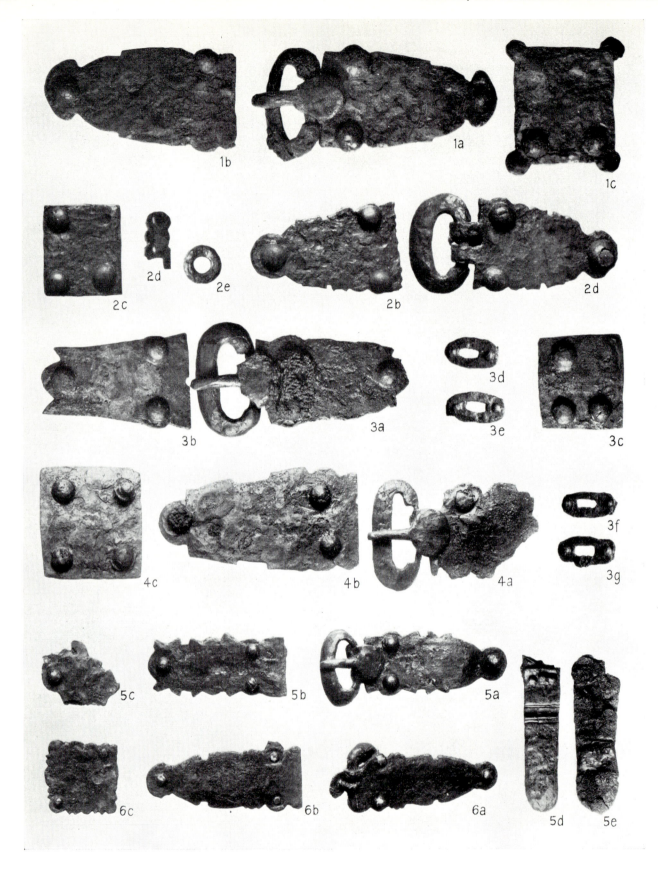

1: Grab 52. 2: Grab 62. 3: Grab 76. 4: Grab 107. 5: Grab 108. 6: Grab 109.
Gr. 1 : 2

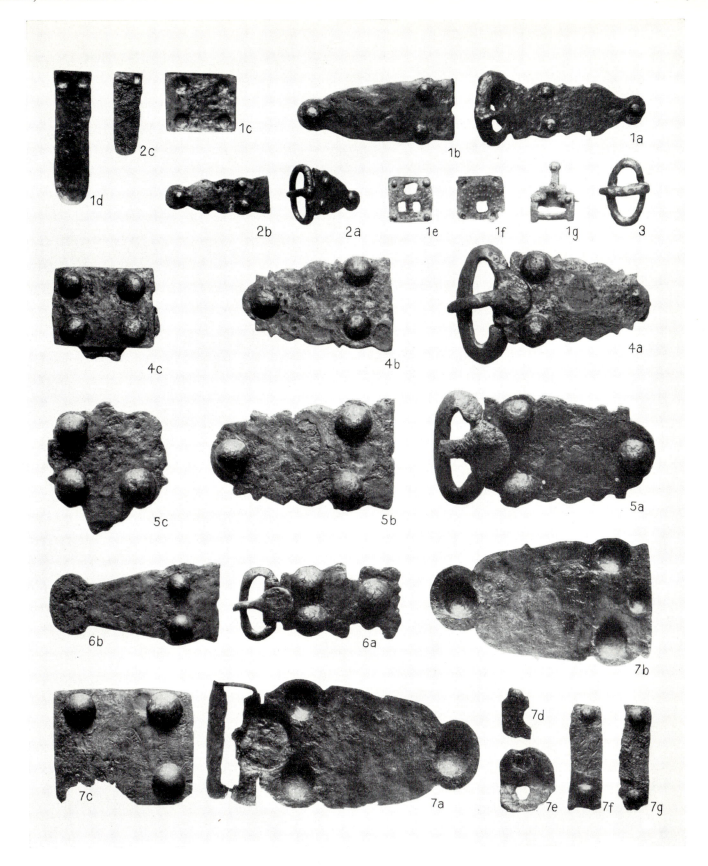

1–3: Grab 127. 4: Grab 195. 5: Grab 255. 6: Grab 259. 7: Grab 262.
Gr. 1 : 2

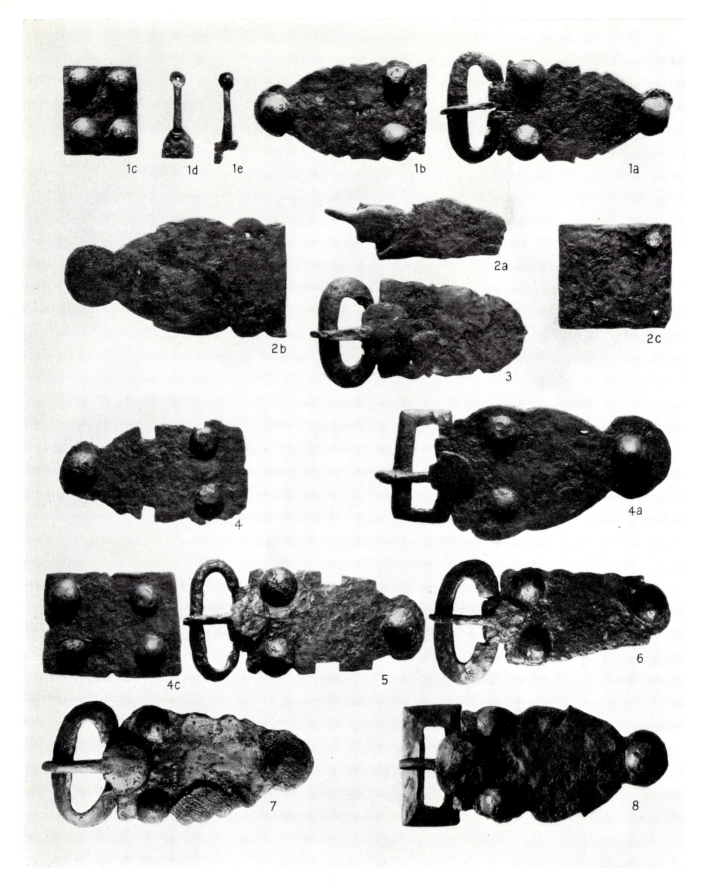

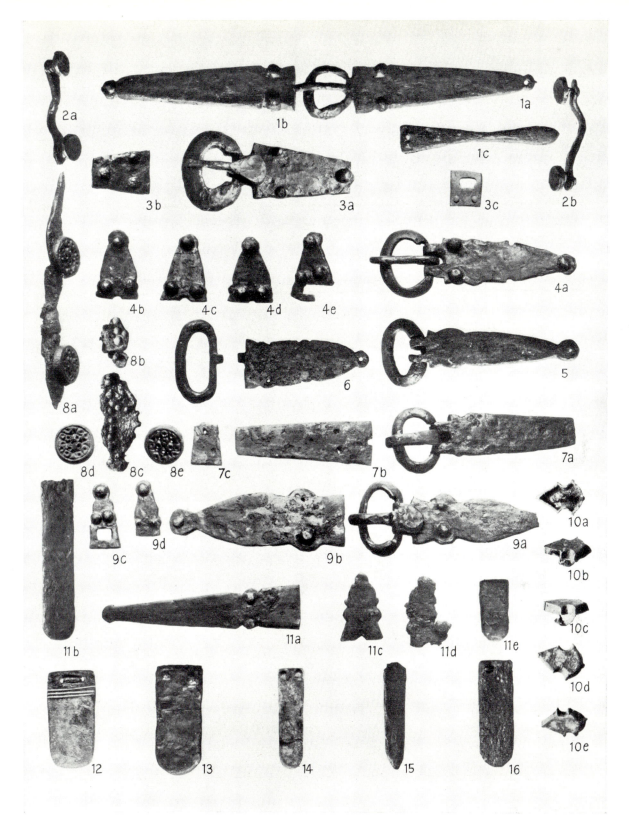

1–2: Grab 78. 3: Grab 82. 4: Grab 114. 5: Grab 84. 6: Grab 116. 7–8: Grab 126. 9: Grab 149. 10: Grab 88.
11: Grab 154. 12: Grab 64. 13: Grab 14: 81. Grab 120. 15: Grab 211. 16: Grab 217.
Gr. 1 : 2

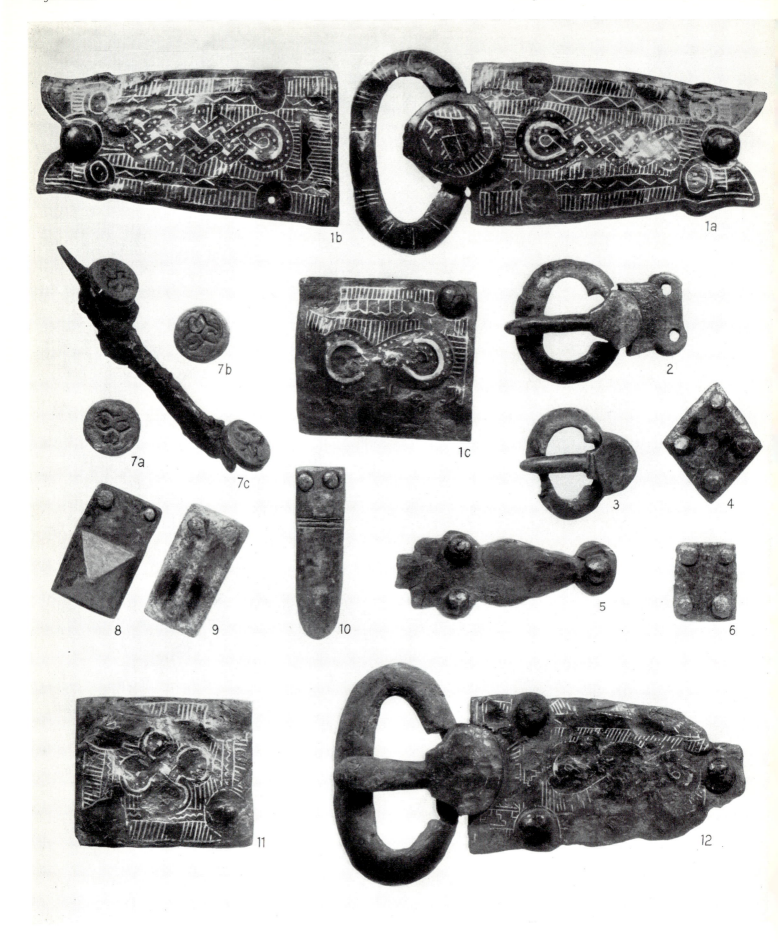

1–10: Grab 106. 11: Grab 214. 12: Grab 55.
Gr. 1 : 1

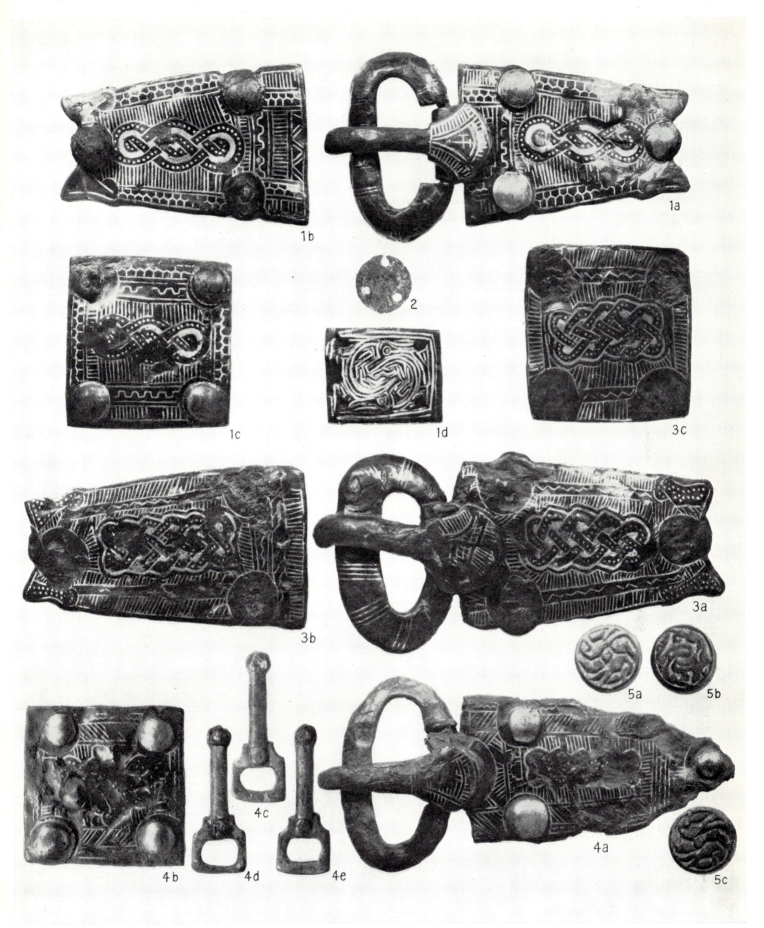

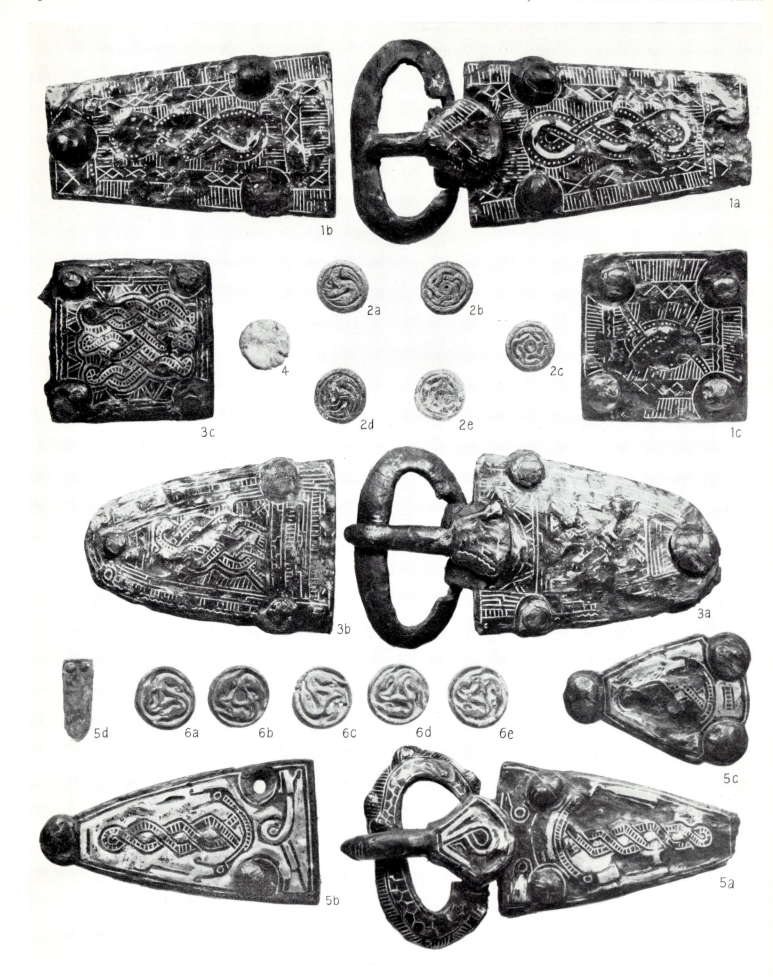

1–2: Grab 90. 3–4: Grab 71. 5–6: Grab 86.
Gr. 1 : 1

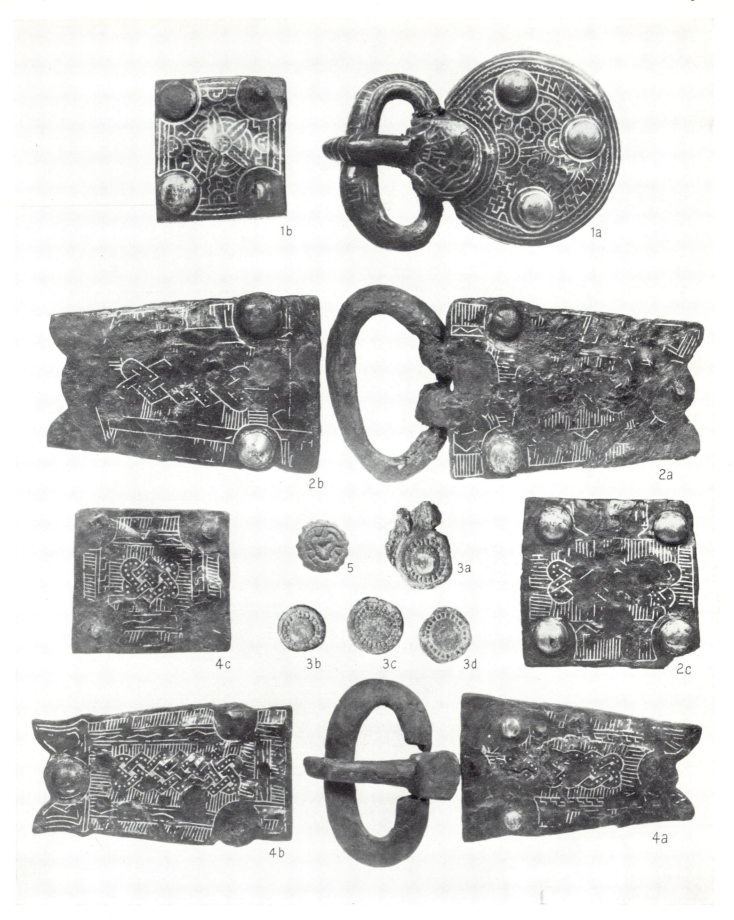

1: Grab 251. 2–3: Grab 65. 4–5: Grab 92.
Gr. 1 : 1

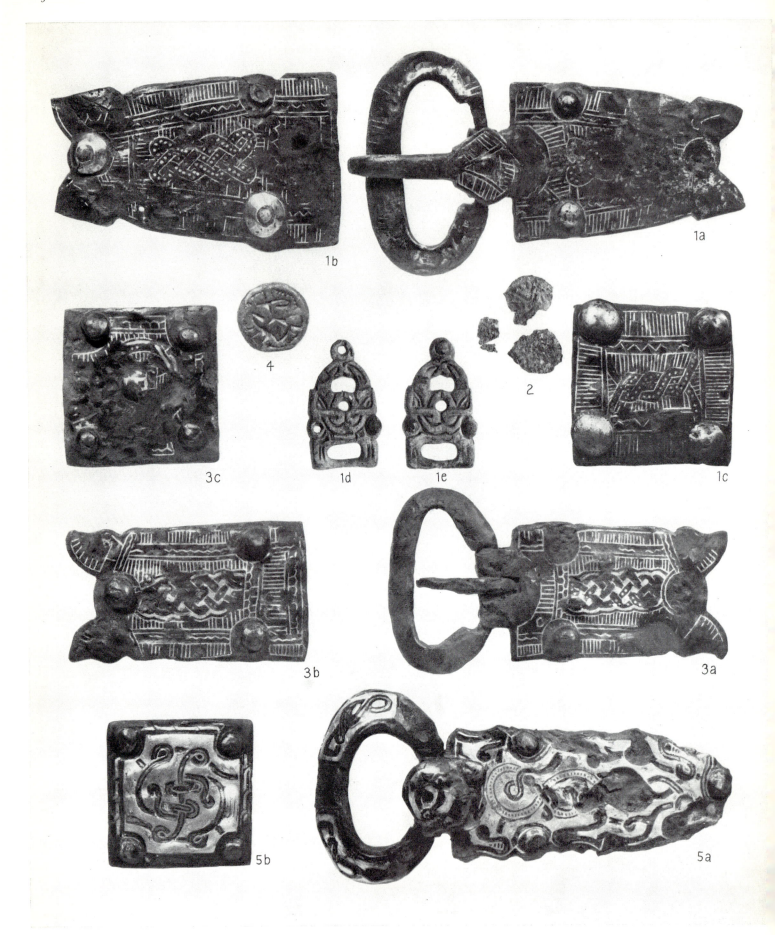

1–2: Grab 87. 3–4: Grab 110. 5: Grab 301.
Gr. 1 : 1

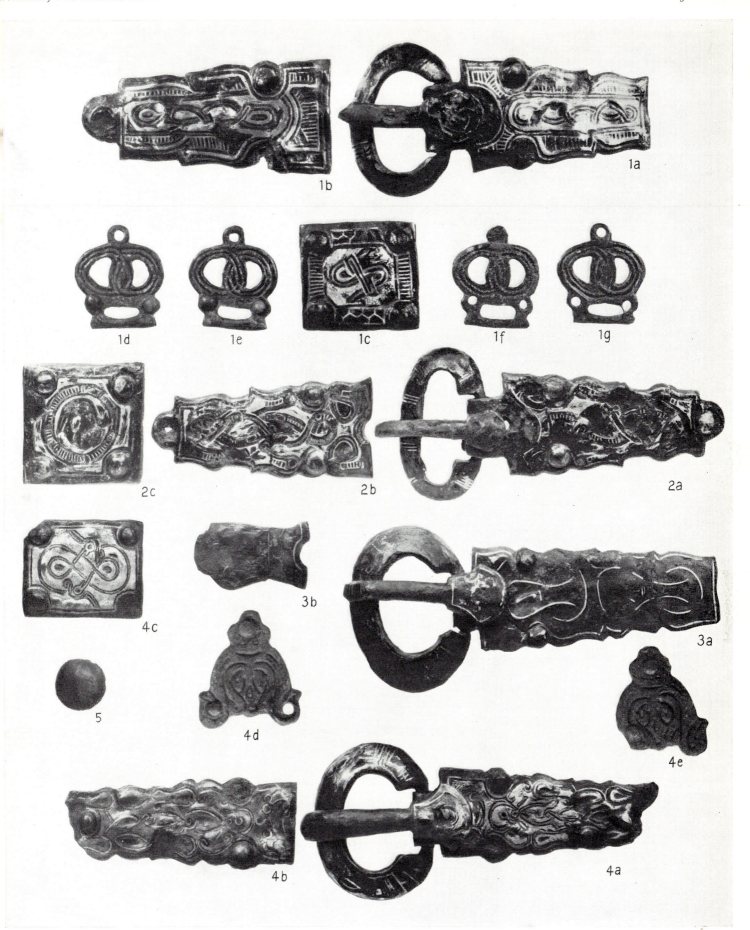

1: Grab 146. 2: Grab 173. 3: Grab 153. 4–5: Grab 143.
Gr. 1 : 1

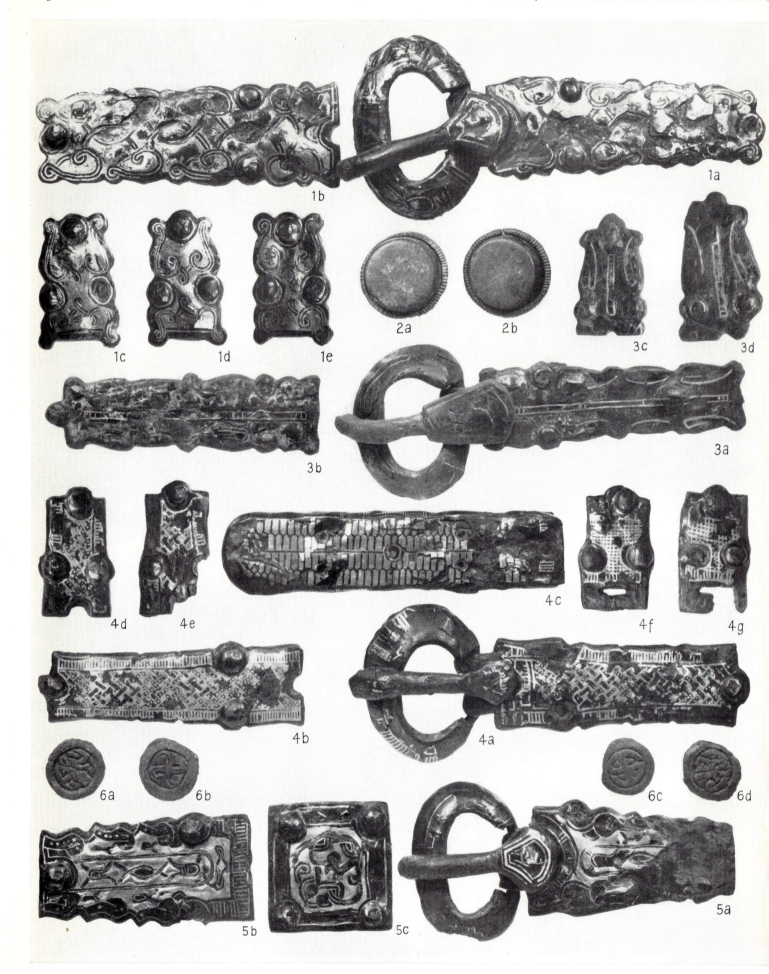

1–2: Grab 279. 3: Grab 147. 4: Grab 167. 5–6: Grab 96.
Gr. 1 : 1

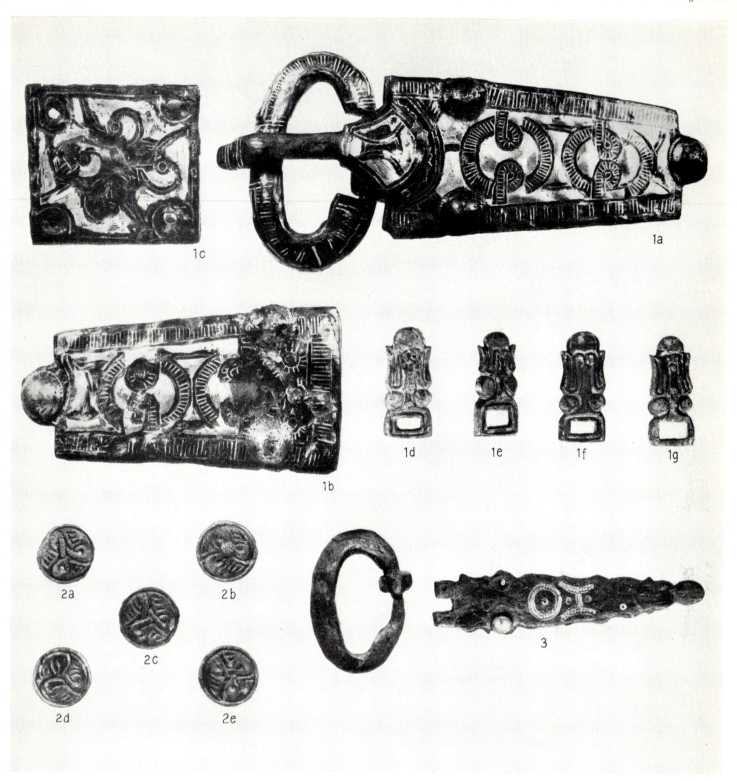

1–2: Grab 100. 3: Grab 217.
Gr. 1 : 2

1: Önsingen, Kt. Solothurn. 2–3: Volketswil, Kt. Zürich.
Gr. 1 : 1

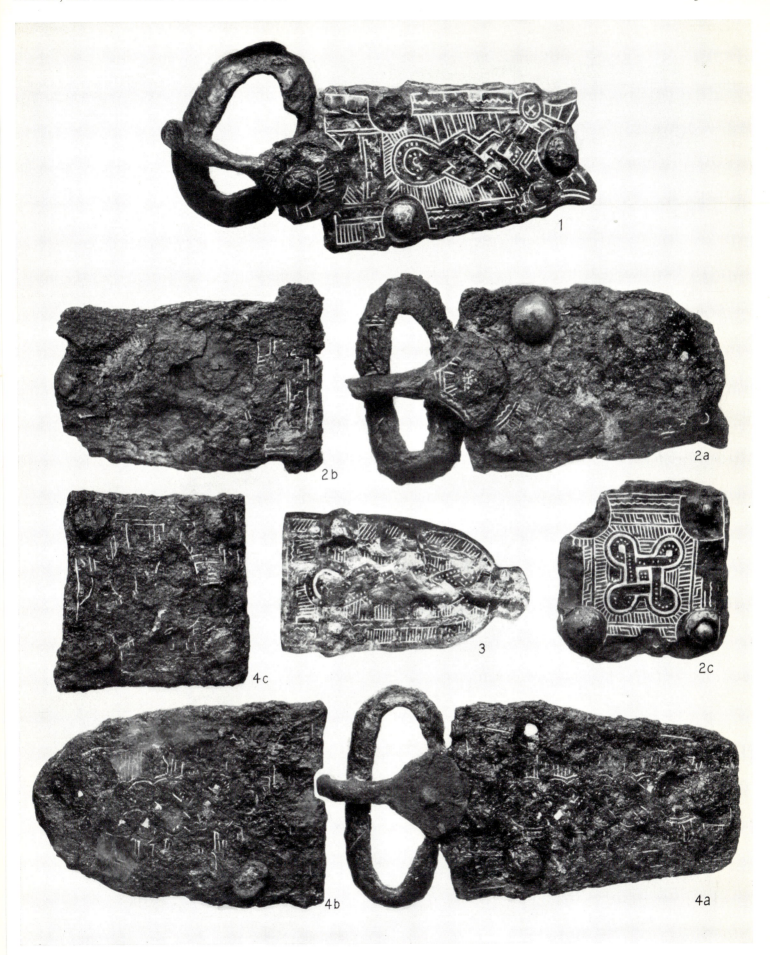

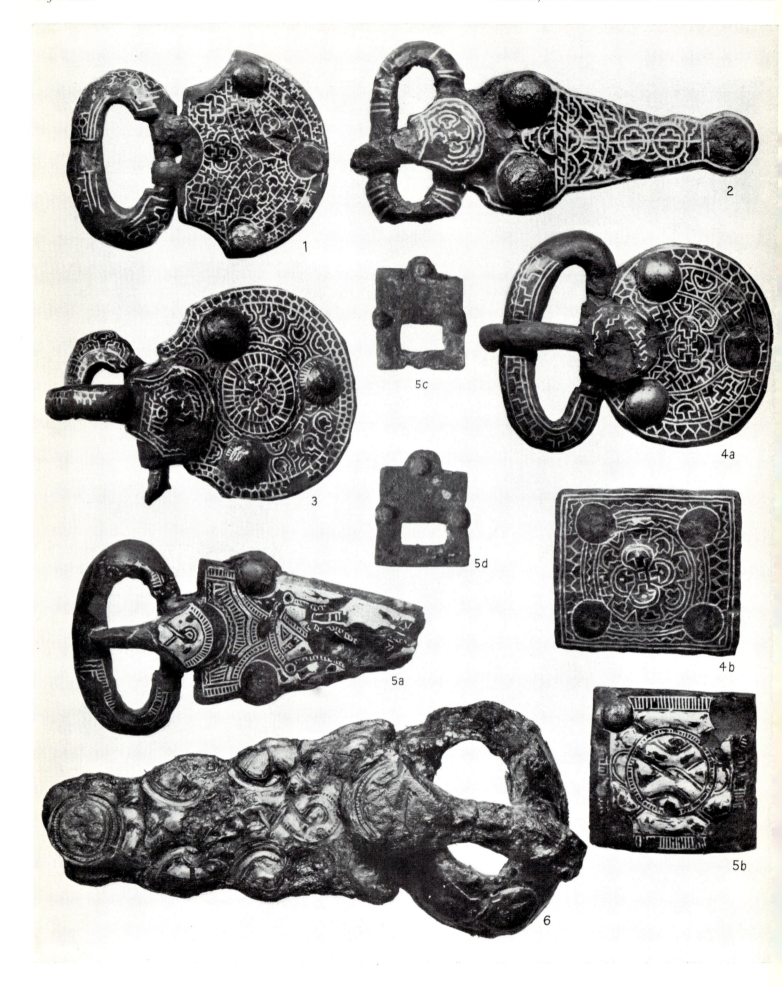

1: Elgg, Kt. Zürich, Grab 64. 2: Kaiseraugst, Kt. Aargau, Grab 146. 3: Kaiseraugst, Grab 602. 4: Kaiseraugst, Grab 11.
5: Elgg, Grab 51. 6: Mertloch, Rheinprovinz.
Gr. 1 : 1

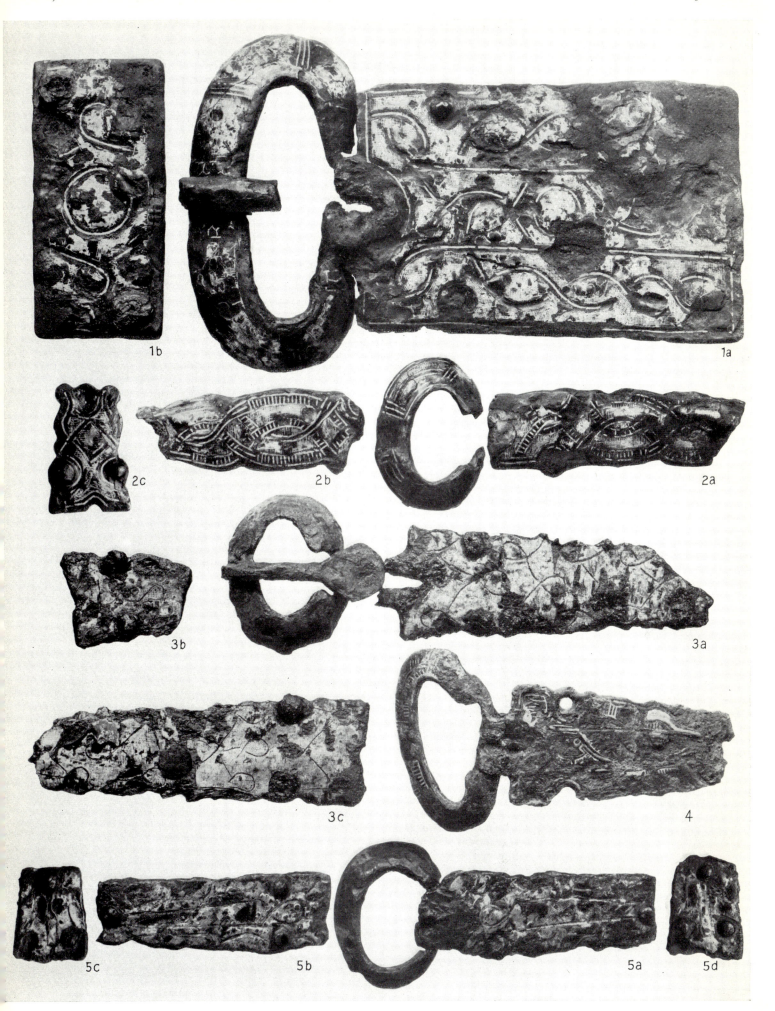

1: Kaiseraugst, Kt. Aargau, Grab 122. 2: Illnau, Kt. Zürich, Grab 7. 3: Oberbuchsiten, Kt. Solothurn, Grab 57.
4: Schafisheim, Kt. Aargau. 5: Kaiseraugst, ohne Grabangabe.
Gr. 1 : 1

1: Ossingen, Kt. Zürich. 2: Ottenbach, Kt. Zürich. 3: Niederhasli, Kt. Zürich, Grab 10. 4: Sammlung Diergardt, Mus. Köln.
5: Horgen, Kt. Zürich, Grab 4. 6: Laubenheim, Rheinprovinz. 7: Bronnen, Württemberg.
Gr. 1 : 1

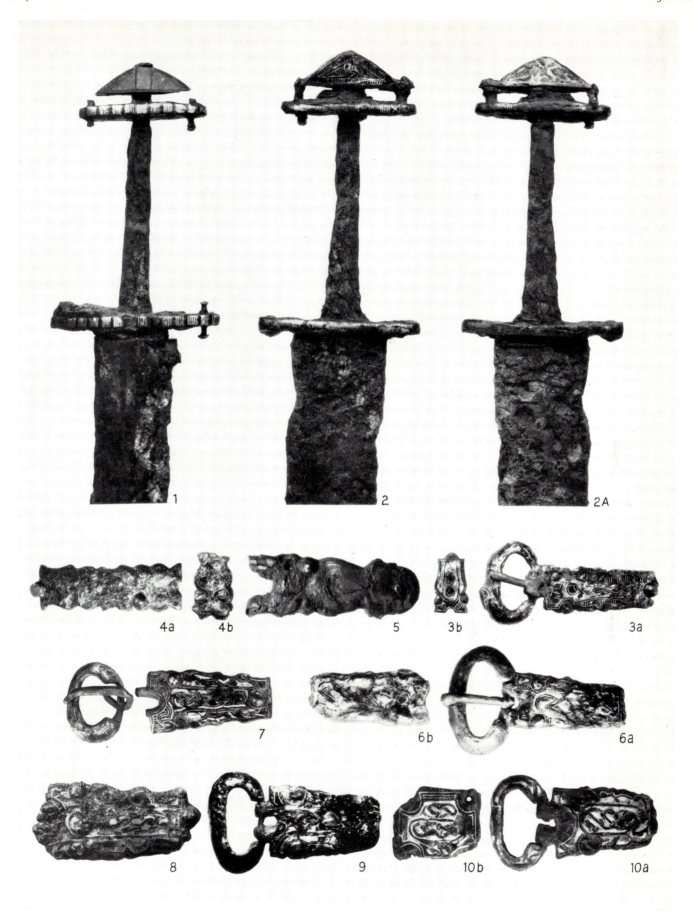

1: Bülach, Grab 106. 2: Grab 127. 3–4: Trimbach, Kt. Solothurn. 5: Kottwil, Kt. Luzern. 6: Burgdorf, Kt. Bern. 7: Oberdorf, Kt. Bern. 8: Bevaix, Kt. Neuenburg. 9: Rickenbach, Kt. Luzern. 10: Biberist, Kt. Solothurn.
Gr. 1 : 2

1: Grab 17. 2: Grab 7. 3: Grab 251. 4: Grab 108. 5: Grab 77. 6: Grab 289. 7: Grab 124. 8: Grab 127.
Gr. 1 : 4

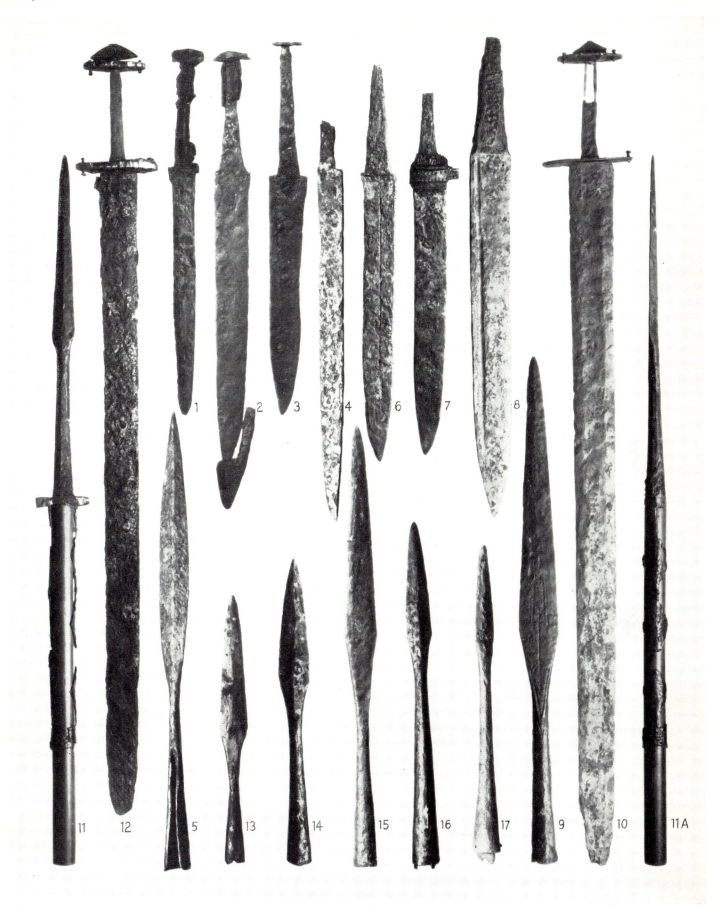

1: Grab 188. 2: Grab 232. 3: Grab 259. 4–5: Grab 41. 6: Grab 63. 7: Grab 123. 8–10: Grab 301. 11: Grab 290. 12–13: Grab 106.
14: Grab 127. 15: Grab 279. 16: Grab 62. 17: Grab 71.
Gr. 1 : 4

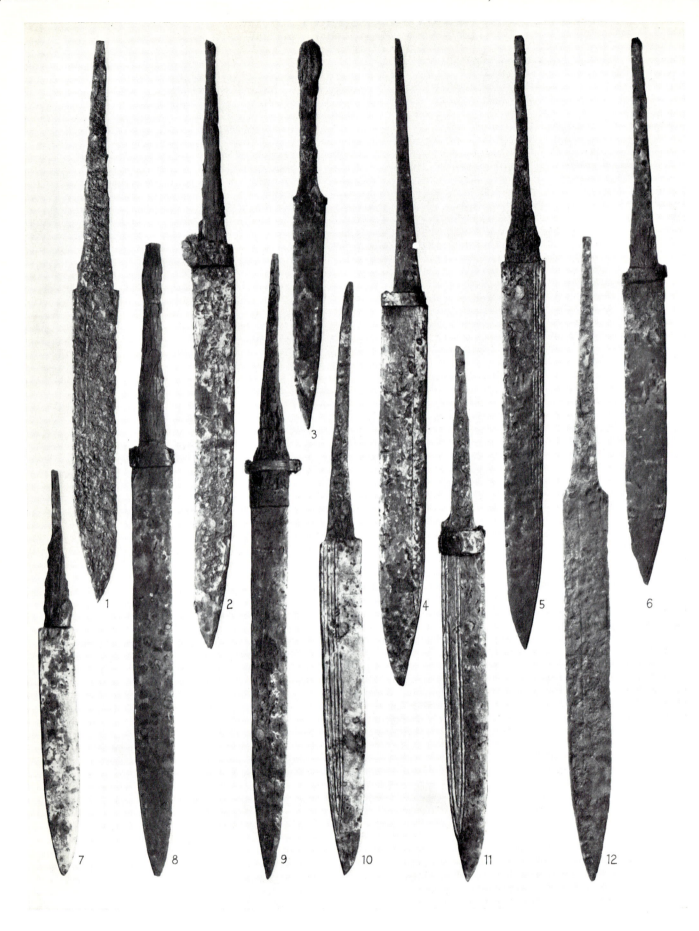

1: Grab 59. 2: Grab 65. 3: Grab 76. 4: Grab 88. 5: Grab 100. 6: Grab 106. 7: Grab 107. 8: Grab 108. 9: Grab 109. 10: Grab 126.
11: Grab 142. 12: Grab 279.
Gr. 1 : 4

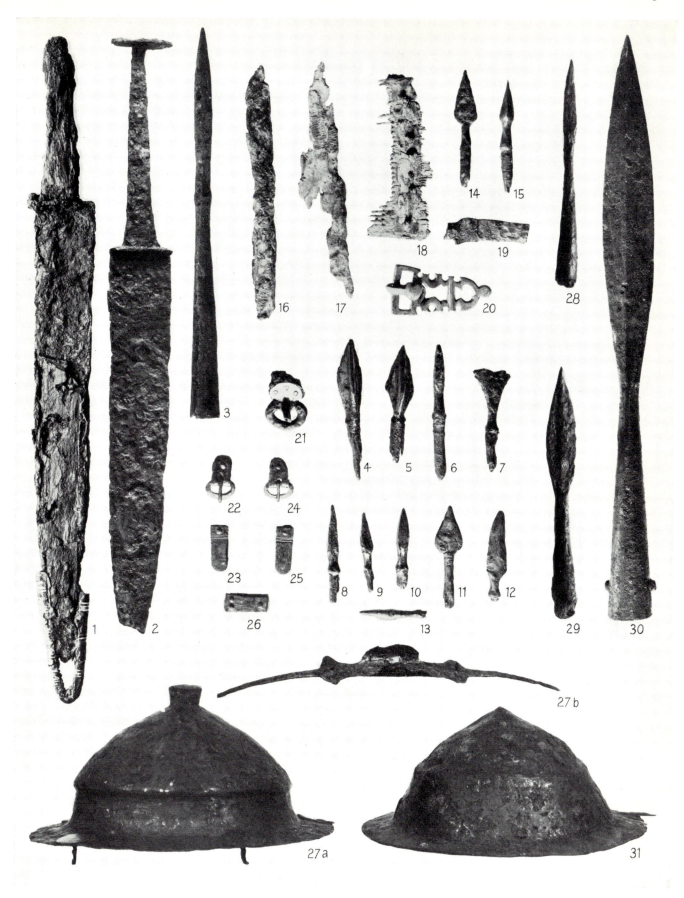

1: Grab 37. 2–27: Grab 18. 28–29: Grab 16. 30: Grab 32. 31: Grab 301.
Gr. 1 : 2

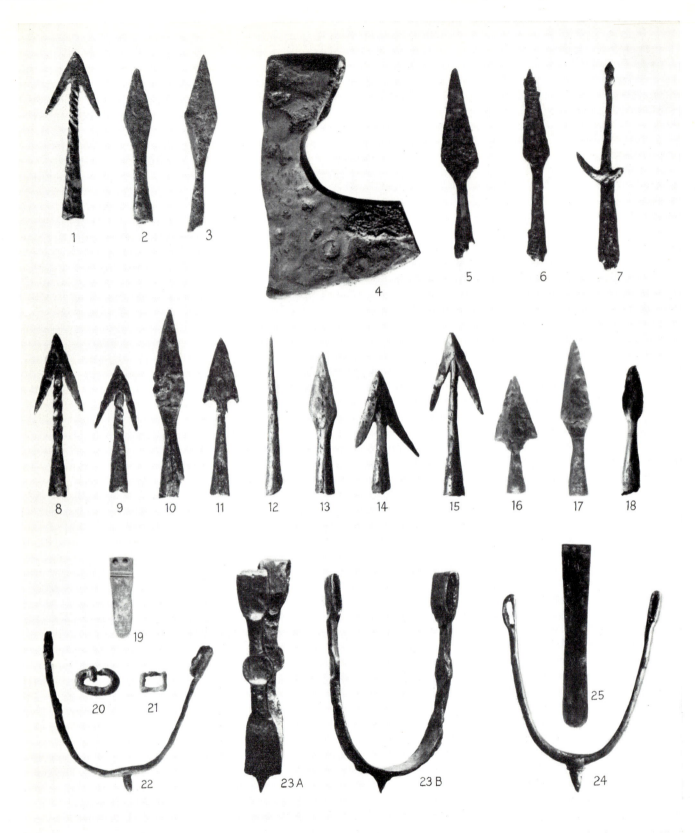

1: Ansicht vom Gelände des Gräberfeldes im Jahre 1923.

2–3: Detailaufnahmen der Spatha aus Grab 17 (vgl. Taf. 34, 1).

Gr. 1:1